本能 人性 自由
自然心灵离我们有多远

⟨ 唤醒你沉睡的本能，发现你强大的力量。 ⟩

汤余 | 著

远方出版社

图书在版编目(CIP)数据

本能 人性 自由：自然心灵离我们有多远 / 汤余著. —呼和浩特：远方出版社，2016.11
ISBN 978-7-5555-0798-7

Ⅰ.①本… Ⅱ.①汤… Ⅲ.①心理学—通俗读物
Ⅳ.① B84-49

中国版本图书馆 CIP 数据核字（2016）第 294446 号

本能 人性 自由：自然心灵离我们有多远
BENNENG RENXING ZIYOU：ZIRAN XINLING LI WOMEN YOU DUOYUAN

作　　者	汤　余
责任编辑	刘洪洋　蔺　洁
责任校对	刘洪洋　蔺　洁
出版发行	远方出版社
社　　址	呼和浩特市乌兰察布东路 666 号　邮编 010010
电　　话	（0471）2236471 总编室　2236460 发行部
经　　销	新华书店
印　　刷	三河市华东印刷有限公司
开　　本	155mm×225mm　1/16
字　　数	293 千
印　　张	22.5
版　　次	2016 年 11 月第 1 版
印　　次	2017 年 7 月第 1 次印刷
标准书号	ISBN 978-7-5555-0798-7
定　　价	46.00 元

如发现印装质量问题，请与出版社联系调换

序 言
——本能是自然与人类的对话

　　本能，一种人类永存的进步力量。它是生存的动力，是一切精神享受的源泉，是获得认知，深刻作用于个人与社会的本质标记。它存在于生活的最深处，沉淀于事业的最底层，藏匿于发展的最核心部位。在此，本能是一种自然属性，而今，带有强烈的社会色彩，并表现出强有力的适应性。当本能发挥作用时，人生意义即会产生，进而实现种种价值，形成发展的一切动力。

　　本能，一种自然生存与社会发展的平衡器。人们将本能纳入一种人生修为，往往是自然生存赋予人类的力量。在此，真正的生存产生社会意义。大众渐渐认为，生存即是一种挑战人性，发挥自然力量，并展现于社会的能力。只有让生存存在于社会中，本能的自然属性才会发挥作用。自然环境，只能运用本能，社会环境，带有强烈的发挥本能的作用。所谓"发挥"，即是一种行为意义，更是一种追求与享受的基础。

本能，发挥人性、左右命运、长足发展的推动力。本能是社会之下的人性，运用本能，即发挥本能。人们失去本能，将会产生绝望，甚至对生命产生悲观情绪。因此，本能若能发挥，命运即会改变。

　　本能，人类永不衰败的精神内驱力。本能存在于内心，扩大人性，即会产生社会作用，形成强大的内驱力。在此，人们因发展而存留下大量问题，往往是赤裸裸的，需要本能的动力来消除。只有将生存上升为社会存在现象，即一种本能的生存。在强大的内驱力作用下，本能必会产生生存作用，影响人一生，使社会发展动力越来越强大。

　　本能，自然赋予人类的强大的生存力量。生存是一个永不过时的话题。人们只有通过生存，才能产生种种新认识。因此，本能发挥作用时，人们必会产生强大的生存力量。

　　今天，人们已能清晰地看到人的本能。发展与进步中，本能是一种自然力量，通过社会，它可以以自然的名义与人类对话，为其发展带来更强大的能量。

目录

第一章 灵魂在左欲望在右——爱情对比本能：性

第一节　费洛蒙之谜——嗅觉趣闻，鼻子能帮你找到另一半… 002
第二节　"花心"也是一种病………………………………… 007
第三节　恋爱首先是个"化学问题"……………………… 012
第四节　一见钟情，不是上天的安排……………………… 017
第五节　人会爱上自己的心跳……………………………… 022
第六节　爱是一种很少被意识到的本能…………………… 028
第七节　隐秘诱惑——有时候人是要克制潜在诱惑的…… 034
第八节　色酬定律…………………………………………… 039

第二章 人人都在寻找安全感：求生

第一节　理性＝成功——生存到底是什么 ……………… 046
第二节　心灵回归——将生理装进心里…………………… 052

第三节	自然的人性——时时反驳与安宁	057
第四节	刺激——两面错误中寻找归属	063
第五节	稳定前进，风雨也在身边	068
第六节	残酷现实——一种机会主义者的病	073
第七节	现实＞心理：恐惧	078

第三章　一个群体一种人　另一种心理：英雄

第一节	心理＝本能——个人英雄主义	084
第二节	人群中最突出的一个强大力量	090
第三节	乐于助人——另一种追求	096
第四节	参差不齐的平等本能	102
第五节	个人能量的发挥——仰视自己	107
第六节	将本能带到他人心里：拯救失败	112
第七节	人人头顶上都需要光环：荣誉的产生	117

第四章　约束力的平衡与极端：控制

第一节	欲望——心理膨胀的自然规律	124
第二节	解脱与完善控制力心理	130
第三节	控制物理性的延伸	135
第四节	将自己放进无限与有限中	141

第五节　成长——一种个人心理控制……………………… 145
第六节　控制——外界对自然的认识……………………… 154

第五章　自我突破让自私发挥：攻击

第一节　权力——对自私本能的发现……………………… 160
第二节　人格与文明的残酷角斗…………………………… 166
第三节　最简单的示威就是击败对手……………………… 171
第四节　自然赋予人类最伟大的本能——搏斗…………… 176
第五节　人性美的完美体现——攻击……………………… 182

第六章　一种自我否定的本能：贪婪

第一节　金钱 + 欲望 = 贪婪 ……………………………… 190
第二节　将精神世界表面化——贪婪的实质……………… 192
第三节　肯定的心理，否定的现实：错位享受…………… 198
第四节　人性最大化——金钱效应与人格力量…………… 203
第五节　人性的自私………………………………………… 209

第七章　个人心理的复杂效用：从众

第一节　人类常和羊群一样"盲从"……………………… 214

第二节 "坏事"也能成为一种传染病……………………… 219
第三节 一个人领导一群人：理想………………………… 225
第四节 一群人领导一个人：从众………………………… 230
第五节 将个人放入群体中：追求顺从…………………… 235
第六节 心理诉求：个人+沉默＞社会 …………………… 240

第八章 一种变形的思维定式：欺骗

第一节 现实失去口碑——欺骗行为……………………… 250
第二节 人人都在谩骂的社会欺骗………………………… 256
第三节 个人感知＞能力+知识 …………………………… 263
第四节 人性最无意的部分：欺骗性行为………………… 272
第五节 心理变形——失去真实一面的失败……………… 274

第九章 自信胜过一切的权利：求胜

第一节 自我表现心理：释放与人性……………………… 280
第二节 自信的最高表现：求胜…………………………… 286
第三节 战胜他人最强大的本能…………………………… 294
第四节 竞争将知识与思维发挥出来……………………… 300
第五节 流出鲜血般的残酷竞争…………………………… 307

第十章　进步意识的反面：懒惰

第一节　动物性与人性的反面……………………………… 312
第二节　拖延时间——对失败的另一种妥协………………… 317
第三节　进步+懒惰+恐惧=反面的社会艺术 ……………… 321
第四节　物极必反——进步的极端…………………………… 326

第十一章　别人眼中的神话：模仿

第一节　对自由的心理追求：模仿…………………………… 330
第二节　他人口中的"好"——一种模仿本能………………… 333
第三节　鹦鹉学舌——生命缺陷的弥补……………………… 338
第四节　本真与本能——人性的意义………………………… 342

结束语　本能　人类最伟大的发现……………………………… 345

第一章
灵魂在左欲望在右——爱情对比本能：性

第一节
 费洛蒙之谜——嗅觉趣闻,
鼻子能帮你找到另一半

"性"是什么?这是一个极难回答的问题。有人说,"性"就是异性交往最亲密、最激动人心的那种行为;也有人说,"性"就是让人的荷尔蒙尽情释放,挑战心理与生理极限的行为。

"性",区别男女和雌雄的一种本质标记。在社会上,人人都有与异性交往的经历。两性交往,能让人产生爱慕、美好、崇高和纯洁的想法,进而获得一切世界上正面的东西。有人说,"性"是人们获得两性关系的最终目标。事实上,事业上的成功、生活上的满足,以及思想上的丰富,往往需要通过与异性的交流和交往而充分发挥出来。因此,我们说,"性"是一切美好事物的集中体现,往往带有强烈的个人色彩和自然力量,属于人类最基本的本能。

社会是男女两性的聚集场,当一个人产生情感反应,并渴望获得异性认同,产生种种社会影响力时,寻找异性,认同异性,并让异性反作用于自己心理之上的行为变得更加伟大。生物学家们认为，人寻找异性的本能目的是享受感情，美感和性的表现，是一种最直接的本能。在寻找异性的过程中，人们往往是通过第一印象便对对方产生好感或是恶感。其主要因素是表面上的形态，行为举止，表达能力和心理散发出的气质。

表面上的形态包括，脸型是否有美感，身材是否高挑、匀称，以及衣着是否得当，等等。当人们走在大街上，看到一个脸型完美，身材高挑，衣着得体时尚的异性时，心中总会产生种种亲近感，并发自内心地为自己占有他（她）而产生种种虚伪的念头。

还有一个吸引异性的因素是行为举止。一个人行为举止达到一种完美，甚至是艺术化状态时，往往能获得他人，尤其是异性的好感。因为，举止往往包括内心的知识、能力、美感，以及真实性地表达等。

表达能力，这是更高层面上的因素。当异性交往时，如果没有出色的表达能力，或完美的交际能力，人们在异性中的地位会产生一百八十度大转弯。"表达"是一种传递真情，并让对方的内心产生美好感受，并时时表露在外表的能力。

心理散发出的气质，是人们获得异性好感最简单、最有效的方式。人们只有各种优点都具备，并从心理层面上产生深刻反映，并保存在心理之中，才能由内而外地散发迷人的气质，过硬的能力意识和美好未来的直觉，等等。此时，异性才会想方设法地与你接触，并保持心理上的一种自由，产生种种爱慕之情。

经过生物学家的深入研究，人们发现以上要素都表面化时，理论上的研究才成立。事实说明，吸引异性的主要因素不是知识、能力、社会背景、金钱占有量和荣誉感，而是直觉中发现的人的最本能的美感和气质。比如，走在大街上，人们看到一个长发，戴墨镜，穿透视装，手腕上带着手表，坐在敞篷车里的女性，会情不自禁地观望，甚至，有人还产生种种诡异的念头。基于此点，异性的吸引力往往只是感知上的最高判断，并让人内心产生反应、触动等。

在这种情况下，生物学家们称吸引异性的因素为"信息素"，即所谓的"费洛蒙"。人人可以通过敏锐的嗅觉，将异性身上最浪漫、最迷人、最有情致的一面发掘出来，并产生好感，主动接触。就个人来说，获得他人身上的"费洛蒙"往往不需要认知、能力和判断，只是一种直觉，一种对外界的敏锐嗅觉，便可获得个人的亲近感，爱慕感和追求心理。

今天，很多人因为努力工作而忘记寻找生活中的伴侣。事实上，这与他们认识自己、他人和社会的方式有很大关系。就一个上班族来说，与别人交往，总是看他人是否工作努力，生活习惯良好，个人心理从不产生波澜，等等。

事实上，人的本能往往表现在个人发展和成功观上，越独立于社会因素之外，越获得成功的人，越有本能。这往往不需要过多的社会因素约束自己，私人空间越来越大，而且，生活越来越美好。这就说明，人要想获得理想的人生，就必须将个人的感情发挥到极致，并产生社会中个人的素质反应，才能以一种嗅觉，寻找到美好的爱情。

寻找异性的条件，更多地表现在外表，如给异性安全感，能带来一种长久的浪漫气氛，有一种能支持自己事业的态度，等等。这就说明，自然因素往往也需要一种人性，并作用于两性之上。

人人都渴望获得有漂亮的脸蛋，美好的身材和甜美的声音的异性。这就需要自己去寻找"费洛蒙"，当它成为一种生活线索时，往往就带有强烈的自然性。所谓的自然性，就是人类认为的最本能的行为标准。比如说,走在大街上,当一个出众的女孩将眼神放在摩天大楼的顶端,而人们的眼神都投向她时,我们会发现,人的自然性往往是表现在行为上,而心理往往在左右和支配人类行为。当女孩看着摩天大楼顶端时,那是一种生命的本能,当人们都将目光投向她时,那是一种对美的认同,对异性的敬仰,对一切美好事物的向往。

"费洛蒙之谜"是一种对人类感情世界的伟大揭示,将异性之间的情感世界从一个不可知的范围内传达到一种可感知的世界。当这一切已成为生活中的一部分时,人的本能,即对情感的发现,并用于建立情感世界而产生的自然本性,是左右人们生活和发展的最重要的组成部分。

爱美,往往是一种天赋的权利,是人类保持正义,追求发展和美好的重要部分。在美的基础之上,才有真正的爱情,才有真正的异性交往。两种性别的人,往往带有两种不同的人生观,也往往带有两种不同的感情世界。因此,获得对方的情感,就是异性交往中最普遍的现象。当情感世界还是一个人独自享受时,人们往往需要交流、发展、进步,这样才能成就以感情为载体的异性交往的生活。

在一群人面前,如果有三个异性,一个美艳动人,一个职业打扮,一个相貌平平。当你问他,你喜欢谁时,十有八九会说:"喜欢第一位。"理由是,第一位的身体能散发出迷人的气息,并时时让人神往。因此,第一位的魅力和精神气质马上得到所有在场者的好感。

这就说明,"费洛蒙之谜"是一种"性"交往的解释,往往以表达、传神和信息传递为基础。在此情况之下,才有真正的情感意识,并让人产生情感基础之上的身体反应。"费洛蒙"像是一串基因，成为人类发展中必不可少的情感传播分子。在今天，简单的直觉和敏锐的嗅觉，都能获得异性的好感。这是自然给予人类的能力，因此，人们需要从精神层面加以控制，寻找一种不用掩饰的真正情感生活。

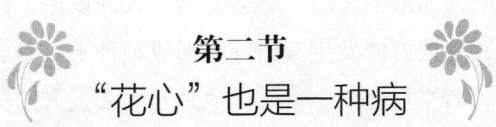

第二节
"花心"也是一种病

爱情往往是人生最美丽的部分。在人生中，能获得美好的爱情总是一件值得炫耀的事。在人们心中，爱情的获得，带有强烈的幸福感与忠诚性。因此，在人类的生活，爱情是高洁、纯真、自由的表现。尤其是自由的行为与思想之下，爱情显得更高尚。有人说，爱情是上天赋予人类最自然的情感。

就爱情本身而论，它包含两方面：一是自由，二是忠诚。

首先，自由是爱情行程的必然前提。当一个人获得爱情时，往往是建立在对生活自由地追求上，站在一种相对安定的环境中，并始终发挥着自由的人性。因此，爱情需要自由，自不待言。人生需要意义，意义的基础就是自由，是一切真实行为的正确表现。关于这一点，爱情是正确无误的。只有让人处于安全并自由发挥的状态，才能获得人生中最美好的部分——爱情。

其次，爱情需要忠诚。在生活中，人人都有美的追求，而美不是单一的，它往往通过众多方式与人群表现出来。在此情况之下，一个人要获得真正的爱情，就必须追求忠诚的信仰，爱上一个人，并始终不渝地表现出高度忠诚，才能产生人类生活中的真正爱情。就一般情况而论，忠诚是一种爱情价值的体现；就特殊情况而论，忠诚是两个人之间必不可少的部分，是维系两性关系的重要条件。当一个人不忠诚时，他总是在爱情方面出现这样那样的问题。

在女性中，如果不忠诚，必会受到他人的议论，甚至是指责。在此情况下，爱情方向发生偏离，并形成种种不自然、不和谐、不自由的局面。而当男性不忠诚时，他总是失去爱人的信任，失去爱情的美好滋味，甚至是深受精神的折磨。在此，我们且称这些不忠诚为花心。

忠诚是爱情中最重要的部分，它直接决定爱情的质量。在今天这个复杂而绚丽的世界，美丽的事物越来越多，基于美感之上的爱情也越来越多。青年男女总是喜欢通过对美的爱慕形成种种爱情观。事实上，这种爱情是纯洁的，但随着享受的不断加深，获得美的方式越来越多，越来越便捷，人们总是产生种种审美情绪。在美基础之上的爱情，爱情之上的性总是让人迷失方向。在美、爱情与性三者之间，爱情是重要部分。爱情决定美的价值，同时，也决定性的意义。因此，当人们开始因爱情而获得种种美好时，往往产生不正常的欲望，那就是无限获得美与性，即花心。

在这个花花世界中，花心是爱情的病，因为，花心是产生一个对多个的关系，并产生多种爱慕之情。因此，爱情本身只是一种对两性生活的健康发展的保证，而产生花心作用时，人们往往失去真实的爱情，并身处凌乱与混乱之中，而要获得真情，就必须做到忠诚，杜绝花心。今天的世界，一个人能获得另一个人的爱，是一件很珍贵的事，而两者之间才能产生美好的、健康的生活思维。若作用于多人之间，必会受到自身情感的折磨，进而产生变态的、不健康的生活状态。

　　人天生花心，但有的人能够自律，有的人却一味地放纵自己。身处在这个花花世界中，男人们与无数的好女人相识相知，常常有怦然心动的感觉。只不过大多数男人善于自律，他们知道自己最需要什么，并且能找准自己的位置，守住属于自己的那份情感。这里被我称作花心男人，是那种从来都不知道约束自己行为的人，他们像一只只气球，随风乱窜。表面上，他们很风光，走到哪里，都有女人相伴左右。然而，背地里，他们比谁都孤独，因为他们没有属于自己的一份真情感。

　　花心的男人从来不缺性，他们把性当作一种发泄手段，到处狂轰滥炸。然而，性不但排遣不了孤独，反而会更添愁绪。有一样东西可以驱赶孤独，那就是真情。可这是花心男人最缺的。

　　一个好女人博大而温暖的胸怀，是男人心灵停泊的港湾，可没有任何一个好女人愿意敞开胸怀，来承载花心男人那颗变形的心。于是，花心男人无处可以安身，也就享受不到拥有真情的乐趣。

　　不会有好女人在冰箱里为花心男人留下最大的那颗苹果；不会有好女人在花心男人出门时叮嘱"开车要小心"；不会有好女人一遍一遍地热好饭菜等着花心男人回来共进晚餐；不会有好女人在花心男人赶着上早班时追着他要多喂他一口鸡蛋；不会有好女人扑在花心男人的怀里撒娇；不会有好女人把花心男人的头放在自己怀中并轻轻地为他拔去几丝白发……好男人能够享受到的一切，在花心男人那里都只能是一枕黄粱。花心男人自以为女人玩得多，不枉来这世上走一趟。其实，到头来，除了空有其数字外，他什么也抓不住。于是，花心男人只有在夜深人静之时，一遍又一遍地细数他的战利品：一个排、一个连，抑或一个加强连，以填补他极度的空虚。

　　在花心的男人中，往往是一个人产生多种对他人的爱慕，使这种现象不能维持现状的，是性。当爱情升华到性的高度时，人们往往失去理智，并一心追求。因此，爱情的纯洁会被打破。事实上，真正的爱情是性的有限控制，性往往是爱情之后产生的，而爱情是一种绝对自由、忠诚的事物。建立的性之上的爱情，往往就是花心，使正常生活偏离方向。在此，花心就更能称得上是爱情的病了。爱情是一种不需要太多性的生活。发泄爱情，维持爱情，往往需要性，但性只能是一种维持的手段，不能是产生一切爱情行为的标准。

爱情中性占大部分时，便会节外生枝。甚至有人认为，一个男人忠诚于性，女人很难控制男人的行为，只能在短时间内保持忠诚。爱性的男人不缺少性，他总是喜欢在人群中寻找自己喜欢的色爱。爱情真正的意义就会上升到性。爱情的纯洁是两个人之间的，形成彼此相应的情感世界，让人处于幸福、美满中。

花心往往会在纯洁的爱情面前望而却步，因为，人总是有对美、高尚与纯洁的追求。因此，爱情的真正意义就是自由、忠诚，超越它们，便是花心，便是对爱情的践踏。今天的世界，美不再是奢侈品，它存在于一切事物中，深深植根于人的表性与深层。两个人互相依偎，站在月光下，轻轻用手指触碰长发，然后热吻，是一件非常高尚的事情。在此，不存在外界的介入，俩人之间有着一致的情趣，并始终心灵相应。而当外界介入时，爱情便会产生种种变态，并让彼此之间无法产生纯洁的思想。

花心是爱情的杀手，更是纯洁、高尚与自由的歪曲。两个人之间，才是真正的情感世界，而当爱情最需要滋润时，它带有强烈的性意识。因此，在品尝性的甜果之后，不能触礁，不能产生意外，往往是爱情质量的真正意义所在。今天，种种色情文化泛滥，甚至形成一种"黑色市场"，地下销售。当爱情始终处于危险境地时，社会的作用以及本能情感的作用，往往让人的爱情观保持一定忠诚。

社会上，色情经济发展也是一种对爱情的颠覆。当一个人在大街上寻找异性品尝性的滋味时，他万万没想到，自己经营的爱情正在经受考验。女性往往是自私的，对爱情更是精益求精。两个人之间出现感情问题，往往就是表现在忠诚变化上。花心的人只能获得生理上的一时满足，忠诚的人往往能在爱情中幸福一生，并始终处于社会、国家、文化与理论给自身带来的一切美好中。花心的人感情世界是空虚的，它总是作用于非理智、混乱的关系上。爱上一个人，最起码的条件就是有情感，并将这人间最珍贵的部分全部交给对方，享受无穷的精神财富。

花心的人无法实现美好生活，只能处于一个人的孤立中，只能享受短暂的生理体验。爱情是异性交往的高级形式，不需要其他的东西介入，完全独立。当有外物介入时，爱情就是昙花一现的事物，并不能产生人生意义。在爱情面前，花心只能是一种对纯洁的颠覆，对自由的扭曲。爱情生病时，就是节外生枝时，它带有强烈刺激、受伤与痛苦，甚至是绝望。两个人之间无法维持完美的生活，更无法实现爱情之上的生活意义。在这种情况之下，爱情需要的是自由与忠诚，甚至是自私。花心最可怕，它是爱情的强劲敌人，是破坏爱情的最大隐患。

第三节
恋爱首先是个"化学问题"

恋爱，能让人产生对生命的尊敬，更能让人产生对生活的热爱。在恋爱中，人们能发现美好的事物，能发现真实的人性。在此，恋爱已是一种化学反应，它深深地作用于家庭与亲缘之中。今天，随着爱情的发展，恋爱的纯洁度越来越高，甚至产生直接的家庭反应。当一个人的恋爱故事完美时，他才能实现生活的意义，才能获得心灵上的伟大体验。

恋爱背后，是精神财富的增加，是家庭环境的变化。因此，恋爱是一种化学反应。在此情况之下，恋爱的人总是渴望获得健康的反应。就恋爱本身而论，它是两个人之间的事，却常常作用于家庭之中。恋爱开始了，两人之间便是以美好的心灵，纯洁的思想，以及真实的物质财富塑造爱情。因为爱情是恋爱的主体，所以人们总是渴望成为恋爱中的赢家，赢得一场轰轰烈烈的爱情。

其中，恋爱需要强大的家庭支持。在此，恋爱需要强大的物质与精神财富。事实上，古今中外的恋爱故事让人敬畏，他们以纯洁的爱情的纽带，不断地发现生命的真谛，不断地感受高尚的人格。恋爱产生之后，越来越多的感情浓烈起来，心灵上产生树状发展，当它到达顶点时，便会产生恋爱的幸福感。因此，恋爱的心灵变化与家庭变化是先后进行的，整体变化之后，其化学反应越来越成熟。只有让心灵感受正确，并作用于家庭之上，恋爱才能真正实现目标，并走进婚姻殿堂。在此之前，恋爱是一种纯粹的人性行为，它左右着人的一生发展，并在心灵深处产生对家庭、社会的认识。当这一切实现时，恋爱就是一种人生力量，左右一切。

著名的罗密欧与朱丽叶的恋爱故事，家喻户晓。这个被伟大的莎翁在四百多年前用悲剧的形式创作出来的爱情故事，在某种程度上来说，是一部极富人文精神的爱情史诗。几百年来一直是人们津津乐道的对象。在莎翁的笔下，爱情是超越一切的。

当然，莎翁对于剧中男女主人公年龄问题上的处理，也是令人咋舌的。也许四百多年前的人们仍然不明白为什么爱情会那么早地降临在一对未成年的男女身上，而且那么牢固，让这一对恋人能够抛开自己的生死。毕竟，当时朱丽叶坠入情网时的年龄，刚满十四岁。但是现在，人们不再会有以前的那种观念了，当人们看到恋爱的年龄越来越小的趋势一步步向我们逼近的时候，人们不得不佩服莎翁的预见能力。

剧尾是全剧最精彩的部分，这一对相爱的男女，由于误会而双双失去了生命。这一幕在四百多年前维多利亚时代的城市剧场里，曾经让全场鸦雀无声，但是，这样的结尾对今天的人们来说已经是见怪不怪了。其实她们是因为爱情而不是因为误会而失去生命的。对此感到惋惜，是没有必要的。

恋爱往往能让人产生人性的境界。在此情况之下，恋爱往往是一种追求自由，享受精神生活的最有效方式。因此，恋爱是一种对真理的追求，对自由的向往。恋爱产生之后，首先是人的心灵产生变化，之后是忠诚、追求、纯洁的产生。一种真正的恋爱，能让人形成对美丽的追求，并产生于生理之上。恋爱往往是苦难的，由于在理论道德的束缚之下，恋爱显得很卑微，而人们对恋爱情感的追求，历史上从未停止过。

真正的健康爱情，是建立在强大的物质基础之上的。像罗密欧与朱丽叶的恋爱，是一种"虐恋"。他们为纯洁的爱情而殉命。恋爱总是一种对心灵世界的发展与精神世界的丰富，并以自由的思想为前提。人人追求自由，就是一种对恋爱的执着。当恋爱不能成功时，它反而显得更有意义，更刻骨铭心。而恋爱的必然结果，是走向平淡，只能享受过程，很难捕捉，甚至转瞬即逝。正是这种原因，追求恋爱情感的人越来越多，他们留下诸多文字、故事与传说，让人们产生种种崇拜与膜拜。随着恋爱观念的发展，更多的人渴望真实的恋爱，排除一切外界因素。事实上，这是一种很不合理的恋爱观。人生活的环境中，总是涉及种种人与人的关系，因此，只有将恋爱带入一种家庭的社会环境中，才能产生结果。有人认为，结婚之后依然要谈恋爱。因此，恋爱被延伸，两人一生相爱，是一种恋爱的真实表现。

当恋爱产生最伟大的情感时，它将推动人一生发展，并带有强烈的惯性，维持两人之间的爱情。因此，结婚之后依然需要谈恋爱，否则，爱情会转瞬即逝。今天，恋爱是一种综合反映。它需要真情、个性与本性。在此基础上，人们才能产生对生活的爱情，心灵产生有序的情感迸发。而恋爱依然存在时，两人之间存在着一种互相依靠的情感，时时保持新鲜、自由与选择。恋爱完成，两个人会走进婚姻殿堂，而结婚之后，依然要维持感情，发展恋爱之路。

英国有个罗伊与马拉的恋爱故事。在伦敦的一座名叫滑铁卢的桥上，一段美丽、哀婉、动人的爱情故事在炮火的轰鸣中悄悄地开始，同样，这份爱情最终也是在这个桥上走到了终点。其实这段爱情没有结束，永远也不会结束。

这段爱情从头到尾都是那么的完美，在这个故事里面，没有一个坏人，我们看到的都是好人。罗伊和马拉在桥头相遇的一瞬，伟大的爱情就开始了。罗伊在雨中望着上面的窗户，在他们的故事里，是点睛之笔。就在两个人在前往教堂结婚的路上，才互相问了对方的名字。一切看似那么的荒诞不经，却是那么的合情合理。就是这一段闪电般成熟起来的爱情，让一个人因为爱对方而献出了所有，让另一个人把这份爱情永远地放在自己的心里。

这个故事中的所有人都是宽容的，罗伊的叔叔、妈妈。不宽容的是一种无形的氛围，一种可以让人窒息的氛围。这种氛围牢牢地控制着每一个人，每一个人都在无可奈何地看着残酷的现实一步一步走来。不过从某种意义上来说，马拉的死，恰恰就是这个故事中最动人的部分。正是她的死，才构成了这个故事的不朽，反之，马拉会成为又一个简·爱，只不过马拉面对的罗伊，比简·爱面对的罗切斯特更加浪漫一点，脾气更加好一点而已。而简·爱的故事，实在不能算得上一个伟大、经典的爱情故事。我们把它叫作个人奋斗的经典之作还差不多，或者叫对于维多利亚时代教育制度以及门第观念的批判。

英国女作家，简·奥斯丁认为，婚姻应该是门当户对的。可罗伊和马拉的故事已经超出了门当户对的范围。如果我们把这位大作家从坟墓中唤醒，让他对魂断蓝桥的爱情故事进行一番评价，她也会感到很为难的。

恋爱往往需要家庭的因素，若为恋爱而恋爱，往往是一种纯粹的精神享受。不顾及结果，只看重过程，让无数男女沉迷于恋爱中，不能自拔，产生种种悲惨的情节。无论怎么样，恋爱是一种化学反应，它的产生是通过两者之间的情感世界交融并产生反应。此时，真正的恋爱往往是首选，而此选择往往是痛苦的，过于理想化。恋爱中，人们必须加入强烈的家庭因素、经济因素与社会因素。这样，恋爱才能健康发展，同时，恋爱才能被一种精神升腾带入一种理想的生活中。因此，人是一个社会个体，恋爱完全是个人行为，而人又是社会的中心，因此，家庭对恋爱的作用非常之大。恋爱产生变化时，感情世界便美好、自由，而真实的恋爱，不需要一切外界因素，但要想成就恋爱故事，就必须有结果。此结果，即是种种家庭因素，否则，恋爱将非常惨淡，甚至是一种悲剧。

恋爱的发展，只能存在于心灵中，而恋爱的结果，就是一种家庭作用。恋爱总是在两者之间产生化学变化，在心灵与心灵之间相互反应，反映到家庭因素之上，表现于社会因素之中，体现于经济现象之内。恋爱往往是人类最美好的事物，因此，追求纯洁、自由是必然，而要维持一种健康的恋爱，就必须让家庭成为首要考虑的问题。社会因素往往能保证恋爱的发展方向，并不是人性发展的赤裸裸的恋爱。

第四节
一见钟情，不是上天的安排

在爱情中，人们总是寻找稳定的、长期发展的爱情。因为，这种爱情可让人产生更健康的心理感受。当爱情降临，人们总是认为这是缘分。就此而论，人生活的世界上，能获得爱情带有强烈的幸运成分。更多的人认为，爱情就是天定的，一切不由自己做主。科学地说，爱情往往是一个人感情丰富的外露，是社交能力的表现，是精神渴望享受的必然结果。

从前，人们总是相信种种爱情神秘观，对其产生种种天定论。当一个人产生爱情体验时，他便会认为这是上天的安排。当爱情突然降临世，他会认为这是"老天开眼"。更多的人喜欢稳定的、长期的爱情，而世界上存在一种爱情形式，那就是"一见钟情"。根据调查，世界上多数男女不信"一见钟情"，而它却真实存在。走在大街上，看到一个心仪的异性，认真地注视他一眼，两者心有灵犀，并互相交视。复杂的心理体验与冲击之后，双方寻找机会，主动接触。此时，两个人之间便产生"一见钟情"。

当它降临在人们身边时，人们才开始相信，但大部分女性认为，这种感情根本不可靠，只能一笑而过。其实，"一见钟情"若能存在，往往能让人产生更强烈的情感刺激，进而产生爱慕、自由与冲动，两者邂逅之火，更能成就纯洁的爱情。这完全是一种自然反应，因此，"一见钟情"不是上天安排的，它突然出现，带有强烈的偶然性。

　　首先，"一见钟情"与心灵预见的无关。在生活中，"一见钟情"是偶然产生，并以感官刺激为主要条件，让人对异性产生好感，情感浓烈至极时，才能形成此情感。当一个人足够幸运时，不一定能获得此情感；同样，一个人整天寻找此情感，亦很难得到。它完全存在于无意识之中，并时时发生于意外中。不经意间，发现一种美感，观察到一种自己感兴趣的爱意，往往就是"一见钟情"形成的条件，往往是微妙地变化，不断地积累，短时间内实现情感迸发，并以身心一致的作用，将爱情收获。因此，它是一种最自然的案情，不带粉饰。

　　其次，"一见钟情"带有强烈的动物性。异性之间吸引是"一见钟情"出现的主要动因。当一方发现另一方身材匀称，体格丰满时，便会产生强烈的欲望，一种本能的反应，让双方互相接触。在此情况下，两个人之间的爱慕与自由思维便会产生。语言与肢体交流之后，双方能发现并产生更强烈的交往欲望。情感能量足够强大时，双方便会亲密接触，形成一种纯粹的感情生活。事实上，这与动物性非常接近，欲望产生，形成思维，付诸行动，产生爱慕关系。可见，"一见钟情"是一种带有强烈自然性的情感行为。将爱情放在短时间内进行，是其发展的主要特点。当这种动物性形成并产生意识时，关系便会产生。

　　最后，"一见钟情"是互相爱慕的情感迸发。当一方产生爱慕时，感情便会产生，但它只存在于一方心中，无法形成情感关系，而当双方都对对方产生好感时,这才是"一见钟情"形成的基础。双方都爱慕对方,一方主动接触,一方主动接受。这样,"一见钟情"便产生了,在短时间内发展、成熟,并产生强烈的情感刺激。因此,此情感是情感刺激之后的结果,并以短暂的冲动为条件,将情感关系确定下来。

因此,"一见钟情"是一种自由的人性表现,不需要社会因素,自然而自由。因此,要获得美好的爱情,情感的短时间迸发非常关键。随着心灵世界的成熟,人们渐渐对"一见钟情"产生更深的认识。甚至有人认为,"一见钟情"是一个人精神、地位、思想成熟的表现,是将自身一切内动力表现于外表,并让人产生好感的结果。完成一次"一见钟情",人的生活会非常幸福,会产生对生活的热爱,对生命的尊重,等等。

有这样一个故事。小李从小就喜欢冰镇可乐的味道,越渴越想喝。首先是打开瓶盖的一刹那,一股凉气直窜鼻孔,可乐尚未入口,已然爽了一把。然后是痛饮,辛辣微甜的黑色液体夹杂着强烈的气流滑入嗓子。顿时,喉咙里的辛辣如同刀割,快感油然而生。许多人不能接受这感觉,而他却像吸毒一样上了瘾。也许是命中注定,小李和杨冬的恋情就像冰镇可乐。

认识杨冬缘于一次采访。杨冬是位导演,大小李 20 岁。当时杂志社要采访一位导演,朋友就向小李推荐了杨冬。一个炎热的夏天,当小李找到杨冬时,已经热得满头是汗了。杨冬跟朋友介绍得差不多,一个瘦高个子的中年男人,皮肤略显苍白,一双黑而深湛的眼睛,看起来恂恂儒雅,不说话时也是面带微笑。

"想喝点儿什么?今天太热了。"杨冬很体贴,目光很温柔。"有冰镇可乐吗?来一瓶。"小李顺便给了他一个灿烂的笑脸,虽然满脸都是汗。小李从小就不知道害羞为何物,现在更有种小女生被宠的感觉。

杨冬微笑着递给小李一罐可乐,然后饶有兴致地看着小李龇牙咧嘴地把可乐喝完,像长者,也像父兄。接下来就是老套的问答式采访。杨冬是位很敬业的采访对象,对小李有问必答,而且旁征博引。小李喜欢他的睿智和博学,在小李看来,岁月的流逝只会增加他的魅力。刚开始,小李只是用心地倾听,认真地记录,渐渐地变成"调皮"地刁难。但是,杨冬始终摆出一副长者的样子,对小李很宽容。后来,他们的谈话已经脱离了采访内容,生活、电影、艺术无所不谈。不知为何,小李竟然开始躲避起对面这位"老"男人的目光。

当小李仍然兴趣盎然时,发现外面的天色早已暗了下来。起身告辞,杨冬只是漫不经心地说了声常联系。小李竟然有些失望,没敢再看他的眼睛,就急忙去开门。就在小李伸手拉门时,杨冬一下子抢先上前,大手盖在了小李的手上,连同门把手。当时的感觉就像是在痛饮冰镇可乐,有一股气流冲上头顶。虽然小李的手被握得生疼,但感觉是一种建立在痛苦之上的快乐……

杨冬告诉小李,当他看见她喝冰镇可乐时,就知道她不是个淑女。这时,小李总是反唇相讥,如果是淑女,怎么会看上你这个老头。这时候他通常会把小李抱得很紧,然后在她耳边说:"虽然我年纪不轻了,但我愿意把自己最美好的十年给你。"导演就是导演,总会想方设法地把你感动得想哭。就像冰镇可乐,总能带给小李强烈的震撼。

当然,小李并没有被突如其来的爱情冲昏头脑,她懂得冰镇可乐带来的快乐只是稍纵即逝,亦如她和杨冬的这段"忘年恋"。现在的小李,只是想尽情地享受这种幸福与快乐。至于今后,只能顺其自然。如果一味地瞻前顾后,那么爱情就会变成跑了气的可乐,温吞吞地让人难以下咽。

可见，爱情是一种自由发展的过程，当两者之间产生一见钟情时，便会有强烈的冲动。在此基础上，两者便是一生追求，将单薄的情感深深地埋藏，最后表达出来。之所以此情感能让人产生强烈的冲击，是因其本能的人性反应，并让心灵产生强烈刺激。因此，一见钟情完全是个人行为，它是纯洁的至高境界，是浪漫的浓烈表现。只有让爱情存在于短时间的迸发中，才能实现人性的美感，并为生活增添色彩。

当人们相信爱情天定时，爱情往往是出乎意料的，并能产生更强的精神刺激。冲动之后，人们往往会回忆，在变幻的心灵世界里，产生更强烈的情感。在此，自然的心灵存在与体验让更多的人相信，"一见钟情"总是存在于高端人群中。它不需要考虑家庭因素、社会因素与经济因素。事实上，这一切都是必备条件，不必考虑。

人性的最大化，不能表现在生存行为中，只能表现在爱情生活中。当性成为爱情发展的必然结果时，情感就是性的积累工具，而"一见钟情"往往能让人产生性的认识，并存在着强烈的情感冲击。因此，我们可以断定，"一见钟情"是人性最基础的部分，能发挥最强大的人性力量，不存在天定论，更不存在荒谬精神支持。情感生活中，走在前沿的人群总是寻找短时间的迸发，并产生长久发展的情感欲望。这是人性的驱使，更是生活质量的要求。

第五节
人会爱上自己的心跳

人人都爱上自己的心跳。当异常产生加速心跳时,说明他们之间已产生了不一样的爱慕心理。事实上,当爱产生时,彼此之间会对心跳产生一种认识。有人说,我爱上一个人时,心跳总是加快,在此情况之下,会更爱慕对方,并施以行动。今天,当一个人爱上另一个人时,心中总是有一种冲动,热血沸腾,让自己始终处于一种亢奋状态。若能施以行动,必然能成就一桩美好的爱情故事。无论什么人,只要能在内心产生对他人的爱慕,必能形成种种美好的想法。同时,它让自己始终处于一种高度尊重、热情与自由之中。

当爱情降临时,首先是心灵产生震撼,然后是面部表现出超强的自信,常常微笑,总是高声说话,频频做出高于以往处世的调子。在一个人面前,不断地表现自己的内心。在此情况之下,人们总是能强烈地感觉到获得爱慕的荣耀感,并深深留存心底。长时间作用时,人们会产生彼此之间的感情,并于现实中发现,固定在两个人的情感世界里。心灵变得轻飘起来,始终处于发现爱慕与被爱慕之中。

在真正的情感世界，只有让"爱"存在于强大的内心世界，并表现在两者之间的交换、感受与互动上，才能形成真正的爱情。这种爱情，是人生中最纯洁的部分，最美好的部分，像蓝天之下的白云，自由飘扬，让人心旷神怡。当爱情冲动能让两个人之间产生浓烈爱意时，情感生活就被确定下来。因为，爱情是纯粹的精神享受，与外界的许多关系有关，但只有规避这些关系，才能获得真正爱情上的享受，并对彼此的心灵产生强烈震撼。在此，爱情作用于心理上，让人产生强烈的心跳，始终处于浪漫气氛中。当一个人邀请异性出去吃饭或喝咖啡时，在柔和的灯光之下，在泛黄的窗帘内，面部表情若隐若现地闪动，心灵上的自由完全表现在脸上，两个人互相交流，生产爱意。因此，最能让人兴奋的，便是自由的、美好的思维，以及纯洁的行动。心灵上的刺激，让他们始终处于一种自然状态，传递这不一般的心灵感受，亲密接触，并为人生意义的升华带来更高尚的气氛。

很多时候，爱情能让人产生种种过于悲观的想法，因为爱情是纯洁的，它作用于家庭、集体和社会时，总是美好而脆弱的。在爱情的世界里，人们总是喜欢寻找最纯洁的部分。那么，真正的爱情是否能获得真正的美好，往往需要种种条件的限制。

一个男孩从十八岁就爱上了一个女孩。他们是一届，但不是一个班，男孩想，等上了大学他就会表白，因为男孩喜欢女孩笑面如花，喜欢她清纯的声音和细细的丹凤眼，他觉得这个女孩就应该是他的，他想，再等等吧。

他们同时考上了大学。为了自己心爱的女孩，他也选择了同样的大学，本来他可以上更好的学校。上大学后女孩开始了缤纷的大学生活，每天这个社团那个社团的，男孩看到女孩过得这么快乐就想：再等等吧。于是他仍旧没说。

大二的情人节，他终于鼓足勇气去表白，却发现女孩的窗前已有了一枝红玫瑰，他甚至都没有把藏在夹克中的红玫瑰掏出来。女孩问，有事吗？他结结巴巴地说："没，没有，我只是想找你开老乡会。"女孩失望地看着他，然后给那枝红玫瑰浇了水，说是同班的班长送的。

毕业后女孩结婚了，男孩却一直都没有谈恋爱，他只是一路追随着女孩回到了他们的小城，本来他是有机会留在大都市的，可为了自己爱的女孩他认了。

他对任何人都没有说过自己的心愿，别人为他介绍对象，他总是笑着拒绝，人们都以为他条件太高太挑剔了，所以渐渐的很少有人再管他的事，他也总是一个人听听音乐、看看书，不知道还要把这份感情守多久。有一次同学聚会大家都喝多了，有人开他们俩的玩笑，说他近水楼台怎么没得着月，他笑着，什么也没有说，倒是女孩喝多了酒，看着他的眼说："人家看不上我。"他愣在那里，想起没有拿出来的那枝红玫瑰，此时已变成了他心底的朱砂痣一般，让他心疼。他本来想告诉她他的爱，可是他想，太晚了，真的太晚了，他不知道女孩的婚姻已发生了变故，她正在办离婚。

等到女孩离完了婚，他想终于可以说了，因为女孩也爱他啊，他不明白他们怎么就错过了，本来上天给过他机会，给过他们一段好姻缘，可是为什么偏偏到这里才给他一个结局？

然而不幸的是这还不是结局，在他正要表白的时候他被查出患了癌症，他不忍心让女孩为他分担痛苦，所以，他仍旧没有说。他想，就让他带着这个秘密直到生命的尽头吧。

女孩来看他，说自己可以照顾他，他笑着说："我看不上你，我要看上你早就表白了，何苦等到现在？"女孩的自尊心受了伤害，从此再不来看他。有时候，他会一个人在病床前发呆，看着窗外的树叶渐渐地飘落，他想，他的爱情也像这秋天的树叶，正在一片片地落下来，最后埋藏在地下，成为一颗玲珑心，只是，谁也不知道他曾怎样地爱过啊！

故事中，我们能看出，真正的爱情始终是停留在心灵上的，只有让它不断地净化，才能获得美好的感受，即便是献出自己的生命，爱情依然坚贞，不可屈服；即使不能永世相守，爱情依然是一朵芬芳绽放的玫瑰；即使没有结局，爱情依然是对人性本能的最伟大的体验。不能通过爱情的牺牲而让人性产生扭曲。事实上，爱情是本能的感情，与自然心灵始终保持一致。

在此情况之下，爱情是护养精神世界的天窗，始终被一切纯洁的光环护佑着。当爱情只能存在于理想中时，一切外界事物只能是一种自私，玷污爱情的事物。当爱情只能用心灵感知衡量时，那最伟大的人性就会表现出极光亮的一面。人生中，爱一个人就要爱一个人的心跳，能触摸到心跳的速度，能体会到生活跳动的节奏。

生长在北方某城市的小雨，大学毕业之后就开始谈恋爱，可是已经谈了好几年了，男朋友换了一个又一个，依然没有确定关系的男朋友。

她的职业挺不错，在一家银行上班。家境也很好，是不少同龄人羡慕的那一种：父母都在机关工作，爷爷奶奶全是厅局级离休干部。按理说，像小雨这种条件优越的女孩子，身后应该至少有一个加强连的追求者供其选择，才合乎现实，可是为何她没有捕获哪怕是一个铁了心的男孩子？有人会猜测是小雨太轻浮吧？非也！她在恋爱、婚姻上的态度是很认真、很严肃的。那么，或许是小雨长得丑？也不是，她的相貌挺俊。

不过，小雨确实有一点美中不足：由于从小就营养过剩，再加上她是天生的开心派，没有发愁的时候，于是，这两个条件便成就了一个胖乎乎的小雨，但是她并不臃肿。其实，小雨心里很明白，自己以前谈过不少男友，刨去她自己看不上眼的，剩下那些他认为不错的男孩子，全是那种一面跟她谈着恋爱，一面还偷偷盯着其他的窈窕淑女的人。

像这种男人，小雨如何能放心地与其共度人生？一晃，小雨已经二十好几了，家长不免为她的私事担忧起来，尤其是她的母亲，常常唉声叹气，甚至抹眼泪儿。不过，小雨依然是一副满不在乎的样子。时间到了2008年，四川汶川一场大地震牵动了全国人民的心。当时，不少热血人士自愿加入义务抗震救援的队伍，小雨也向单位请假要去汶川救援，但是单位没有批准，谁知小雨却毅然递上了辞呈。

对于女儿的行为，父母虽然不理解，但是没有横加阻拦。他们认为：孩子已经成年，应该有其自己的选择。爷爷奶奶对孙女的态度更为豁达：只要她认为选对了路，就让她勇敢地去闯荡吧。两位老人之所以这样想，是有历史原因的。想当年，他们都十几岁的时候，不就是早早离开了家，去当了红军？几十年过去了，他们成功与否已经不必猜测了。

其实，小雨此次冒着生命危险去汶川，她心里十分透亮，自己是为了两种爱！其一是大爱，为了受灾的群众送上一片温暖，奉献一份力量；其二是小爱，因为在西南一隅，有一个知心人。在小雨恋爱屡屡受挫之后，有一次她在上网时，偶识一个网名叫"箫声"的网友。双方在理想、志趣方面很谈得来，时间长了便互相透露了一些私密，才知道双方正好是没有对象的一对男女青年，既然有这个条件存在，他俩便把聊天的内容又深入了几分，就成了所谓的网恋。

他俩互相交换了照片，彼此都挺满意。但是，小雨并没有隐瞒自己的"弱点"，适时地向箫声透露自己是个胖子。出乎小雨的预料，箫声知道她是个胖子后，竟然发来了一个可掬的笑脸，并回道："俺奶奶说过，胖胖的女孩子心地大都善良。"不用再多考虑了，箫声就是自己梦寐以求的那种可靠的人！汶川抗震救灾战斗结束了，从紧张的救援工作中走出来的小雨，没有回到自己原来的单位、原来的城市，而是调到了箫声的所在地——有情人终成眷属！

　　有一句老话，叫作千里姻缘一线牵，某些情况下，在现实中难寻知己，在虚拟世界里却能找到知音，就是缘于冥冥之中的那条红线。小雨于千里之外觅得夫君正应验了这句老话，此可谓一段既平淡、又浪漫的佳缘。

　　爱情往往产生于自然状态，若家庭介入，或许能获得稳定的感情世界，却不能成就纯洁的爱情。因此，爱情在纯洁的享受中，渐渐产生份量，并形成对家庭的认识。就爱情本身而论，它是单纯的，带有强烈自私性质的。

第六节
爱是一种很少被意识到的本能

"本能"是一种对世界产生情感联系的事物。当一个人在生活中遇到困难时，他往往需要通过本能的发挥来解决问题。今天，人人都被社会左右着，什么样的情感才是真正的本能情感呢？大部分人的回答都是一样，那就是爱情。在今天的社会上，人们的家庭的爱，往往表现在社会层面上，并被社会重重包围。在此情况之下，人的本能无法发挥作用，并产生种种世俗的、不纯洁的思维。人们总是认为，爱情是建立在自私基础之上的，因此，爱情是最反社会的不稳定因素。就现状而论，爱情存在于每个人的心中，并产生最强烈的心理反应。

因此，人们可以这样认为，当一个人社会内的社会成员缺少"爱"时，往往就是爱情的缺失，往往就是对本能的蔑视。无论什么环境，人们无法忘却最本能的人性，若此因素消失，必然会导致精神世界的荒芜，甚至是绝望。就个人来说，"爱"是本能的发泄，是对事物产生高度情感作用的结果。只有让人的"爱"基于本能之上，才是真正的"爱"。

一个人渴望自由自在地生活，在复杂的社会中，如何才能保持本能的"爱"，家庭的"爱"是不能产生巨大影响的，甚至有人认为，对父母、子女的爱，往往是一种社会化的行为，而爱情产生时，它带有强烈的自然性，与本能最接近。若一个人不能对本能产生追求，就谈不上真正的爱情。在此基础上，"爱"是心灵直接作用的结果。心灵的无限纯洁，就是自然本性的表现，人是自然创造的，要回归自然，并与自然世界保持高度一致，才能获得更好的生存空间，才能实现心灵体验上的优化。因此，只有让"人"的独立因素作用于社会，才能让爱情解脱，才能让人一生享受本能人性与现代社会之间的生活。

在人类社会中，爱的源泉是爱情，爱情是一切情感产生的基础。爱情之上有亲情、友情、交情，等等。在此情况之下，追求完美的爱情是人类的一种本能。当人们寻找到真正的爱情时，一切都会自然而自由，并深深作用于心理与生理之上。在此情况之下，人们的爱情观会因社会的发展而产生变化，但就本能而论，这只是一种形式的变化，本能始终是最基础、最核心的人性部分。让个性张扬，让心灵自由，是爱情对社会发展不变的追求。

斯德哥尔摩的街头，52岁的笛卡尔邂逅了18岁的瑞典公主克里斯汀。那时，落魄、一文不名的笛卡尔过着乞讨的生活，全部的财产只有身上穿得破破烂烂的衣服和随身所带的几本数学书籍。

一个宁静的午后，笛卡尔照例坐在街头，沐浴着阳光研究数学问题。他如此沉溺于数学世界，身边过往的人群，喧闹的车马队伍，都无法对他造成干扰。突然，有人来到他旁边，拍了拍他的肩膀，"你在干什么呢？"扭过头，笛卡尔看到一张年轻秀丽的脸庞，一双清澈的眼睛如湛蓝的湖水，楚楚动人，长长的睫毛一眨一眨的，期待着他的回应。她就是瑞典的小公主,国王最宠爱的女儿克里斯汀。她蹲下身,拿过笛卡尔的数学书和草稿纸,和他交谈起来。言谈中,他发现,这个小女孩思维敏捷,对数学有着浓厚的兴趣。

几天后,他意外地接到通知,国王聘请他做小公主的数学老师。满心疑惑的笛卡尔跟随前来通知的侍卫一起来到皇宫,在会客厅等候的时候,他看到了前几天在街头偶遇的女孩子。慌忙中,他赶紧低头行礼。

从此,他当上了公主的数学老师。在笛卡尔的带领下,克里斯汀走进了奇妙的坐标世界,她对曲线着了迷。每天的形影不离也使他们彼此产生了爱慕之心。在瑞典这个浪漫的国度里,一段纯粹、美好的爱情悄然萌芽。然而,没过多久,他们的恋情传到了国王的耳朵里。国王大怒,下令马上将笛卡尔处死。在克里斯汀的苦苦哀求下,国王将他放逐回国,公主被软禁在宫中。

当时,欧洲大陆正在流行黑死病。身体孱弱的笛卡尔回到法国后不久,便染上重病。在生命进入倒计时的那段日子,他日夜思念的还是街头偶遇的那张温暖的笑脸。他每天坚持给她写信,盼望着她的回音。然而,这些信都被国王拦截下来,公主一直没有收到他的任何消息。在笛卡尔给克里斯汀寄出第十三封信后,他永远地离开了这个世界。此时,被软禁在宫中的小公主依然徘徊在皇宫的走廊里,思念着远方的情人。这最后一封信上没有写一句话,只有一个方程:$r=a(1-\sin\theta)$。

国王看不懂,以为这个方程里隐藏着两个人不可告人的秘密,便把全城的数学家召集到皇宫,但是没有人能解开这个函数式。他不忍看着心爱的女儿每天闷闷不乐,便把这封信给了她。拿到信的克里斯汀欣喜若狂,她立即明白了恋人的意图,找来纸和笔,着手把方程图形画了出来,一颗心形图案出现在眼前,克里斯汀不禁流下感动的泪水,这条曲线就是著名的"心形线"。

国王去世后,克里斯汀继承王位,登基后,她便立刻派人去法国寻找心上人的下落,收到的却是笛卡尔去世的消息,留下了一个永远的遗憾……这封享誉世界的另类情书,至今,还保存在欧洲笛卡尔的纪念馆里。

爱情往往是超越年龄界限的存在,真正的自然性,就是一种超越时空的概念,将人性的一面放在最表面,将心灵深处的体会表露于世界。因此,笛卡尔的爱情是纯洁的,他用仰视的目光对待爱情,用追求的精神处理爱情,更能看出,他是一个虔诚的爱情追捧者。而在此过程中,他能发现更多的美好事物,获得更纯洁的心灵体验。当人们因种种人为因素压迫爱情时,它总是显得微弱,而真正追求纯洁爱情时,人们总是获得非同一般的心灵享受,并矢志不渝地追求。无论什么时代,无论什么情况,只有让爱情左右本能的一切,并为本能带来新动力,才是爱情的真谛。本能的心灵体验,往往是最自然的,能一生保持,是天大的财富。

爱往往是人们很难意识到的本能,甚至有人认为,"爱"就是心灵感受传递给对方,并以精神享受主体,形成稳定的生活。事实上,"爱"更是一种无法预知的本能,存在于一切心灵活动中,并作用于一切行为之上。今天的社会,人的一举一动都是一种"爱"的表现。在复杂而系统化的社会中,人们存在的本能也只有这些了。

"爱"是一种最需要人性本能的事物,在此条件下,人们才能产生本能的心理反应,并为现实生活带来纯高、美好的事物。最本能的事物往往是人们最不易发现的事物。"爱"是一种对本能的再提升与表现。只有让"爱"发挥一切本能的一面,才能称得上真正的人类生活。

有一个女孩叫梅子,性格文静,话不多。男孩叫杨庆。两个人默默地走了很久，杨庆几次欲言又止。他喜欢梅子很久了，从上学的第一天看见她，她那张纯真的脸就烙在了他的心理，他总想梅子应该会明白他的心意。所以他不需要表白，反正俩人兴趣相投、心灵相惜，何须言语。

梅子不是没感觉，可她不确定，她一直在心里揣测，他是爱自己吧？可为什么他从不表白？要说他对自己没意思，那眉目间对自己的眷恋又是什么？这种事杨庆不说，梅子是绝不会问的。一来二去大学三年的时光就这样过去了，杨庆还是没有任何表示，梅子黯然地想也许是她考虑错了，杨庆本就不喜欢自己，只是把自己当成好朋友罢了，如此一想梅子的心凉了，从此她特意躲着杨庆，想用逃避来忘掉心里隐隐的痛。

杨庆不知道梅子为什么突然不理他了，他很彷徨，也很恐惧，特别是看见梅子和别的男生走在一起的时候，心就像被撕裂一般的痛楚，最后他终于忍无可忍，在梅子和一个男生走出教室的时候他跟了出来，在后面大叫了一声："梅子……"可这一刻他却失去了勇气，用自己勉强能听见的声音问："梅子你能帮我抄点东西吗？我一会等着要用。"

梅子有些失望，淡淡地说道："今天不行，我要出去。"杨庆急了，抓耳挠腮地堵在过道上，想说什么却说不出来，憋得脸通红。男生拉了拉梅子的胳膊说："梅子，咱们走吧！"梅子点点头，杨庆只好心不甘情不愿地让开了道。就在梅子和他擦身而过时，杨庆脑袋轰的一声，然后失控地大喊："阿梅，别去！"

梅子停了停后继续向前走去。杨庆在她身后用蚊子一样的声音说道"我爱你……"梅子浑身一震，转过头去，见杨庆脸色通红。她问："你刚才说什么？"杨庆急促不安地站在那里，双手紧紧地握在一起，提高了一点音量，"梅子，我爱你……"梅子等这句话不知道等了多久,只感觉鼻子一酸,眼泪扑哧扑哧地掉了下来……

爱情反应往往是最真挚的,让无数男女信奉着,当"爱"能自然产生时,人的本能就会存在,当生活遇到种种问题时,它会帮助人们攻克难关,并获得人生的享受与精神意义的升华。

第七节
 隐秘诱惑——有时候人是要克制潜在诱惑的

在人的天性中，存在一种神秘的欲望，那就是对隐秘的发现，并不断地揭示、占有、掌握。今天，隐蔽私事已是一件非常神秘的事情。无论什么情况下，隐蔽总是人们渴望发现并占有的部分。在此情况下，人人都以发现隐私为一种价值。在别人面前，要想获得更高的认可度，就必须掌握别人无法掌握的事情。就爱情而论，这是一种非常可怕的事。因为，人们要了解他人的隐私，就是对他人的侵占，对他人的占有。尤其是恋爱时，情侣的隐私被别人发现，将是非常可怕的事，甚至导致情侣之间产生矛盾，进而走向悲剧的一面。

占有别人的隐私，可适度发展，而如果一个人一味地渴望获得他人的隐私，往往会导致人际关系不和睦，导致人情感上的自然排斥，甚至产生种种严重的矛盾。在此，人们需要保持独立，并在他人面前形成权威的一面。在此，隐私的保护显得非常重要。事实上，很多人发现他人的隐私时，心情非常之好，但与他人接触时，总会产生种种不正常现象。

　　获得隐私之后，便会产生单方面的接触，并形成亲密意识。而对方往往是嗤之以鼻，甚至痛恨不已。于是，微妙的变化便产生了，两个人之间芥蒂丛生，并让知情者嘲笑。无限地掌握他人的隐私，是心灵上的一种病，让人渐渐孤独起来，并产生人生的扭曲。站在正义的角度，一个人占有他人隐私时，就会产生种种邪恶念头，甚至是对"性"产生野蛮的认识。若是男女之间，男性往往过于自私，强行占有。在此，发现别人隐私成为一种对心灵体验上的健康发展，相反，过度发现他人隐蔽，往往让人产生神秘感，并孤独地生存。因此，诱惑存在于心灵，当它无限扩大时，就需要占有他人隐私，而成为一个健康的人，就必须克制占有隐私上的诱惑。当人们心灵产生冲动，并作用于本能时，就必须克制。在一件事物面前，当它的华丽、纯美与高洁让人产生诱惑时，必会无限地索取。在此情况之下，欲望会膨胀到顶点。

　　当欲望膨胀并要求得到满足时，人性的一面就会出现。事实上，就社会层面而论，欲望无限膨胀只会给自身带来诸多不便，甚至是腐朽。本性往往是一种心灵纯真的表现，而纯真往往是建立在强大的现实基础上，因此，诱惑出现时，人性需要克制，并为未来的生活与精神世界带来一种光明。

　　小王大一的时候艳遇不断，女朋友换了再换，红颜知己也常常让他生理出轨。后来与一个离婚少妇的艳遇使他不断欲望膨胀，把握不住，身体和精神都出了轨。少妇叫由冉，二十九岁，与前夫离婚三年多，离婚后一直没有与异性交往，除了忙工作，就是常常出没于迪厅。小王与她在夜场认识。他第二次进夜场，为解脱前女友与同舍哥们搭上关系的困惑。

半瓶啤酒下肚，看看周围，映入小王眼帘的是坐他前面的由冉。她喝得半醉，红通通的脸蛋真叫人想迎上去亲一口。出于人文关怀，小王关切地跟她搭讪，就此认识了这位伤感的女子。当晚他们一起在舞池跳得很劲，她双手搂住他的脖子，他双手搂住她的腰，不停地摇晃着身体。小王感受着她的呼吸，差点控制不住自己亲了过去。他们玩到很晚，后来小王送她回住处。她安排小王睡她隔壁房间。

　　第二天醒来睁开眼睛，还没来得及回想昨晚发生的事，由冉早已做好早餐等小王起床一起吃。趁吃饭时间他把由冉的情况问得清清楚楚，知道由冉三年前离婚，现在一个人住二房一厅的套间。小王也如实把昨晚泡吧的起因经过告诉她。她对他的遭遇表示同情，他得寸进尺，说不想回宿舍住，要租她房子住。她当然不会轻易答应，在小王的再三央求之下才迟迟决定让他跟她居住。

　　他们的关系一天天密切，她对小王有好感，但埋藏心里。终于到了她生日，他们两一起过。那天他们都很开心，喝了很多酒。小王说："我说的都是实话，从见到你第一眼起，我就被你吸引了。我很多次告诉自己要控制对你的感情，很多次告诉自己已经有女朋友了，好多次回想起我们在一起的每一分每一秒，我发现自己已经喜欢上你了。"他不知道自己为什么会突然说这些话。也许是酒精的作用，但当时他确定他还是很清醒的。

　　由冉看着小王说："你说你喜欢我是真的吗？"小王点点头。由冉又说："其实我很喜欢你，一开始就喜欢上你了。"小王看着眼前格外迷人的由冉，又来了欲望。他和由冉都知道彼此接下来想要什么，只是没人先主动。小王慢慢靠过去，一只手摸着她的脸，然后嘴慢慢靠了上去。由冉先是一躲，然后任凭他亲上去，她这次没有搂住他的脖子，而是很老实地一动不动，让小王主动。

　　小王和由冉亲吻的动作越来越大，也越来越冲动，最后进入了交欢状态。之后他们躺了一会，她转过头呆呆地看着他，说："你真喜欢我？"小王在她脸上轻轻一吻，"喜欢，从我看见你第一眼开始，我就喜欢上你了。"由冉把头倚在他身上，说："其实我知道我们是不可能的，我只是希望你别忘了今晚。"小王说："放心吧。你一直会在我心里。"她说："我知道了。今天你在这儿陪我吧。"小王把由冉搂得更紧了，由冉慢慢在他怀里睡去，而他却久久睡不着。

发生关系，小王很久之前就想了，但是成为事实之后，他却不知道该怎么办了。他们之间已经有感情了，他清楚自己很难割舍这段感情，今晚过后，注定一切都不一样了。

第二天上午的课，小王全逃了，由冉也跟公司请了假。他们像平常一样，她做好早餐让小王过去吃，小王坐在她的对面，看着她还算平静的脸，罪恶感越来越多。小王多想昨天只是个梦，他们本来关系还算纯洁，可现在她……

由冉低头吃饭，并没有看他，但他看出她在思考什么。突然，她放下了筷子，说："我们现在算什么关系？"小王没想过她会这么问，看着她认真的表情，说："我们已经发生了关系，应该算情人了吧。"她深情地看着小王，说："我想继续当你的情人，可以吗？"小王愣了一下，其实昨天过后他也这么想过，想和她一直这样下去，可他怕这样对她不公平，他不能给她想要的未来。他想了想说："全在于你的选择。"

她看着小王，说："昨天是你的诱惑？"小王点点头，她更加深情地说："还想再来诱惑吗？"她看透小王的心思，将他带进房间。一会儿，由冉大声喊了一声："你这个流氓，难道想侮辱我吗？"小王站在房间里，惊恐不已。原来，由冉是寻找爱情的滋味，并不想有性关系。此时，小王已失去理智，紧紧地抱住由冉。由冉狠狠地一推道:"流氓,小心我报警。"小王怕了,呆呆地站在那里。

半个小时之后,小王被撵走。由冉认为自己可以获得一场浪漫的爱情,万万没想到,小王竟产生冲动,要发生性关系。小王垂头丧气地走着,想着刚才的情景,后悔地自言自语:"那么强的诱惑,我能忍受吗?"

可见,在诱惑面前,若不能克制,往往会失去美好的爱情。对于女性而论,能获得纯真的、自然的爱情才是首选,而之后发生什么并不重要。因此,只有让爱情存在于自然且自由的心灵上,才能形成真正的爱情。在诱惑面前,只有适当克制,才能建立一种爱情基础之上的性关系。

随着社会的发展,人们总是渴望获得直接的爱情体验,事实上,真正的爱情观,往往表现在心灵之上,最后作用于社会之上,再反应在心灵之上。因此,只有让心灵世界发展到成熟阶段,并将个人与社会联系,形成纯洁的心灵,才有真正的爱情。爱情之上的性,往往是人们守护爱情的保护伞。

当一个男性通过直接、瞬间控制女性隐蔽部分时,他往往不能获得健康的爱情。在诱惑面前,人们能适当控制,并产生强烈的情感意识,才是成功的。如果瞬间产生性关系,那将是一种人性的需要,而就爱情而论,先有情感,后有爱慕,最后有性是一个必然过程。在此,当人性发挥到极致时,人的本能就会是一种张扬的状态,而无限张扬,往往会与外界事物产生抵牾,进而造成种种失望、矛盾与挣扎。只有克制诱惑,才能在心灵上产生更多的生存意识,才能产生人生需要的光辉部分。

第八节
色酬定律

生活中,存在着人性的美感,表现在经济中,就是美感创造金钱。今天,女性可通过化妆、美容、整形等方式轻松获得美感,甚至有人认为,美感是一种色相,是一种获得社会便利、工作提升与心灵再净化的必要部分。通过姿色获得种种金钱、工作、社会地位、研究背景等,称为"色酬定律"。不难发现,社会上存在着诸多人们无法阻挡的感性认识,那就是通过观察他人的外貌,给予他人种种便利,甚至是高于普通人的工资、地位与前途。在此之中,姿色成为社会成员最直接、最感官的认可,并是最发挥作用的部分。

就当今的职场而论,人人都渴望获得轻松而高尚的工作。若一个面试者姿色颇佳,职业形象端正,面试官很可能会认可此人,并在面试中给予种种特殊礼遇,和颜悦色,无所不谈,甚至会透露一些核心信息。在此情况之下,面试者通过考核的可能性大增。形容姣好,美丽可爱的女性往往是面试官的首选。因为,女性更具有亲和力,更能让人发现工作中的惬意感,进而产生工作美觉,享受一种轻松的气氛。而且,女性更能让人产生一种神秘的和谐氛围。在此,工作环境中的人因姿色较好的女性员工而别开生面,老板、领导与主管之间能产生更畅通地交流,将矛盾化解于潜意识中。

"色酬定律"存在于生活的一举一动中。当人们的本性发挥作用时,爱美便是一种自然之事。当人们感知美,更能产生愉悦心情,更能产生对环境的适应力,能让人际关系处于一种良好状态。在此,姿色是让他人产生神秘精神的部分,并作用于言行中,进而让周围的一切和谐起来。很多的人认为,遇到姿色较好的女性,人们往往要表现得豁达、自然、轻松,否则会破坏这一美好现象。随着生活水平的提升,人们对姿色的爱慕空前,并产生种种性别之上的联想,进而产生亲近、爱慕、自然的和谐思维。生存在社会上,并渴望享受人类最美好的部分,那人们的心态就是正确的,是本能发挥作用的时候。

当姿色之美渐渐沉淀时,人们总是认为这是一种美好的文化。作用于人的身体,并以气质、容貌、身材、感性表情表达出来,这本身就是一种美感的自然发泄。在社会上,一个真实的人是有本能的,是有爱美之心的。当女性的美感存在于现实中时,人们便会产生种种健康的欲望,并以自身缺点的约束,与自身不光彩一面的修正来亲近它。因此,当姿色在社会上充分作用时,人们往往会抛弃一些后天的因素,直接观察本质,美感传达之后的第一印象往往是人们给予姿色较好者好处与利益的条件。此后,无论如何,人们都会产生爱慕、亲近与交往。在工作中,真实的姿色能让灯光更亮,让心灵更豁达,让精神更亢奋。

职场上,姿色总是能让人获得种种工作便利,更让老板产生好感。在此情况下,爱美成为一种天性。当美感成为一种金钱转化器时,人们对金钱的认识渐渐发生变化。就今天的社会而论,更多的人认为姿色就是金钱,要想过"人上人"的生活,就必须以姿色征服他人。在他人获得对自己的好感时,充分发挥姿色的优势,将金钱、名誉、地位全部揽入怀中。

今天的大学生,往往都喜恋姿色,她们将大把大把的金钱花费在美容上,甚至渴望获得异性接触,表现出一种纯正的美感。在此,大部分大学生将姿色、爱情与事业摆放在同等地位,并互相作用,让姿色成为真正的经济行为。还有一部分人将姿色当成赚钱的本能,确实有点过,但它反映出来一种现象,那就是"色酬定律"是存在的。

在位于海口市区内的个别高等学院门口,每逢星期五下午四五点钟放学时间,下课铃一响,早已经等得不耐烦的大学生便挎着自己的高档时髦皮包或站在校园门口左右观望,或用手机拨打"家人"的电话,一些各色高级小轿车像走马灯似地向校园靠近。据知情透露,这其中大多数是学生们的父母家人,而有极少部分则是"另有因缘。"

9月1日下午,同伴随车同黄老板来到某高校门口接他的"心上人",车子在该学校附近停下来。记者刚下车,还没等站稳,只听到身后响起了急促的喇叭鸣笛声,同伴猛然回望,发现这辆豪华奔驰车窗内露出一个秃脑袋,定神一瞧,此翁约莫六旬有余,戴着黑色墨镜,上身着一件时髦的椰岛风光图案的花衬衫。"哎呀,你怎么才到?""路上堵车了。"这时,一名打扮入时的大学生说着一头钻进车子,听着像是西北口音。同伴数了数,在不到20分钟的时间里,先后至少有30多名女学生被各式中年男子接走。有几名有心机的女学生为了"安全起见",先是出校门走到几百米远处,趁人不注意再上车。甚至还有人是乘坐出租车来接人。

约莫30分钟后,车辆开始渐渐稀少。据一位叫黄老板的山西籍学生介绍,他们是两个月前经过中间人相识的,每个周末都要在黄老板精心设计的温馨小屋内欢聚。而她的一名同学同样跟上了一个有钱人，"两家人"有时还在一起聚会。

事实上，爱美之人往往都有一种本能的性格。就爱情、美感与性之间，他们会寻找一种平衡点。只有让他人认可自己的姿色之后，才能产生爱情，最后产生金钱效应。当社会发展到足够专业时，姿色的经济价值越来越明显。它超越性别、情感、年龄，甚至是伦理。在相对自由的社会中，人们通过姿色获得种种精神愉悦，思想净化，身心协调等，都是本能人性发挥作用的结果。无论何时，姿色能让人产生种种冲动，最终让人们彼此接触，产生依赖关系，并以性的方式发泄，稳定于情感与精神之间。

对于中国人而论，生活在一个完整的精神世界内，人们更需要本能的发挥。而本能的自由取向就是获得美感的享受。在人类内部，美感物化于人生之中，就是对姿色的追求，对他人不断深入赞美自己的目标。因此，美之上的情感，甚至是性，往往是让人冲动的源泉。

在日常生活中，姿色给拥有姿色的人带来种种便利，实现金钱效应，让自身生活越来越宽裕。就中国的状态而论，有姿色无金钱的人更需要一种本能，以此来获得更美好的生活，解决燃眉之急，虽然此行为一直不能让人接受，但它说明，"色酬定律"是存在的。

今年上大二的小珍来自海南省中部山区，是家里五姐弟中的老大。因为家中生活贫穷，她几次险些失学，靠着亲朋好友的接济上了大学。可还没上完大一，下学期的近万元学费、生活费又成了大问题。今年6月份，爸爸从近300里远的乡下来到海口，当谈到筹集下个学期的学费时，小珍提出到工厂打工，遭到老人的反对，他流着眼泪对女儿说："家里的钱大都用在了你的身上，下面的几个弟妹怎么办，总不能为了你去讨饭吧。"

小珍听罢，理解了老人这番话的含义，一想起读大学的时间可能不长了,便暗地里伤神流泪。一天中午,她经人介绍认识了43岁的广东老板韩某,此人非常爽快地答应解决她大学两年的全部学费、生活费问题。从对方的言谈暗示中,小珍明白了对方的用意,脸色露出羞红,一来二往就搬到了韩老板为她准备的住处。为避免被韩某的老婆发现,韩老板与小珍约法三章:不准靠近他的家人;对外以表叔相称;不准乱交异性朋友,更不能谈恋爱。小珍听完心想,只要能读完大学,什么条件都好谈,便点头答应了下来。从此,韩老板除和家人正常生活居住以外,还多了一份"情调周末",以加班、陪客户应酬等理由同小珍厮守寻乐。

姿色往往是一条获得金钱的捷径,就以上故事而论,它似乎不太让人满意。因为,金钱是可以通过正当途径获得的,而在走投无路之时,人们通过姿色往往可以获得更多金钱、更高地位、更深的社会背景。在此情况下,身心得到解放,而此过程中,是本能的作用。就社会而论,本能往往需要修正,但在经济高度发达的今天,本能已赤裸裸地表现出来,并深深作用于社会。

"色酬定律"表现形式不同,其发挥的作用也不同。但有一点是事实,那就是在社会中"色酬定律"是存在的。自然心灵是美感与本性决定的,因此,当人们深爱美感时,姿色这种人类美学的重要部分,必会带来种种金钱现象,并直接作用于个人行为之中。

第二章
人人都在寻找安全感：求生

第一节
理性 = 成功——生存到底是什么

现实生活中，人们总是要面临种种生存问题。在原始社会，人们通过与自然搏斗，获得一定的生存空间；在古代社会，人们通过了解自然，与自然和谐相处，获得更大的生存空间；近代，尤其是工业文明的发展，人们可以通过控制自然，将生存权扩大，并将自然控制于自身手中。因此，当生存成为一种常态时，它往往会表现出惊人的生命力。在今天的社会上，有人认为生存已是一种基本条件，但也有人认为，生存问题依然严峻，每天的衣食住行，每天的高档消费，都让人们面临种种生存问题。

生存，对今天的人们而论，更多是表现在金钱上。就经济方面而论，获得足够的金钱会产生强烈的生存意识。当人们无法生存时，往往是缺少金钱，缺少社会关爱，缺少知识与能力。虽然知识已是一种常态传播过程，但人们获得技能依然显得费力。互联网技术的深入普及与大规模运用，让知识不再是少数人的奢侈品，由此而产生的专业技能获取显得至关重要。因此，人们称生存是一种技能，在各种专业中发生作用。随着社会的不断进步，技能已是一种生存的必要条件。只有拥有大量技能，且他人无法复制，才能获得生存空间。

无论是哪个国家，发展已进入成熟阶段。因此，当理性发挥作用时，人们往往既掌握种种技能，又获得了生存权。因此，只要人们能理性地对待一切，成功就不会遥远。现实生活中，只有表现出理性的一面，人们才能表现出对专业的态度，才能表现出生存的能力，才能表现出生活的欲望。在此情况之下，更多人能产生专业之上的理性，对苦难的认识，对未来的掌握，等等。当理性能主宰人生时，心灵就会表现出本能的适应力。在此情况下，理性能轻易地获得成功，能将失败的成本降到极限。就专业而论，当人们理性时，他们才能直面困难，将人生放入一种理想、安全的环境，将困难一点点地攻克，成就今生。

对于外界来说，赫赫有名的阿里巴巴新 CEO 陆兆禧最大的价值是他的成功，而对于他身边的人来说，陆兆禧是一个极具理性的人。从广州大学毕业后，陆兆禧的第一份工是在一家四星级酒店当服务生。对于那个时代可以真正叫作天之骄子的大学生来说，这是一个很卑微的工作，但对于学酒店管理专业的他来说，专业对口就好。陆兆禧称："大学毕业在酒店端盘子，有时心里也不是滋味。但转念想想，人生也和那条回家的小路有上下坡一样吧，总会经过顺流逆流，起起伏伏都是免不了的，要以顺流不骄、逆流不颓的心态去对待。年轻的时候多吃点苦没什么不好，挺一挺就过去了。"

短短几年时间，陆兆禧拾级而上，大堂经理、客房经理、餐厅经理一个个纳入囊中，在当时的同行看来，他的前途让人十分羡慕。可以，他还是辞职了。离职时，正是中国互联网刚刚兴起的时代，1997 年，陆兆禧和几个朋友合伙成立了一家网络通信公司，主要经营互联网长途电话业务,一下子从酒店管理纵身跳入了互联网这个八竿子打不着的新行业,他却干得有滋有味,并击败了许多科班出身的对手。他从零做起,重新学习,逐渐在圈子里做出了些名气。

"去和马云见见面。"一个在刚刚创办的阿里巴巴上班的朋友和在创业打拼中的陆兆禧说了这句话,改变了他的人生轨迹。他坦言,当时连阿里巴巴是干什么的都不太明白,但是跟马云一番谈话之后,"觉得马云这个人很不简单,十分投机"。陆兆禧的内部员工号是 129,即第 129 位加入阿里巴巴的员工。这让其成了阿里巴巴创业的元老。2000 年 10 月,加入阿里巴巴不久的他被投机的马云派到深圳出任华南大区经理,主做"B2B"销售业务,据说,这个经理职位是个光杆司令。

之后的互联网,虽然遭遇到了寒冬,阿里巴巴所奉行的电子商务策略却成了过冬的利器。陆兆禧的职场生涯也可以用一帆风顺来叙述:2004 年 12 月—2008 年 3 月任阿里巴巴集团副总裁兼任支付宝总裁。陆兆禧硬是带着 8 个人,一手创建了支付宝。很快,支付宝成为中国第三方支付平台巨头,占有中国市场的半壁江山,市场份额超过 50%。2011 年 2 月 21 日出任阿里巴巴执行总裁同时继续担任淘宝网 CEO 兼总裁及阿里巴巴集团执行副总裁,任期内,淘宝网成交总额攀升了 8 倍。直到现在坐上阿里巴巴 CEO 的宝座,陆兆禧完成了人生的华丽转身。细细品味,不难发现,这一切,其实完全是一个陆兆禧酒店职场生涯的豪华版重现。

在陆兆禧上位后,凤凰科技做了关于"您是否看好陆兆禧出任 CEO 后阿里的发展"的调查,56.3% 的网友表示"不看好,仍有很多棘手问题需解决";而在阿里内部,却完全是一边倒的认同。理由很简单,外界不熟悉陆兆禧,因为他一直被马云的光芒所掩盖,然而对于阿里巴巴的员工来说,老陆是一个靠山一样的存在,而且还是一个沉寂期的活火山。

其实在朋友眼中，陆兆禧是一个很特立独行的人，不仅仅是安静中透着火爆，而且还有股子执着。陆兆禧极度勤奋，每天要处理300多封邮件，有时马云劝他休息一下，他却不肯。2008年冬天，时任淘宝网总裁的陆兆禧身体透支得很厉害，朋友劝他少花点时间工作，他说："我不图名，钱嘛，也够花了，剩下的就是责任和人情了，为了这个，我可以连身体也不要的。"也正因为如此，在接受《金融时报》采访时，马云就说："陆兆禧把90%的时间都花在了淘宝上，我没有理由认为我比他更懂淘宝。"

在阿里巴巴社交网站"来往"上面，陆兆禧为自己选择的头像是手扶腮帮，隐蔽在黑暗中呈沉思状。而一旦思考成熟，他就会立刻出手。2008年陆兆禧任还不赚钱的淘宝网总裁，正是中国电商大发展的前夜，如果错过了这班船，也就没有今天的阿里巴巴。他谋定而后动，启动大淘宝战略，推出种种举措提高消费者体验，同时实行开放战略，联合商家、第三方合作商、物流等电子商务产业链上各个方面的伙伴，更好地服务消费者，并推出"B2C"淘宝商城。在他的领导下，淘宝网巩固了中国网络零售领导者地位。

这或许是他选择"铁木真"作为自己在阿里巴巴集团里的绰号的来由。陆兆禧曾在接受媒体采访时透露，阿里巴巴集团高层素有起武侠小说里名字的惯例。而《射雕英雄传》中的铁木真素来以"深沉而大略，用兵如神"著称。根据阿里巴巴集团退市前的一份年报披露，在其2011年"B2B"公司高管年薪、花红及股票套现之中，陆兆禧以4757万元位居第一。可这个有钱的阔佬对自己非常严苛。一直单身的陆兆禧很喜欢淘宝，不仅仅是因为业务的需要，还是因为生活上的需要。2012年4月以4757.4万元合计收入居上市公司高管年薪之最的他自诩道："常在淘宝上买一打5元钱一双的袜子，慢慢穿。衬衣都是没有品牌的,但一定要整洁,我每个星期都自己熨衣服。"

在给员工分股权的事情上,阿里集团另一位大股东孙正义堪称"铁公鸡,一毛不拔",所以,每次分配股权给员工,都是马云和管理层自己掏腰包散发。当然,穿5元一双袜子的陆兆禧每次都不吝啬,都会拿出很多自己的股份分给员工。这成就了陆兆禧和员工之间的情感,即使是"铁木真"也是有感情的,就如《射雕英雄传》中和郭靖惺惺相惜那样。这些执着和慷慨,让员工们亲切地将他称之为老陆。

在平均年龄28岁的阿里巴巴,44岁的他确实老了点,老到每次阿里巴巴出状况,马云一定让老陆去当救火队长。2011年2月,因阿里巴巴"B2B"部分供应商欺诈丑闻,CEO卫哲引咎辞职,陆兆禧成了救市的第一人选。很快铁木真的风范呈现,别看他送股份那么大方,但对害群之马却决不手软。比起马云对卫哲"挥泪斩马谡"这样的大招,陆兆禧加大了淘宝打假的力度,运用狠招反腐。但这些招数处处对准了自己的老同僚、老合作伙伴的切身利益,比马云的大招更加伤人,也容易被反噬,可陆兆禧没有迟疑。他在整顿完内务后,又一口气成功完成"B2B"由香港退市的任务,使股价长期低迷的阿里巴巴平稳着陆,未引起股市和投资人动荡。火灭了,消防队长又有了新任务。

2012年9月,在谷歌公开施压封杀阿里的手机操作系统云OS之后,作为首席数据官的陆兆禧转战新火场。移动互联网是阿里巴巴最大也是最新的蓝海,必须要重新规划、理清云OS的发展规划,避免与安卓的冲突,否则失去的就不仅仅是一个手机操作系统,不仅仅是和宏碁这样的手机厂商的合作,而是阿里巴巴在整个移动互联网的入口,毕竟占据智能机半数以上操作系统市场的安卓一旦认真起来，入口将被立刻减半。

可见，陆兆禧是个对事业有执着精神的人。可能，他的生存之道就是不断地挑战，而就他的生存思想而论，却是不断地发现现实，并理性地判断，作用于公司、员工与社会之上，进而获得成功，取得令人羡慕的生存权。当理性发挥作用时，陆兆禧就已成功，并向着正确的方向发展，适应环境，改变未来，获得成就。

第二节
心灵回归——将生理装进心里

在生存中,人们常常需要面临抉择。无论什么社会,无论什么自然环境,抉择总是一种人类共同的特征。在生存条件发生深刻变化的今天,抉择是否正确,往往决定了一个人的生存能力。因此,一个人要能在复杂的环境中寻找到正确生存因素,并牢牢抓住影响人们生存能力的重要因素。无论什么时候,社会的发展都是以"人"为先决条件的。在"人"的发展中,只有让身体处于稳定状态,让心灵处于自然、和谐的环境中,才能实现真正的自我。

在此情况之下,人的本能才能保存,并实现真正意义的光辉人性。现实生活中,有人认为本能不能存在,其实,这是大错特错的。当人们面临困难时,当人们面临危险时,在困难中斗争,在危险中冷静的本能若不存在,那人们将很难生存。只有让本能存在于一切社会进步中,并时时发挥最核心的作用,才是人生最美好的抉择。

世界是复杂的,当它复杂到足够凌乱时,人们就需要本能,在本能的基础上,实现生存。在这个复杂而文明的社会,本能缺失已非常严重,因此,社会总是出现种种人性的冷淡,缺少对自然与自由的追求,人生禁锢越来越严重。因此,就当下而论,实现本能的最大化,往往是生存能力的提升,是对社会发展产生深刻认识的表现。当今,人们只有让自然心灵的最强大部分全部回归,才能实现高品质生活,才能实现未来发展的意义。当人生意义被扩大时,本能必然会起作用。一个人的生存能力只能表现在本能的发挥上。本能包括自然心灵、对性的认识以及生存能力。在此,我们将关注生存能力。就生存能力而论,本能往往需要知识的再回归、思想的再塑造、能力的再提升。

生理越来越稳定,人就需要本能的思维来调节。在此,生理反应往往依靠心理变化而产生认识。心理本能化了,一切生理行为必会本能化。心理往往是塑造人们种种意识的因素,而生理稳定,即是一种健康。在此情况下,更多的人重视心理,因为,社会作用的实现往往就是心理直接作用,生理保持稳定的表现。就成功而论,人们需要将生理装进心里,让认知左右一切行为,让成功触手可及。

为了实现对父亲的承诺,李嘉诚觉得只有加倍努力才行,要想出人头地,学习是唯一的武器,他开始自学。一边工作,一边自学,虽然艰辛,但李嘉诚觉得十分充实,"年轻时我表面谦虚,但内心很骄傲。因为你看见身边的人每天保持原状,而自己的学问却日渐提高"。

1940年秋,李嘉诚一家从潮州逃难至香港,栖居在舅舅的钟表行中。李家原本没有商业传统,到香港前,父亲是一位小学校长,爷爷是清朝最后一届秀才,两位伯父在民国初年就取得了日本东京帝国大学的博士学位。李家可算是书香门第,在当地受人敬重。

但这些在当时的香港没有半点价值,甚至为他们的生存带来了压力,一家人卑微如蝼蚁。13岁的李嘉诚不得不失学,寄人篱下当学徒。白天有做不完的工作,夜晚则必须搬开家具与其他伙计挨着入睡。太平洋战争爆发后,日本攻占香港,李嘉诚的母亲只好带着弟妹重回老家，留下他们父子二人。更大的不幸是，贫困抑郁的父亲竟染上肺结核，大半年后去世。在父亲过世的前一天，并没有向他交代事情，反而问他有什么话说。"我安慰父亲，告诉他'我们一定都会过得很好'。"14岁的李嘉诚独自面对父亲的死亡，"仿佛一瞬间被迫长大"。历经家道中落、少年失学、父亲过世、孤独地流落异乡，迫使李嘉诚在很短的时间内压缩成长。

后来，他开始自学。一边工作，一边自学，虽然艰辛，但李嘉诚觉得十分充实，"年轻时我表面谦虚，但内心很骄傲。因为你看见身边的人每天保持原状，而自己的学问却日渐提高。"

李嘉诚的机会终于来临。1945年，二战结束后的某天，他所在工厂的老板亟须发信，但是书记员请假，李嘉诚因好学被推荐帮忙。出色的表现使得老板对他另眼相待，将其从杂役小工调至货仓管理员，继而他成为业绩很棒的推销员，再升到经理，19岁便成为总经理。李嘉诚也从中学到了更多的关于货品的进出、价格、以及货品管理、推销等技巧。

因为业务关系，李嘉诚一直订阅英文塑料专业杂志，顺便提高英语，这也让他能时刻把握该行业的可能商机。随着二战后经济复苏，塑料制品的市场需求很旺盛，李嘉诚认为机不可失，决定自行创业。1950年，他利用自己的积蓄连同舅父的借款共5万港元，开设了长江塑料厂。1957年，李嘉诚从行业杂志中得到启迪，赴意大利考察，回港后转产塑胶花。得益于当时的消费环境，他的业务迅速发展，由于产品能不断创新，李嘉诚继而成为香港乃至全球的塑料花大王。如今这已成为李嘉诚财富故事中的经典情节。之后，李嘉诚又瞅准地产业机会，从而开始了成为"超人"的脱胎换骨般的升级。

李嘉诚成功了，他有他的生存之道。就一般人看来，李嘉诚是艰苦奋斗的代表，事实上，此处人们更能看出，李嘉诚是一个善于将心理因素扩大的人物。在他看来，艰苦奋斗是身体受煎熬的过程，心理会产生巨大触动，甚至是享受。因此，李嘉诚将生理装进心理，并不遗余力地努力。此为一种生存之道，就是让心理主导生理，并获得成功。在此情况下，李嘉诚心中存在的生存欲望，使之成为世界富豪。当然，此亦为一种生存精神。在苦难中，能迸发出惊人的能量，而生存的基本条件就是发挥本能。在本能的作用下，发现奇迹，掌握奇迹，获得奇迹。因此，生存之道存在于成功中。尤其是今天的社会，一个人是否成功生存，往往就表现于此。真正的人生，是生存与生存荣誉的结合，进而产生种种本能的社会意识。

20 世纪 80 年代初，计算机革命已经在全球兴起，硅谷也成为中国的技术研究者们的热门话题。中科院内部的科技人员早已经禁不住诱惑，不断走出高墙深院创立公司。

老帅柳传志在 2 月初复出担任联想集团董事局主席。"联想是我的命，需要我的时候我出来，是我义不容辞的事情。"柳传志自剖心迹，虽已年逾 65，但激情不减当年。20 世纪 80 年代初，计算机革命已经在全球兴起，硅谷也成为中国的技术研究者们的热门话题。中科院内部的科技人员早已经禁不住诱惑，不断走出高墙深院创立公司。时任计算所所长的曾茂朝（现任联想控股董事长）也一直在私下里鼓励手下创立公司。已年逾 40 岁的柳传志主动提出了要创业，"我 40 岁的时候是因为前面没有路可走，所以选择了创业。"

当年 10 月，中科院计算所新技术发展公司（即联想前身）"授命成立"，王树和、柳传志、张祖祥组成三人核心成员，柳传志拒任副总经理。曾茂朝将计算所的传达室交给柳传志使用，又给了 20 万元开办经费，还给予了很多不成文的支持：不受限制地招纳本所人员，可以使用所里的技术成果，员工可以使用自己原先在计算所里的办公室、电话以及所有资源等。

虽然支持很多，但是从1984年冬天到1985年春天的几个月里，公司里最令人头疼的是不知道去干什么。柳传志后来回忆，"当时实在是不知道要干什么好了，所以能干什么就先干着，哪怕挣点儿钱发工资也好。"于是，包括柳在内的所有员工都当过"倒爷""板爷"，在中关村拉平板车去卖运动服装、电子表、旱冰鞋、电冰箱。

后来因为听说倒买一台彩电能赚1000块，联想也跟着去做。当时有说法"骗子比彩电还多"，尽管柳传志小心谨慎地叮嘱要看到电视才付款，他们也的确看到了电视，不过等钱汇过去，对方却消失了，联想一下被骗去14万元，公司更加艰难。

到了1985年，所有可能为公司带来收入的业务几乎试了一个遍。其中最重要的事情是将计算所倪光南主导开发的"汉字系统"带到了公司，成果产品化后就是后来知名的"汉卡"。当时电脑大部分靠进口，全是英文系统，必须装上汉卡，每台电脑经过改装后利润高达一两万元。联想在6个月内至少销售了100套，为公司带来了约40万元毛利润。

曾茂朝的妻子，计算所研究员胡锡兰就在1985年的夏天从自家楼上看到了一个难忘的场景：烈日炎炎下，柳传志和李勤（现任联想控股常务副总裁）等人正在人拉肩扛，将一堆微机从大院门口搬进来，柳传志满头大汗，衣服湿透，而李勤把裤子卷到了大腿上，气喘吁吁。回想当日情景，柳传志后来表示，"我们第一桶金就是靠出卖技术劳力赚的。"

可见，生存往往是成功的表现，而在此过程中，生理上的折磨，往往被装进心里，形成生理避风港。在此，真正的生存才会发挥社会作用，并以一切社会价值为基础，实现成功。在一个人的成功中，本能是最大的财富。无论社会如何发展，本能之能量会发挥巨大作用，今天，心灵更需要回归，实现财富奇迹。

第三节
自然的人性——时时反驳与安宁

今天，自然心灵往往是一种纯洁的心灵，它带有强烈的动物性，甚至带有强烈的反抗意识，带有强烈的自私自利倾向。因此，人们总是认为自然心灵是存在于心里的理想状态，不能作用于社会。其实，此观点非常不正确，当人们生活在复杂的社会内，并时时以金钱获取、占有财富、分享荣誉为发展目标时，自然心灵更需要回归。只有让心灵中的蓝色情节进入现实生活中，才能产生对社会的全面认识，进而产生人们对未来的掌握，对今天的控制，对昨天的深刻了解。在此，心灵的美感成为一切行为的中心。

当心灵越来越纯洁时，人性的一面就会表现出来，存在社会中的竞争、斗争、搏杀与死亡都是本能存在的前提。在此，社会不可能不存在自然争斗的局面，而自然心灵却是一种通过对本能的认识，产生强烈生存欲望的部分。当人们无法实现自由与自私时，财富就显的微不足道，而在经济主宰一切的社会中，获得金钱往往是一种本能反应，并产生自然性质。所谓自然心灵，即一种绝对自由，相对自私的竞争心理。在此情况下，获得自然心灵的人往往是生存的高手。在生存与发展中，前者始终是主导力量，有时发展也是一种生存。

在复杂的社会内，人们要有本能，就必须实现心灵上的纯洁，并保持机动状态。而在他人面前不断地发表自己的观点，在不认同之处时时表现出反驳意识，并威慑对方，是自然心灵的一种表现。当一个人的性格发挥作用时，他就需要尖锐地反驳，强烈的精神刺激，与深入影响他人的行为。在此，对立是一种普遍现象。只有如此，才能实现人格独立，实现心灵自由。除此之外，人们还需要安宁，在复杂而杂乱的社会，一个人享受久久的安宁，是净化心灵的最佳方式。在此基础上，人们才能实现成功，并对他人产生威慑力。

无论什么人，在什么情况之下，只要能产生反驳与安宁意识，就是一种自然心灵的发泄。同样，当人们心灵始终处于杂乱而复杂中时，往往是一种庸俗的表现，更无法观察真实的世界。成功往往是拥有本能之人的专属。发挥一点点本能，即可获得伟大的成功。这往往是社会的悲哀，往往是社会本能缺失所至。而今，本能被认为是可怕而奇怪的事物。事实上，这更不正确，在社会上，能获得成功，发挥人性之人都是成功者，或说大部分是成功者。因此，拥有本能，发挥自然人性是一个社会保持竞争力的最重要部分。

2007年，万向集团著名企业家鲁冠球在接受一家美国媒体的采访时，董事长鲁冠球这样解释自己当时的创业动机，"如果你出生在教室里，那么你以后就可以在那里读书，如果你过去是一个农民，那么就一直会是农民，而我不想一直当农民，我要想一切办法跳跃龙门。"

鲁冠球出生在浙江省萧山区宁围乡，父亲在上海一家医药工厂工作，收入微薄，他和母亲在贫苦的乡村，日子过得很艰难。15岁辍学后，经人帮忙，鲁冠球被介绍到萧山区铁业社当了个打铁的小学徒。

但三年后，由于精减人员，他被辞退回农村。不服输的鲁冠球决定创业，"没想过要当企业家，我办企业是逼上梁山。"当时他看到乡亲们磨米面不方便，而自己对设备很感兴趣，便筹钱购买设备，开办了一个没敢挂牌子的米面加工厂。后来因为禁止私人经营，加工厂又被迫关闭，为了偿还债务，鲁冠球不得不将三间老房子变卖。

虽然受到打击，鲁冠球并未放弃。由于"停产闹革命"，当时人们连铁锹、镰刀都买不到，自行车也没有地方修。在经过15次申请之后，鲁冠球开办了一个铁匠铺，很快生意红火起来。到了1969年，由于政府要求每个城镇都要有农机修理厂，富有经验且有些名气的鲁冠球被公社邀请去接管已经破败的宁围公社农机修配厂。其间除了管理农机修配厂，只要能赚钱、做得了的营生，鲁冠球都做了尝试。

之后10年间，靠作坊式生产出的犁刀、铁耙、万向节、失蜡铸钢等五花八门的产品，鲁冠球艰难地完成了最初的原始积累。1978年春，鲁冠球的工厂门口已挂上了宁围农机厂、宁围轴承厂、宁围链条厂等多块牌子，员工也达到了300多人。由于看到中国汽车市场开始起步，鲁冠球调整公司战略，集中力量生产专业化汽车万向节。当年秋天，他将工厂改名为萧山万向节厂（即今天万向集团的前身）。

在1980年的全国汽车零部件订货会上，虽被拒绝入场，但鲁冠球并不放弃，在会场外摆起了地摊。在闻听会场内正陷入价格立锯，他便张贴广告，以低于场内20%的价格,销售自己的高质量产品，很快厂家便涌出场外交易。万向此役获得了210万元的订单，鲁冠球成为最大的赢家，打出了名气。

鲁冠球能成功，是因他能发挥一种自由的人性，并作用于知识、能力、心灵之上。在此情况下，人们往往能发现，本能是催生成功、事业与进步的直接动力。因此，在复杂的社会内，能保持冷静的思维，并正确地发挥作用，是一种本能的延伸。当本能延伸到足够强大时，它就会产生社会作用。就心灵而论，它不再是单纯的体验，而是由自然感知、知识与能力相互交融的结果。只有让社会作用处于绝对的自然中，才能看到这种本能。心灵世界是一个简单到复杂的变化过程。今天，人们更要从复杂的心灵中解脱出来，实现简单变化。在此，只有充分认识自然，并让人始终处于一种绝对的自然状态，才能实现本能的发挥。本能往往是简单的，但社会作用之后，即十分复杂。因此，社会是一个系统，将系统解构出来，让心灵回归自然，是进步文明的重要标志。

在此情况下，自然是一种高尚的纯洁事物。如何才能发现自然，如何才能保持自然状态，与社会之文明有直接关系。当人们渴望成功时，欲望即会产生，欲望是驱动本能或说是自然心灵的动力。在此，心理上的成熟往往不会表现在对世界的认识，而是纯洁程度上，或是成功者的戏弄感受上。其唯一的标准是，自由与自然之间的优化程度。

创业20多年的磨炼对于刘永好来说，拥有多少财富并不重要，重要的是，我拥有了创造这些财富的生存能力！假如我的所有财富都消失了，还可以从头再来。

刘永好出生于四川新津一个贫苦家庭的刘永好，20岁之前几乎没有穿过新鞋，所以其最大的目标是拥有一双新鞋和一辆自行车。在他心中，最好的工作就是进入当地的工厂当一名工人，那样自己就可以衣食无忧虑了。

近 5 年的知青生涯结束后，刘永好又进入学校学习，毕业后留校成为老师。此时，他的大哥刘永言已从成都电讯工程学院毕业分配到成都 906 厂计算机所工作；二哥刘永行从成都师范专科学校毕业后到了县教育局工作；三哥陈育新（刘永美，因过继到陈家而改名）从四川农业学院毕业后在县农业局当农技员。

在改革开放的大形势下，四兄弟开始不安分起来。1980 年春节，刘永行为了让哭闹着要吃肉的 4 岁儿子能够在过年时吃上一点肉，从大年初一到初七，在马路边摆了一个修理电视和收音机的地摊。短短几天里他竟然赚了 300 元，相当于他当时 10 个月的工资！

四兄弟一商量，就想办一家电子工厂，并很快生产出音响样品。刘永好拿着音响到乡下想和生产队合作，他们出技术和管理，生产队出钱。没有想到的是，此事上报到公社之后，公社书记一句"集体企业不能跟私人合作，不准走资本主义道路"，此事"胎死腹中"。

1982 年，四兄弟经过激烈的讨论，三天三夜的家庭会议后做出决定：辞去公职干个体。他们就想，搞自己曾经做过的音响投资大，而且还有很多条条框框；而搞养殖业不需要很多投资，技术含量低，自己也熟悉。创业目标定下了，资金还没着落，四兄弟想到向银行贷款 1000 元，但结果是当头一盆冷水。

他们只好典当了手表、自行车等值钱的家当，筹集了 1000 块钱，开始养鸡、养鹌鹑。"当时真的是一分一分地挣钱，看着鹌鹑下了一个蛋，就意味着赚了一分钱。"刘永好印象很深刻的一件事情是，当时骑车载着鹌鹑蛋被一只狗追赶，后来摔倒在地，200 颗鹌鹑蛋全摔碎了，他当时掉下了眼泪，不是因为被狗咬得疼，而是惋惜碎掉的蛋。

由于意识到鹌鹑的生意不可能再扩大，1986 年，四兄弟利用此前积累的近 1000 万元资金转向猪饲料市场，希望集团诞生了，成为本土饲料企业龙头。1997年，四兄弟宣布和平分家，刘永言创立大陆希望集团，刘永行成立东方希望集团，刘永美建立华西希望集团，刘永好成立新希望集团。

无论怎样，成功往往是本能最大化的直接表现。财富是人生中最重要的部分，若能掌握获得财富的能力，即是一种生存能力。若能时时保持本能与自然心灵，这一切都不会遥远。

第四节
刺激——两面错误中寻找归属

当生活在稳定的环境中时，人们总是认为一切都是安排好的。甚至有人认为，只有生活波澜不惊，才是最美好的生活。诚然，此想法是接近完美的，就现实而论，一切都在未知中发展，意外与挫折是难免的。当遇到种种不正常现象时，人们会产生种种反常的想法，甚至是行为，并对心灵产生强烈的刺激。在此情况下，人们受到刺激之后的反应往往决定一个人的成功程度。刺激是一种本能，当它出现时，人们的思维与行为即会发生变化，而当刺激真实地刺穿人们的心灵时，一切都会在出轨的环境中运转。

刺激是心灵宁静的最大威胁，但它时时存在，并对人们产生根本性影响。心灵有时不会表现在表面，它的隐蔽性让他人不能发现本人的心灵感受。因此，当心灵受到刺激时，人们外面有时表现得异常平静。因此，当刺激足够时长，足够强烈时，才会表现在表面。事实上，心灵受刺激之后，生理会产生反常反应，甚至产生惊厥。就一般情况而论，刺激到心灵之后，会产生生理刺激，进而让人们的生活处于无序之中。如果刺激过分，会让人们产生疾病，甚至是精神异常。就自然层面而论，它带有强烈的动物性，精神与行为异常之后，是现实的变化，并向着紊乱的方向发展。有时，刺激是让人们产生两面错误的要求。无论是正确一面，还是错误一面，都发生变化。在此，身心处于极度异常状态。

人们受刺激之后，心理首先亢奋，之后是生理产生超于正常的分泌液，进而让生理处于亢奋中。若刺激继续作用，人们便会产生绝望、求生、挣扎等行为。但适当的刺激，往往能让人产生精神上的新鲜感，让身体处于更健康的状态。最终，刺激能让人的本能发挥作用，并表现出强大的生命力。因此，刺激有时会给生活带来不一样的新空间，更让身体处于一种挣扎与自由的状态。就本能而论，这是极为正常的现象。它作用于一切社会行为之上，并深深作用于心灵世界。就个人而论，这亦是一种自我调节，本能回归的过程。

刺激，是让身心获得解放，并保持本能一面的重要因素。当刺激使人精神更亢奋，使人思想更深刻时，一切成功就会降临。在此情况下，刺激是人性的根本，是心灵活化的重要条件，甚至会由心灵发展到生理，让生理也处于一种自然、和谐与健康之中。当然，真正的健康，是一种稳定、安静、自由的状态。但若要获取此三方面，就必须拥有适当的刺激，它不但能激励人进步，更能让人获得一切美好与自由的事物。

母亲的耳朵不好，小陈解释了半天，她仍旧热切地问：你什么时候能回来？几次三番，小陈终于没有了耐心，在电话里大声嚷嚷，她终于听明白，默默挂了电话。隔几天，母亲又问同样的问题，只是那语调怯怯的，没有了底气。像个不甘心的孩子，明知问了也是白问，可就是忍不住。小陈心一软，沉吟了一下。

母亲见小陈没有烦，立刻开心起来。她欣喜地向他描述：后院的石榴都开花了，西瓜快熟了，你回来吧。小陈为难地说：那么忙，怎么能请得上假呢！她急急地说：你就说妈妈得了癌，只有半年的活头了。小陈立刻责怪她胡说，她呵呵地笑了。

小时候，每逢刮风下雨，小陈不想去上学，便装肚子疼，被母亲识破，挨了一顿骂。现在老了，她反而教着儿子说谎，小陈又好气又好笑。

这样的问答不停地重复着，他终于不忍心，告诉她下个月一定回去，母亲竟高兴得哽咽起来。可不知怎么了，永远都有忙不完的事，每件事都比回家重要，最后，到底没能回去。电话那头的母亲，仿佛没有力气再说一个字，小陈满怀内疚：妈，生气了吗？母亲这一回听真了，她连忙说：孩子，我没有生你的气，我知道你忙。

到年底了，小陈接到姨妈的电话，她说：你妈妈病了，快回来吧。小陈哪里相信，他们前天才通的话，母亲说自己很好，叫他不要挂念。姨妈只是不住地催他，半信半疑的他还是回去了，并且买了一大袋母亲爱吃的油糕。车到村头的时候，小陈伸长脖子张望着，母亲没来接他，他心里颤颤地，有了种不祥的预感。姨妈告诉小陈，给他打电话的时候，母亲就已经不在了，她走得很安详。

原来半年前，母亲就被诊断出了癌症，只是她没有告诉任何人，仍和平常一样乐呵呵地忙到闭上眼睛，并且把自己的后事都安排妥当了。姨妈还告诉小陈，母亲老早就患了眼疾，看东西很费劲。小陈紧紧地把那袋油糕抱在胸前，一颗心仿佛被人挖走。

原来，母亲知道自己剩下的日子不多了，才不住地打电话叫小陈回家，她想再多看他几眼，再和他多说几句话。原来，小陈挑剔着不肯下筷的饭菜，是她在视力模糊的情况下做的，他是多么的粗心！小陈走的那个晚上，她一个人是如何摸索到家，她跌倒了没有，他永远都无从知道了。母亲，在生命最后的时刻还快乐地告诉他，牵牛花爬满了旧烟囱，扁豆花开得像他小时候穿的紫衣裳。你留下所有的爱，所有的温暖，然后安静地离开。

小陈知道，她是这世上唯一不会生他气的人，唯一肯永远等着他的人，也就是仗着这份宠爱，他才敢让她等了那么久。可是，母亲啊，小陈真的有那么忙吗？

如果有一天，你发现妈妈的厨房不再像以前那么干净；

如果有一天，你发现家中的碗筷好像没洗干净；

如果有一天，你发现母亲的锅铲不再雪亮；

如果有一天，你发现父亲的花草树木已渐荒废；

如果有一天，你发现家中的地板衣柜经常沾满灰尘；

如果有一天，你发现母亲煮的菜太咸太难吃；

如果有一天，你发现父母经常忘记关灯；

如果有一天，你发现老父老母的一些习惯不再是习惯时，就像他们不再想要天天洗澡时；

如果有一天，你发现父母不再爱吃青脆的蔬果；

如果有一天，你发现父母爱吃煮得烂烂的菜；

如果有一天，你发现父母喜欢吃稀饭；

如果有一天，你发现他们过马路行动反应都慢了；

如果有一天，你发现在吃饭时间他们老是咳个不停，千万别误以为他们感冒或着凉，那是吞咽神经老化的现象；

如果有一天，你发觉他们不再爱出门……

如果有这么一天，有人要告诉你，你要警觉父母真的已经老了，器官已经退化到需要别人照料了。每个人都会老，父母比我们先老，我们要用角色互换的心情去照料他们，才会有耐心，才不会有怨言。当父母不能照顾自己的时候，为人子女要警觉，他们可能会大小便失禁，可能会很多事都做不好，如果房间有异味，可能他们自己也闻不到,请不要嫌他们脏或嫌他们臭,为人子女的只能帮他们清理,并请维持他们的"自尊心"。当他们不再爱洗澡时,请抽空定期帮他们洗身体,因为即使他们自己洗也可能洗不干净。当我们在享受食物的时候,请替他们准备一份大小适当、容易咀嚼的一小碗,因为他们不爱吃可能是牙齿咬不动了。

从我们出生开始,喂奶换尿布、生病时的不眠不休照料、教我们生活的基本能力、供给读书、吃喝玩乐和补习,关心和行动永远都不停歇。如果有一天,他们真的动不了了,角色互换不也是应该的吗?

在此情况下,小陈的儿子通过小陈的诉说,心灵受到极大刺激,晚上总是涕泣着:"爸爸,我以后一定会孝顺。"在此故事的刺激下,小陈一家更讲究孝顺,更关爱老人。因此,心灵产生刺激之后,往往是行为的变化,甚至是行为的正确度提升。当社会始终是一个温暖的环境时,人们很难意识到这一点。当冷酷与无情降临时,人们最常受到的是刺激,甚至是刺激之后的绝望。只有让刺激之后的行为正确,才是获得生存的好方法。

精神产生强烈刺激之后,人们往往会反省,往往会纠正自身的行为。而这一切,都是心灵受到刺激之后的结果。无论怎样,只有在两面错误中跳出来,才是真正的人生,才是本能的生存。越来越多的人拥有安定的生活,但自然条件与自然轮回的发展,始终不以人的意志为转移,绝望、残酷与灭绝是存在的。因此,人们只有将本能的刺激保存在心中,才是获得生命力,并精彩的生存的条件。平静的生活,若少了刺激,必会让人产生懒惰、自私与高傲,只有发挥本能的一面,才是正确的生活,才是人类的共同生存权利。

第五节
稳定前进，风雨也在身边

在优越的环境中，人们认为风雨完全是可以避免的。就今天而论，"阳光总在风雨后"，真正的灿烂阳光，是风雨交加的阴冷天气之后的光明。因此，当人们遇到风雨时，总是采取种种规避措施。事实上，这种人不能轻易获得成功。就社会而论，只有直面自己的困难，才能寻找到未来的光明。无论何时，大苦大悲中的快乐是人类生存史中最宝贵的部分。在此，只有让人们承受风雨，并稳步前进，才能实现光辉灿烂的人生。无论何时，无论何种环境，此道理是颠扑不破的。当人们面对风雨时，才能见其真性情，才能发现其本能的一面。

真正的本能，往往是战胜困难的武器，是面对自然风险的能力。人们生存于社会，要想获得超出常人的金钱、地位与能力，发挥本能的一面，并形成种种能力是重中之重。在此情况下，人们的心灵会处于绝对的自然状态，自由发展，随意发挥。要想成为一个高尚的人，往往需要对自然的认识。在此基础上，形成种种以自然为基点的性格、知识与能力。当然，自然与社会之间存在差异，而存在于社会中的自然本能是人们发现知识与能力的重要因素。社会需要规避自然的种种风险，而自然本能一旦失去，社会将显得非常无序，甚至是盲目。在自然环境中，人们能安宁；在社会环境中，人们更多的是浮躁、冲动、倾轧等。因此，只有让社会处于自然支配之下，才能实现人性的回归，实现自然的生长，形成自由的心灵认识。

因此，当心灵是逻辑性变化时，自然的一面就会表现在社会上。无论何时，只有让一切行为自由地发展，稳步前进，才能形成生存能力。而生存能力是每个社会成员都必须掌握的。虽然有人认为人类已不存在生存问题，事实上，衣食无忧的生活始终存在，稍微放松一下，人们往往就会失去生存能力，发现种种反社会现象。此亦是一种对自然本能的颠覆，让自身无法正常生存。在风雨中，人们渴望躲避，甚至有人选择离开。事实上，直面风雨，直面困难，让自身处于此环境中，做出胜负的抉择，往往是本能的驱使。

当人们失去自然能力时，他会选择在安宁中放任自己，站在风雨中，人们总是能自持，能发挥生存中少有的秉性，进而约束种种放任行为，甚至是堕落思想。就今天而论，一般人都不再钟爱苦难的环境，甚至有人认为，苦难不能锻造人，安逸能发挥人的社会性。不过，自然环境是社会环境产生的前提，只有从根本上发现自然，才能适应社会，形成长远发展与稳定发展。当自然心灵足以挑战一切风险时，人们的思想意识才能加强，才能成为生存主宰者。

当今，学校已是一个培养人性格与能力的场所，但它一样面临种种问题。首先，学校教育始终淡化人们对自然挑战的应对，始终将学生装进保温桶里。在此情况下，越来越多的人产生人性缺失，面对困难时，更是束手无策，而作为一个真正的人，往往需要具备自然心灵与处于自然环境中的一切困难的能力。因此，面对挫折时，人们往往要对自然产生深刻认识。

大学生面对挫折时，往往需要直面自然环境，并认识到自然对社会的影响，以及自然心灵对社会存在的影响。

首先，培养良好性格。性格有好坏之分，良好的性格如勇敢坚毅、乐于助人、勤奋好学，不好的性格如嫉妒、懒惰、以自我为中心等。那么万一性格不好怎么办？不用担心，性格是后天养成的，可通过努力来改善。这需要个人加强修养，好性格是修养得来的。一个人要有好性格需要努力从以下几个方面做起：一是要学习诸多文化知识；二是要学习为人处世的道理；三是要把自己的个性融入做人的修养中来；四是要谦虚谨慎。

其次，搞好人际关系。人际关系的好坏往往是一个人心理健康水平、社会适应能力的综合体现。心理不健康的人，人际关系往往出现问题。但在人际关系方面，也并不是和所有人都保持良好的关系。现实生活中，我们可以有好友、知己，但与大多数人保持着一般同事或同学关系，个别有矛盾或对立，这都是正常的。反过来，如果一个人总是和别人闹矛盾，在哪里都觉得和别人难以相处，则是不正常的，应当反思自己并努力改正。

点击查看源网页大学生的人际交往与中小学相比更为复杂，更为广泛，独立性更强，出现问题往往不那么好解决，即使和好了也难以"如初"，所以很多同学会怀念以前同学的真挚友情，而在大学却有友情难寻、知音难觅之感。其实，大学同学关系也不像同学想象的那样复杂，只是大家在一起朝夕相处，习惯、性格、爱好各不相同，出现矛盾是很正常的，关键是正确处理。只要我们要努力真诚地去与他人相处，努力做到从内心深处去尊重他人，学会欣赏别人，学会用宽容的心态去接纳别人，学会站在别人的立场上去看待问题，最重要的是要学会适应环境。

再次，及时调节情绪。有心理专家说，情绪就像体温计，能够衡量人的心理健康水平。如果一个人情绪问题长时间处于高亢或者低落状态，都说明心理健康出现了问题。心理健康的人，能够在适当的场合适度控制自己的情绪，能够进行恰当的情绪管理，特别是在遇到挫折的时候，能尽快从中出来，重整旗鼓。但也有人在遇到挫折的时候，过多地表现出沮丧、激怒、烦恼等消极情绪。

常有同学说，我这么倒霉，怎么遇到这么多事，而实际上我们大多数同学并没有真正体验过人生的苦味，只是由于心理承受能力太弱，把一些小挫折、小问题看得不可接受、不能逾越，这正说明我们需要更多地去体验生活，感悟人生。很多事情，我们不喜欢，不希望遇到，却不能摆脱，只有勇敢地去面对，去克服，去接受。

最后，养成健康习惯。日常的生活方式，包括行为、习惯，都直接或间接对人的心理健康产生影响。比如，我们很多同学在高中的时候由于学业压力，经常打疲劳战，每天早起晚睡，时间长了，失眠、神经衰弱、记忆力下降等问题就出来了。所以，在生活中，我们应注意培养良好的生活习惯，比如在作息上，尽可能有规律。

事实上，当人们心灵处于健康状态时，总是需要一种自然能量的辅助。除上面所要求的条件之外，大学生还应注意对自然的一般性认识。无论什么时候，自发性、本能的行为是获得成功的基础，是打败挫折的重要条件。今天，存在于一种环境中，并始终保持优等状态是接近可能的。但社会千变万化，依然带有强烈的自然性。在此情况下，人们只有通过直接的、本能的自然认识，才会形成高级形式的行为正确，使自发、本能的一面表现出来。因此，当一切正确地发展时，人们只有通过知识、能力与自然规律一起，发挥人性的一面。

真实的人生，是人性与本能的结合，在此基础上，形成人们对社会的理解以及生存的认识。今天，人类依然存在生存问题。对自然的了解未到全然的地步。因此，发挥人性是必然的趋势，获得自然给予我们的能力更是必修课。面对困难时，人们渴望稳步前进，并阻挡风雨的侵蚀。事实上，若能经受风雨侵蚀，并一步一个脚印地往前进，那是真正的人的本能，是适用一切社会行为的普遍行为。当人们抓住一根主线，不遗余力地向前进时，种种冗杂的现象将变得非常简单，并时时控制于自身。

有人说，越美好的事物越能见到自然本质。其实，当人们通过发现、观察、研究看到社会现象的本质时，即会发现自然的一面。在一切未被发现，并纳入自然现象中时，社会只是一个相对的概念，是人类暂时生存的环境。只有在不断地探索与追求中，才能发现社会性背后的自然性。真正的生活，是温暖的社会与风雨交加的自然之间的空间。被动的是社会，主动的是自然。因此，人们对自然的认识，往往让人产生种种生存意识，强烈的独立意识与完整的人性。

在风雨中前进，是一件很自由的事。当追求自由时，人们总是通过社会实现，但真正的自由，真正的发展，是基于自然基础上的。生存与心灵自由，进步与现实约束，总是存在于自然之根本，社会之现象中。因此，要成功，要有成就，人们就必须坚持本能的性格。

第六节
残酷现实——一种机会主义者的病

今天,很多人认为现实是光明的,但就实际情况而论,人人都需要面临残酷的现实。尤其在创业者中,面对残酷现实往往是大家必修的一门课。随着社会的发展,随着经济的进步,今天的人们对残酷的理解不尽相同。当人们面临无法生存的环境时,此即是一种残酷现实;当人们被环境逼迫得涕泪交加时,此亦是一种残酷现实;甚至,当人们因种种环境变化而不能适应时,也是一种残酷现实。就自然层面而论,残酷存在于一切事物之中。带有强烈的自发性与不可知性。因此,当人们面临种种困难时,总是存在种种不正常现象。

有人说,残酷是一种机会主义者的病。事实上,机会主义者不愿面临残酷现实,总是通过种种方式将其规避。而在人性中,面临残酷现实是必不可少的部分。因此,人性存在时,就必须认为一些事物是残留的,并发挥本能的一面,将自身的生存能力提升,进而实现种种现实之上的精神财富。当成功已是一种最简单的生存部分时,真正的人性才会发挥作用。面临种种社会中的自然现象,没有本能是不行的。而能获得自然力量之后的人性总是能面临残酷现实，并不遗余力地显示出知识与能力的提升。

　　自然性很大一部分是人性，人性的大部分是残酷斗争。在自然创造一切的社会上，人性是最有生命力的部分。当人性只能存在于精神层面时，其能量会更大。在今天的社会，一切都被人性化，而其最重要的部分即是人性化之后的人性问题。拥有人性中的本能，是生存环境所需要的至关重要的部分。在一片森林中，只有掌握与自然对话的技能，才有权力生存；在社会中，只有掌握足够的对自然的知识，并实际运用，才能实现生存，并形成社会意义。无论什么时候，存在就是一种不断竞争的过程，当它的作用发挥到顶点时，人们总是寻找自然的本性，并不断地掌握、认识自然，将心灵放进自由之中，像空气一样自由。在此情况下，真正的人生美学与成功智慧即会产生。

　　在此情况下，人性是一切生存与美感的标志。就今天的人们而论，美感是生存之道的升华，是存在于社会与心灵两层面的发展过程。当人们运用生存技能，而获得种种生存之上的美感与知性时，人们就已能获得与残酷现实做斗争的能力，并升华为一种精神财富，化为艺术，形成简单的、自由的美感。当人们面临残酷现实时，最需要拥有的，不仅仅是知识、能力，更需要一种对美好、自由与认知的高度感知，进而产生自然心灵与残酷现实的斗争。从故事中人们能看到面临残酷斗争所需要的品质与人性。

　　那一年，由于残酷的市场竞争，美国的一家大名鼎鼎的凯利公司，面临有史以来最为严峻的生存考验，销售额急剧下降，一大批高级员工陆续离开公司，剩下的许多员工也深感前景岌岌可危，纷纷开始考虑自己的退路。一时间，公司上下笼罩着浓浓的悲观氛围，公司也到了崩溃的边缘。

面对困境，公司总裁艾弗森别出心裁地召集员工聆听一场极为生动的演讲，大大出乎众人意料的是，在这急需激励众人斗志的关键时刻，被邀来的演讲者不是商界叱咤风云的成功者，竟然是只有十岁的小报童约翰！演讲的方式也极为特别，总裁艾弗森与报童约翰两个人在台上进行了一场旁若无人的平淡无奇的对话，但对话的用意耐人寻味。

艾弗森开门见山地说：约翰，你送报纸多长时间了？

约翰骄傲地说：三年了，从我七岁那年就开始了。

艾弗森问：送一份报纸平均能赚多少钱？

约翰微笑地说：现在是每份报纸赚十美分，不包括偶尔的小费。

艾弗森问：看你每天都乐呵呵的，赚钱的路走得一帆风顺吧？

约翰依然微笑着，说：我每天都很快乐，这是真的，但赚钱的路并不顺畅。刚开始送报的时候，送一份报还赚不上两美分，而且非常辛苦，因为在那个街区送报的人太多了，许多孩子比我大，还有一些成年人，他们做得早，也比我有经验。

艾弗森饶有兴致地问道：那你后来是怎样击败竞争对手的呢？

约翰不无得意地说：不是我击败了竞争对手，是他们自己击败了自己。看到送报赚钱难，他们都悲观地认为干这个肯定赚不了钱了，再怎么努力也没有前景可言，一个个都改行去做别的了，而我满怀希望地坚持下来了，而且把这份工作干得越来越好，越来越赚钱了。

艾弗森说：约翰，你从没想过要换一份赚钱的工作吗？

约翰坚定地说：没有，因为我做律师的祖父告诉过我——成功最大的秘密就是坚持到底，即使在我每周只赚三美元的那些日子里，我也没有想到要换一份工作，我一直坚信自己能够赚到我希望的那么多钱。果然，现在我实现了自己的愿望，除了自己送报，我还雇了八个帮手,把送报的区间和客户扩大了许多。目前,我正在筹备成立一个送报公司,准备尝试当老板的滋味哩。

艾弗森赞赏地追问:当年和你一起送报的那些人中,现在有比你赚钱更多的吗?

约翰骄傲而果断地回答:没有,他们中倒是有不少人很后悔当初没有像我这样坚持下来,其中有4个现在已成为我的得力助手。

这时,艾弗森总裁激动地站起来,说:谢谢你,约翰,你今天给我们做了一次极为精彩的演讲。

说着,他递给他一张一千美元的支票。

约翰很惊讶:你付给我的报酬太多了,我只是随便说说我的经历而已。

艾弗森总裁赞赏地抚摸着约翰的头,怜爱地说:孩子,我相信,你今天这番演讲的价值,要超过我所支付报酬的一万倍。

谁都不会想到,当年十岁报童一次极为简单的演讲,竟如一粒火种点燃了许多一度消沉的心灵,使凯利公司一步步壮大成为世界赫赫有名的跨国集团,报童约翰本人后来也成为美国的"报界大亨"。

这位小报童的成功,绝不是偶然的,而是与残酷现实做斗争,并发挥本能的一面。所以说我之前提过的坚持加直面残酷现实,等于希望,而且是必定成功的希望。最后想说的是,成功的秘密就是坚持与直面困难。

事实上,只有让人性发挥出来,才能看到一个人的能力有多强。在此情况下,真正的能力就是本能的一种延伸。能力的大小往往是本能的存在与否,本能的纯洁程度,本能的自由发展健康度的几种表现。因此,在残酷现实面前,机会主义者总是存在退让情绪,而在发挥本能并将事物全部揭示之后,人们总是直面困难,并发挥真正的人性。在此,人生是一个自然与社会交汇的结果,它存在自然与社会两面。就自然性而言，它是最基本、最核心的部分，社会性往往建立在其之上，并发挥表层反应，作用于心灵变化中，而非本质。

一个人如果二十岁时不美丽，三十岁时不健壮，四十岁时不富有，五十岁时不聪明，就永远失去这些了！

这个世界是不等人的，如果你自己不做出点样子，别人想拉你一把都不知道你的手在哪里，它残酷得甚至不能给予失败者一点同情心。譬如一组人执行秘密的战斗任务时，如果其中一个人不幸受伤而无法继续前进，为了怕他被俘之后泄露军机，造成整个行动的失败，领导者可能不得不将那人灭口。

譬如几个人同去爬山，以绳索相连攀缘峭壁时，如果一人失足，悬在半空中，费尽方法不能解救，而其他人却可能因此被拖下深谷时，只有割断绳索，将那人牺牲。谁希望受伤？谁希望失足？谁又能责备他人受伤与失足？只能责备命运！而命运常常是残酷的！

相信你一定在电影里看过，当马腿关节受到重创时，主人常不得不将他一枪打死。我曾经问过一位马术教练："难道那马断了腿，就活不成了吗？为什么非要置之于死地？"他说："当然能活！但是身为一匹马，不能跑了，就是活着，又有什么意义？"

事实上，当残酷现实降临时，人们最需要做的就是将自然心灵扩张，并发现种种美好事物。在此基础上，人们形成一种对世界的认识，获得改造世界的能力，控制自然，发挥自然本性。在此，真正的残酷现实才会发生变化，进而让人们的精神升华。当世界已是平行发展时，人们需要本能的生存能力，与以往不同，它只是多了些社会因素与情感因素。而自然所给予人们最基本的、最核心的部分依然发挥重要作用。

第七节
现实＞心理：恐惧

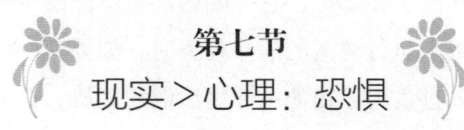

　　今天，社会存在是一个庞大的整体。随着生活空间的不断扩大，人们开始享受生活。在此情况下，生存成为每个人重新面对的问题。当现实足够强大，并超越心理所能承担的限度时，人们的恐惧感就会产生。现实中，当人们无法发现自身存在的条件与环境时，便会产生种种恐惧，甚至是心理疾病。在一个环境内，由于人们无法对现实产生充分认识，进而产生种种幻想，甚至是盲目崇拜。在此，心理疾病即会产生。首先是人们通过感知对现实产生认识，并始终停留在表层。在此情况之下，人们更多的是心灵的亢奋，并形成对现实的不理想享受。

　　当人们心理的感知与现实产生强烈落差时，种种不正常现象即会产生，甚至是精神与心灵疾病。当一个人在理想中挣扎，并不愿面对现实时，生活总是无情的，并将心灵抛弃，形成孤独、残酷与痛苦。一个人在生存环境中只能产感性认识时，一切都只能在情感因素的作用下发展。到此，现实对心灵产生作用时，人们往往失去最起码的自我保护意识，甚至是拼命地破坏心身，让自身处于一种极度亢奋与挣扎中。在此，有意识地改变非常重要，而且非常困难。因为，人们不能拥有足够知识，或拥有足够知识而不能作用于现实中，形成一种最理想状态。人们可以失去一切利益，却不能失去心灵层面的主观性，进而正确应对现实的能力。

当恐惧产生时，人们的心理与现实已发生严重落差。在此基础上，心理严重变形，并作用于不是最理想的现实中。就现实而论，绝对理想是不存在的。而缺乏知识与不运用知识的人，总是认为心理是最强大的，而现实跟不上心理变化。当现实大于心理时，强烈的不安与躁动，或统称感性认识便会发生作用。感性到极点时，理想的心灵世界即形成，并与现实产生较小联系。在此，心理上面对现实的种种考验，甚至是摧残不可避免。

对于一个人而论，社会发展飞速，而适应社会，形成强大的心理，产生对现实的种种深刻认识，进而让自身心理凌驾于现实之上，才能形成对社会的真正认识，获得种种成功，享受种种荣誉、自由与能力提升的快乐。就今天而论，年轻人往往过分幻想现实，甚至认为自己不费力即可享受现实生活。当付诸行动时，他们总是出现种种问题。在强烈的现实刺激下，心理开始变形，向畸形、不规律的方向发展。由此，恐惧即会产生，并以现实为基础，让人无法成功，无法获得社会所给予每个公民的荣誉与追求的快乐。

反面而论，能获得成功的人，往往都是心理强大，并时时发现现实，深刻理解现实的人。因此，健康的心理往往是建立在知识、能力与认知上的成熟之上，并使现实在自身可控的范围内发展。

1932年，16岁的王永庆在台湾嘉义开了一家米店，从此踏上了艰难的创业之旅。王永庆早年因家贫读不起书，只好去做买卖。16岁的王永庆从老家来到嘉义开一家米店。那时，小小的嘉义已有米店近30家，竞争非常激烈。当时仅有200元资金的王永庆，只能在一条偏僻的巷子里承租一个很小的铺面。他的米店开办最晚，规模最小，更谈不上知名度了，没有任何优势。在新开张的那段日子里，生意冷冷清清，门可罗雀。

怎么打开销路呢？王永庆想起父亲常说的一句古训："不惜钱者有人爱，不惜力者有人敬。"他没钱，唯一能做的是不吝惜时间和力气。

刚开始，王永庆曾背着米挨家挨户去推销，一天下来，人不仅累得够呛，效果也不太好。谁会去买一个小商贩上门推销的米呢？可怎样才能打开销路呢？王永庆决定从每一粒米上打开突破口。那时候的台湾，农民还处在手工作业状态，由于稻谷收割与加工的技术落后，很多小石子之类的杂物很容易掺杂在米里。人们在做饭之前，都要淘好几次米，很不方便。但大家对此都已见怪不怪，习以为常了。

王永庆却从这司空见惯中找到了切入点。他和两个弟弟一齐动手，一点一点地将夹杂在米里的秕糠、砂石之类的杂物拣出来，然后再卖。一时间，小镇上的主妇们都说，王永庆卖的米质量好，省去了淘米的麻烦。这样，一传十，十传百，米店的生意日渐红火起来。

王永庆并没有就此满足。他还要在米上下大功夫。那时候，顾客都是上门买米，自己运送回家。这对年轻人来说不算什么，但对一些上了年纪的人，就是一个大大的不便了。而年轻人又无暇顾及家务，买米的顾客以老年人居多。王永庆注意到这一细节，于是主动送米上门。这一方便顾客的服务措施同样大受欢迎。当时还没有"送货上门"一说，增加这一服务项目等于是一项创举。

一天晚上，天下着倾盆大雨，王永庆忙完店里的活计，已是深夜。他上床躺下，迷迷糊糊刚睡着，就被一阵急促的敲门声惊醒了。

开门一看，原来是嘉义火车站对面一家客栈的厨师。厨师说客栈来了几位客人，还没吃饭，刚巧厨房没米了，请王永庆帮忙送一斗米过去。当时，卖米的利润极其微薄，一斗米只能赚一分钱。从心情上来说，王永庆不愿冒着这么大的雨赚这一分钱，但为了维持平日的信用，他二话没说，量了一斗米，披上一条麻袋当雨具，将米送到客栈。回来时，他全身都湿透了。

王永庆送米，并非送到顾客家门口了事，还要将米倒进米缸里。如果米缸里还有陈米，他就将旧米倒出来，把米缸擦干净，再把新米倒进去，然后将旧米放回上层，这样，陈米就不至于因存放过久而变质。王永庆这一精细的服务令顾客深受感动，赢得了很多的顾客。

如果给新顾客送米，王永庆就会细心记下这户人家米缸的容量，并且问清家里有多少人吃饭、几个大人、几个小孩，每人饭量如何，据此估计该户人家下次买米的大概时间，记在本子上。到时候，不等顾客上门，他就主动将相应数量的米送到客户家里。

不过，由于嘉义大多数家庭都靠做工谋生，收入微薄，少有闲钱，主动送米上门，如果马上收钱，碰上顾客手头紧，会弄得双方都很尴尬。因此，每次送米，王永庆并不急于收钱。他把全体顾客按发薪日期分门别类，登记在册，等顾客领了薪水，再去一拨儿一拨儿地收米款，每次都十分顺利，从无拖欠现象。

王永庆精细、务实的服务，使嘉义人都知道在米市马路尽头的巷子里，有一个卖好米并送货上门的王永庆。有了知名度后，王永庆的生意更加红火起来。这样，经过一年多的资金积累和客户积累，王永庆便自己办了个碾米厂，在最繁华热闹的临街处租了一处比原来大好几倍的房子，临街做铺面，里间做碾米厂。

就这样，王永庆从小小的米店生意开始了他后来问鼎台湾首富的事业。王永庆成功的例子说明，不要以为创造就非得轰轰烈烈、惊天动地。把一粒米这样细小的工作做好同样也是一种创造。

从王永庆的故事里能看出，做生意是一种极有风险的事业。要想成就生意，人们往往需要有对生意的精准认识，对行业发展的发现，对客户心理的掌握等。因此，当人们的心理强大起来之后，最需要进行的就是对现实地控制，进而让自身处于一种安全环境中，不断地前进，不断地发展。实现发展之后，人们便是"深入人心"，让每个对现实产生深刻认识的人再对自己的意识进行审视，并深入人心。因此，当心理大于现实时，人们的行为能力会大幅度提升。在此，人们才能规避心理恐惧，产生对现实的病态认识。

当心理大于现实时，人们会认为自己处在完美中。此时，他们规避现实，甚至对现实产生无限幻想。在此情况下，现实与理想接近时，人们心理上总会产生强烈摩擦。事实上，真正的本能人性与现实的交融是建立在心理强大的基础上的。

今天，现实存在是一种客观、稳定的状态，人们只有不断地心理适应，发现现实中变化的部分，以不同方式储存，并认为是多种情况，才能让心理强大起来，进而获得成功，实现真正的本能价值取向。

第三章
一个群体一种人 另一种心理：英雄

第一节
心理 = 本能——个人英雄主义

现实生活中，人们认为心理足够强大，便会产生深层次的社会反应。事实上，心理足够强大之后，人们的本能会被发现，在此基础上，人们的能力会提升，顺着自然的方向发展。同时，心理强大是本能发挥作用的保证。当心理强大到等于本能时，一切都会顺着个人的方向发展。就个人而论，人生始终处于正确中，而正确的直接作用者就是本能。心理能承载本能的发展，本能能左右心理的变化。因此，只有让心理处于高度的本能状态，才能获得种种成就。

无论何时，渴望与欲望总是本能的表现，而心理上的极大满足，更是人的一种天性。在此情况下，人们通过索取、努力与付出获得种种财富与快乐。真正的人生是心理左右一切，并作用于现实生活。当本能强大起来时，人们可通过知识、能力、精神力量来获得成功，并且比通俗人更直接地获得此成就。无论什么时候，只有让本能成为与心理一起发展的事物，才能让精神财富成倍增加，让现实生活充裕起来。

在今天的社会中，人们总是认为心理成熟与强化是一切成功的先决条件。就此，心理必须建立在强大的本能之上。当心理等于本能时，个人的因素就会扩大，形成种种个人主义与英雄主义。就今天的生活而论，个人主义与英雄主义都是社会发展的障碍，而随着社会的进步，个人作用力的提升，个人与英雄的地位越来越高。个人与英雄主义总是强大自身因素的重要体现，进而否定集体对世界发展的影响。因此，个人与英雄主义是一种个人意识，是一种对社会产生根本性剧变的思想。当个人与英雄主义是一种正能量时，它给社会带来的正面作用不可小觑。在此基础上，真正的人性被放大，形成一种本能发展。

就社会而论，此亦是其中最重要的部分。当社会成员能发挥人性时，它才有强大的生命力，才有直面困难的能力，才有向上进步的动力。在中国，随着互联网的发展与普及，个人对社会的作用越来越重要，让每个社会成员发挥独立而巨大的作用，形成一种必然。因此，当今，个人与英雄主义是一种流行的人生观，它被剥去暴力与野蛮的外衣，实实在在地成为一种进步现象。无论是组织内部，还是国家结构中，个人与英雄主义越来越重要，它的成功往往是必然的，却未对社会成员的精神产生任何负面影响。因此，个人与英雄主义是人的本能，是社会发展的主要力量。随着社会的发展，它渐渐从集体主义中走出来，实现个人与英雄主义。

在西方，尤其是美国，个人与英雄主义开始复兴，它带有强烈的社会性与人性色彩。从政治发展，到经济建设；从文学作品到电影，无处不存在此现象。

个人与英雄主义的特点是张扬个性，以我为中心，通常个人英雄主义表现的形式都是把整个人类社会群体描绘得贬低化、愚弱、冷漠，甘受恶霸的压迫。无限放大自我，只有自己才能拯救社会。

所以有人说，它是个人和整个社会矛盾的产物。

美国电影主要宣扬个人英雄主义。其主要目的就是发扬人的本能，塑造一种极具生命力与人性冲击力的电影与人文效果。例如《谍影重重》把整个中央情报局描绘成为国家利益的杀人机器，中央情报局掌权者为金钱，杀害无辜人，主角伯恩无视了这一切，多次深入虎穴，杀死一个又一个被政府专业训练的特警和杀手。《蝙蝠侠》同样如此，整个社会政府机构腐败不堪，法律如同虚设，唯有主角蝙蝠侠能改变这一切。《豪斯医生》把其他医生描绘成白痴的庸医，需要别人帮助时还贬低别人人格和能力，几乎每次都是冷酷自大不重感情的主角豪斯医生找出真相，成功医治了病人。《嗜血法医》把整个警局说成无能者，根本逮不到犯人，主角摩根施行私刑杀死一个又一个他认为有罪的人。《超人》《蜘蛛侠》《钢铁侠》就更不用说了，为提升个人主义，竟然穿越到科幻里，让主角拥有超能力，无所不能。

美国个人英雄主义完全与现实相违背，现实中的英雄伟人都是代表正义和人民群体一起取得成功胜利。为什么美国主流不提倡群体力量，反而宣扬个人主义？美国漫画电影从小就给国民灌输个人主义精神，忽视群体力量，把整个社会群体贬低愚弱化，把群体统治者邪恶化，唯有自己才是聪明强大正义的。

为什么美国人要宣扬个人英雄主义？理由很简单，每个人的内心都是自我的，宣扬个人英雄主义，能挖掘个人力量潜力，最重要的一点是把自我私欲引向有正义有道德价值观。

一个人如果有了个人英雄主义精神，他在现实中会怎么生活，怎么为自己创造幸福？

如果他是个科技人员，他会造假，做山寨手机吗？独创性能让一个国家科技产业永远走在世界前面。如果他是食品经销商，他会为暴利造毒奶粉吗？国民的生命健康掌握在他手里，如果他是个局长法官，他会颠倒黑白，为邪恶势力设保护伞吗？如果他是政客军人，他会置民族国家荣耀复兴、百姓生活于不顾去贪污腐败吗？

个人英雄主义精神可以让一个人内心自发地杜绝种种人性阴暗面！这就是它的价值所在。如果说宗教信仰是被动地克制人性的道德阴暗面，你犯法，做坏事死后灵魂终会受到上帝的审判。个人英雄主义精神则是个人精神主动克制自己走人性道德的阴暗面，因为你犯法，这不是正义的英雄行为，失去自尊，生活没有人格。

人性本身就是自我的，为爱情、为幸福、为美色、为美食工作生活。如果一个国家的国民没有被动的宗教信仰去克制人性阴暗面，也没有主动的个人英雄主义精神克制人性阴暗面，这个国家的国民会因欲望走向堕落。

个人主义是美国文化的核心所在。美国是一个极度强调个人自由和个人权利的国家，强调尊重人和人的价值，崇尚最大限度地发挥个人的创造性和主动精神。个人主义蕴含的如独立奋斗、开拓进取等优点能够促进美国社会的快速发展。作为一个移民国家的国民，美国人非常重视个人的努力奋斗，具有冒险精神。可以说个人主义就是美国精神，是美国文化的核心所在，是美国人最主要的价值观。"不自由，毋宁死"是个人主义的极点，只要自由与个人利益受到伤害，那么随之便会爆发个人对权威的斗争，毫不畏惧对手的强大。美国影片中的英雄便是顺应这种大众愿望而诞生的，英雄通常都是孤军奋战的，但他们也是勇敢的、无坚不摧的，而故事的结局都是正义最终战胜邪恶的圆满结局。

个人英雄主义是指为完成某一具有重大意义的历史任务或实现某一社会理想时表现出来的果断、英勇和牺牲的精神。个人英雄主义彰显的是社会正义。所以，在美国文化里，人人都渴望自己的能力得到别人的认同，渴望自己受到他人的关注。个人能力的最大限度发挥是个人英雄主义的最佳表现方式。因此，美国电影中极力宣扬以自我为中心的个人英雄主义。个人英雄主义已经是美国电影中英雄不可或缺的精华所在。美国人对善与恶的看法、好与坏的看法、英雄与坏蛋的看法都凸显了其文化中强烈的个人英雄主义元素。

美国传统文化中的英雄，通常都是单枪匹马与敌对势力做斗争，丝毫不会受到国家制度的束缚，完全是救世主再世，这些都是由于作为一个移民国家，美国需要这种开拓进取的精神。这就造成了美国文化中极端崇尚自由的个人英雄主义。英雄的出现随之而来的是人们对英雄的崇拜。人人都梦想自己拥有超能力，人人都渴望成功，人人都希望自己能成为英雄。而电影就是一种能引起人们共鸣的艺术形式，它能满足人们心底那份浓浓的英雄情结，以及对英雄的那份渴望。

《超凡蜘蛛侠》顺应了美国主流文化的个人主义价值观和西方社会的价值体系。该影片完全可以看作是一曲个人英雄主义的赞歌。《超凡蜘蛛侠》的出现实现了全世界人民内心深处的祈盼——当灾难降临时，英雄就会从天而降，拯救国家、拯救人类。这是美国人心中的英雄，也是世界上多数人心中的英雄渴望。

透过《超凡蜘蛛侠》分析美国个人英雄主义背后的文化因素，主要有几个方面。一是英雄是个人主义的化身。正如超凡蜘蛛侠一样，美国电影中的英雄是崇尚个人自由的。这种文化观念起源于西方自由主义价值观。"美国人追求个人之自由与平等，历来主张人应当自立、自强。"二是民族凝聚力，由个人而集体的英雄主义。西方人一向认为先有个人，而后有集体，因而关注的重点应在个人身上，强调个人的作用和奋斗。三是美国人的危机意识。美国人的英雄主义产生于他们长期以来的危机意识。虽然美国已然成为世界第一大强国,然而美国社会时常有恐怖事件发生,导致人心惶惶,没有安全感,人们的潜意识时刻萦绕着一种危机意识。特别"9·11事件"以后,美国人心里更需要一个救世主来拯救美国社会,来拯救处于恐怖袭击危险之下的美国大众,于是超凡蜘蛛侠来了。

无论怎样,扩大人性往往会扩大国家感,扩大本能往往能发现真正的生命意义。因此,当我们走在现代社会道路上时,只有用本能的一面面对生活,才能实现种种价值,赢得一切尊严与成功。

第二节
人群中最突出的一个强大力量

现实生活中，人们要想获得美好、自由、纯洁的享受，就必须通过人性的发挥，发现本能的一面，对自然产生新认识，进而实现心理上的自由，就现实而论，实现真正的自由首先是从心理开始的，在不断地改造与进化中，发现现实中的自由，扩大空间，实现理想生活。就个人而论，实现有限的现实自由与心理上的绝对自由是一个永不衰落的论题。因为，此两点实现之后，人们的一切生活都会美好。在此基础上，人们可以实现真正的自由生活。

无论怎么说，社会是大家的，当个人被淹没于社会中时，人们总是渴望从局限中发现无限，并深深作用于心灵之上。在此，自由是一个时间的概念，它只能存在于理想中。就现实而论，实现有限自由，并以生存条件为基础，就是一种真正的自由。当然，自由实现之后，即人们对理想生活的追求。当集体行为不再是一种进步行为时，社会需要的生存动力将落到个人身上。因此，强大的个人力量越来越重要。随着现代社会的发展，以及科学技术的不断进步，人们可轻易掌握集体中的一切，进而发挥个人作用。因此，只有让个人强大起来，并形成自然性的追求，才能实现一切真实的、美好的生活。

在一个社会内部，真正的成功往往带有强烈个人色彩，若过分强调集体，个人将失去强大的生存力，导致种种腐朽现象的滋生。就发展而论，此即一种倒退现象，更是一种堕落的直接原因。只有让心理始终处于独立、自由与主见中，人们才能获得现代社会中生存的光辉部分。个人能通过种种交通、交际、交流方式现实个人英雄主义，并正面作用于社会，并不会产生任何负面作用。因此，发挥人性已显得至关重要。要想实现个人意义的扩大，就必须真实再现社会，放大人生，并将本能的一面铺展于一切个人与独立之中。

无论是中国还是西方，随着互联网等现代科技的发展，个人因素对社会的影响越来越重要。在此背景之下，塑造一种全新的社会意识显得至关重要。所谓的发展、繁荣、再发展，即一种回归式螺旋，人性被压抑之后，随着科技的进步，它必会再次张扬起来。就美国而论，随着社会的发展，国家受到种种挑战，甚至存在安全问题，因此，宣扬个人英雄主义，由超能力的英雄来拯救社会，是民众最渴望看到的。在此，中国已是一个互联网经济成熟发展的国家，无论是交流还是社会作用，都倾向于个人因素。工作中分工存在，但真正要获得成功，往往是个人因素的充分发挥。此与美国有一定差别。而美国，自古有宣扬个人主义的传统，尤其是社会核心价值方面，美国崇尚个人主义，讲究个人独立发展，宣扬自私与欲望。

电影是美国文化与价值观的代表，一向宣扬美国式核心价值，电影《超级蜘蛛侠》就表现出一种思想：地球需要超级英雄。

电影界人士纷纷认为，一个人为了显示自己比别人更加重要，内心深处会希望自己能克服弱点，超越自我，成为一个人人仰慕的大英雄。其实，人们内心深处就隐藏着对英雄的仰慕和神往。当人们在现实生活中找不到这种仰慕的英雄时，就寄希望于艺术作品中的英雄人物。于是电影中的英雄人物就非常直接地满足了人们心理的祈盼。《超凡蜘蛛侠》正是这样一部电影，整部电影中都渗透着英雄主义因素。《超凡蜘蛛侠》的英雄形象符合观众内心幻想的英雄模式，因而扮演英雄的明星也受到了观众的追捧。

正如该片的导演所说："尽管他的名字还不太为人所知，但和他共事过的电影人都感受到了这个年轻人的才华。他是那种极少可以将智慧、幽默、温柔融于一身的演员。记住我现在说的话，你一定会爱上安德鲁·加菲尔德饰演的蜘蛛侠的。"随后制片人 Avi-Arad 补充道："我非常看好安德鲁·加菲尔德。我们一直在寻找一位聪明敏感却不失酷感的彼得·帕克，他的表演可以调动观众情绪，让他们大笑、感伤并且为之激动，显然我们找到了最合适的人选。"从某一层面上讲，《超凡蜘蛛侠》的英雄故事是为了圆观众心中潜藏已久的英雄梦。

在英雄人物的塑造上，《超凡蜘蛛侠》非常重视发挥观众对英雄的想象力，从而迎合观众心目中的英雄形象。《超凡蜘蛛侠》故事发生在新彼得·帕克念高中的时候，帕克很小的时候就被自己的父母抛弃了。从小到大，一直都是他的叔叔本和姑姑梅在抚养他。和大多数的青少年一样，帕克很想知道自己的父母是谁。于是，他坚持不懈地寻找和自己身世相关的任何线索。帕克在高中时，性格非常内向，常常被同学欺负。

后来，他爱上了学校的风云人物格温，他们一同为爱奋斗、相互许诺、分享秘密，两小无猜的纯纯初恋让他孤独的生命找到了希望。新蜘蛛侠虽然变帅了、变高了，从矮穷丑变成了高穷帅，上升了两个档次，但新蜘蛛侠仍然是一位平常人，父母失踪，寄养在叔叔婶婶家，没成为蜘蛛侠之前被人欺负，除了变高了和变帅了，蜘蛛侠的平民味依然存在。确切地说，帕克就是一个普通得不能再普通的高中生。这也拉近了他与观众之间的距离。

从这里我们可以看出，在故事的开头，生活中的英雄很普通，表现出的都是普通人的弱点和情感。但是在成功来临之前，他经历了种种磨难、挫折和考验。它突然切断了观众的生活常态，使观众一下子进入电影叙事情境，幻想自己成为银幕上的英雄人物，一反常态，成为一个无所不能的超级英雄，从中获得正义、胜利的想象性快感。

在一次课外活动中，帕克意外被一只受过放射性感染的蜘蛛咬伤后，帕克获得了蜘蛛一般的特殊能力，拥有异于常人的飞天攀爬能力，成为媒体和社会讨论的神秘人物。而真正改变他的一生，决定他成为蜘蛛侠的关键，是叔叔本遭人伤害，帕克认为这是他的错误，因此选择成为蜘蛛侠来拯救世界上更多的人。

人们常说：你不知道什么是困难，也就无法战胜困难。而英雄就是能够唤起自己的潜在能量，有勇气去战胜畏惧的人。因此，英雄并不是天生就是英雄，他也是后天造就的。其实英雄都是凡夫俗子，他就在我们身边，他也许就是我们身边一个不起眼的普通人。事实上，电影中的普通人也是英雄的某种表现方式。在危机下，普通人就自然而然地被赋予了拯救世界的使命。他们挺身而出，去保护人民、拯救国家。不管时代如何进步，英雄都会出现在我们身边，因为这是人们内心深处的需求。

《超级蜘蛛侠》展现了一个"美国梦"。它已成为美国吸引世界各国人民趋之若鹜的理由之一。对于个人来说，"美国梦"很简单，就是能够通过自己的努力奋斗获得成功。《超凡蜘蛛侠》正是实现了"美国梦"。这部影片延续了美国电影个人英雄主义的典型模式——单枪匹马拯救国家和人民。影片试图传达的是"美国梦"的理念——任何个人通过自己的努力都能取得非凡成就而成为英雄。

所谓时势造英雄,英雄不仅是由自身造就的,也是由反面人物造就的。《超凡蜘蛛侠》中的反派人物康纳斯博士,当帕克发现了父亲留下的一个神秘的公文包后,这个公文包里的线索似乎让他看到了当年他的父母遗弃自己的理由。他开始寻找当年双亲离奇失踪的线索。按照公文包里的东西的提示,帕克找到了他父亲当年的实验室伙伴科特·康纳斯博士。这个康纳斯博士是他父亲的前合作伙伴,他和帕克父母的失踪有着千丝万缕的联系。康纳斯博士并不急着要告诉帕克关于他父母的事情,而是要帕克变成蜘蛛侠,而他自己则变成了蜥蜴人——他要帕克自己来寻找真相。为恢复自己失去的手臂,也为了能制造出人类的再生四肢用于医疗,康纳斯博士潜心研究蜥蜴的基因,最终由于开发的药物产生强烈的副作用而变异。为了拯救人类,如今却被人类抛弃,愤怒的康纳斯博士打算散播药剂把全纽约的人都变成像自己一样的爬虫。当帕克发现康纳斯博士的真实身份其实是大反派蜥蜴博士康纳斯博,帕克面对外界对蜘蛛人身份与能力的质疑,不顾一切挺身而出,拯救纽约市民免于灾难。背负着使命的帕克在正义和信念的驱使下,利用自己获得的力量,变成了一个超级英雄。

影片《超凡蜘蛛侠》对实现"美国梦"的个人英雄主义有了新的阐释,从某种意义上说,努力奋斗、不断进取、有所成就的人都是英雄。美国式的个人英雄主义汹涌澎湃,无论在现实世界还是在虚拟世界,美国都意图建立起强大的英雄形象。不管是以往的英雄大片,还是在这一部《超凡蜘蛛侠》里,以及将来的许多影片里,英雄们都是美国自身价值观和形象定位的投射。《超凡蜘蛛侠》告诉我们,地球需要一个超级英雄来拯救,但是,当真正的灾难来临的时候,谁是我们的超级英雄?

　　人群中最强大的力量,即个人能力的无限扩大,进而能保护人类,实现整体发展。因此,当人类本能依然存在并发挥巨大力量时,健康的人性才能存在。在此,只有让心理强大起来,并让本能发挥作用,理想的人生才会成为一种高尚的生活。

第三节
乐于助人——另一种追求

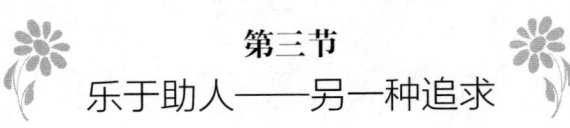

在一个社会内，只要能掌握足够多的知识，接受高等教育，才能成为一个合格的社会成员。无论在什么样的社会，教育都是至关重要的因素。因此，今天的社会成员往往以素质衡量一个人的优劣。因此，人们对本能的认识渐渐产生变化。真正的本能，就是一种无限适应、有限改变的特征。在此基础上，人们实现人生理想的最大化，往往通过集体的形式实现。

就今天的社会而论，人们对本能的追求已不再那么强烈。但本能究竟能对人生产生何种影响呢？一个人要想获得尊重、信任与关怀，往往需要拥有大量的社会知识，并与环境和谐相处。就此而论，本能依然能发挥最重要的作用。有人称，自私的人往往不能承担社会发展与进步。事实上，社会发展大部分是靠个人发展的。在此，人们往往是一种直线式发展，当心理处于绝对优化状态时，思想就会纯洁，进而产生种种本能认识。本能存在于心灵中，并作用于现实，才能形成真正的人生。在人性发挥作用时，真正的理性与成就才会出现。

人性发挥作用时，社会与之同步。在此情况下，个人从道德方面约束自身，从而获得种种知识、能力与尊敬。在此背景之下，才能谈论成功、人性与发展。当人性发挥作用时，才能产生社会关爱，才能产生一切社会行为。因此，素质越来越高的社会成员，更关爱他人的发展，看中帮助他人的社会作用。在此，人们独立的心灵会受到强烈冲击，产生关怀与关爱，最终本能人性发挥作用，并上升社会本能。

不断追求中的人们，总是能发现人性的本能。在此基础上，实现和谐发展，产生道德、伦理。只有让心理处于强大状态，并稳定地发展，才能实现人们对外界的关怀、关爱。在此，个性的能量总是强大的。它带有强烈的理性，并本能地对他人产生种种情感。由此，本能的一面就表现出一种对外界的关怀，从而实现人生价值，获得社会声誉。随着个人性格的发展，社会中存在的种种温暖现象越来越多，这是社会性之下的人性，更是人性发展、发挥的直接表现。无论是何种情况，本能发挥作用时，人们便会产生对他人的关怀、关爱。

在小时候，苏青就深受一则公益广告的启发：有一个人艰难地骑着一辆装满物品的三轮车上坡，正当那个人蹬不动时，有一双手上前去帮忙，而在推上坡后，骑车人向后去找这个好心人时，那人却消失在人海当中……而在那时，苏青对"助人为乐"的理解就是帮助别人是一件好事。在上小学时，学校总是教育学生助人为乐是中华民族的传统美德，咱们要向有困难的人伸出帮忙之手……而在那时，她对"助人为乐"的理解就是帮助别人是愉悦的。上了中学，苏青成了团员，参加了众多教育活动，比如"领悟雷锋活动""假期实践活动"等等。在这些群众活动中，很多都是以助人为乐为主题的……而在此刻,苏青对"助人为乐"的理解是互助不仅仅是一种愉悦,还是一个职责、一番成长、一股力量。

在学校中,苏青担任了班长的职务,处处要起好带头作用,团结群众,帮助同学。在班里,有一位男生家庭经济困难,基础知识掌握不牢固,因此有很多同学都看不起他,甚至不愿和他站在一起。于是,她主动在班里组织"一帮一"活动的组员搭配中选取了他。苏青希望能帮他把基础知识学扎实,也希望他能够对自己自信一些。每天早自习,苏青都会提醒他需要熟背和注意的知识点。在课下,她会把详细的笔记借给他抄录。渐渐地,他也会向苏青主动问笔记和作业,在领悟方面有一些改善。有时,他有困难也会找她帮忙,比如借碳素笔和练习本、问不懂的题等。苏青也经常鼓励他,告诉他不比别人差,别人也不比他强,每一个人都是平等的,每一个人都有优缺点。就这样,过了一段时刻,他的性格开朗了许多,和同学们的关系越来越好。他这样的进步和改变使她很高兴,心里也有一种成就感。同时苏青也要感谢这位同学,正是因为给他讲题,才使她对知识点记得更加牢固,锻炼了讲题潜质;正是因为他的用心配合,才使苏青得到了老师和同学们的认可和信任。透过这件事,她更加肯定了"帮忙别人就是帮忙自己"的想法。

在社会生活中,苏青也会尽全力去帮助别人,服务大家。村中的健身园是她儿时最爱去的地方。如今,体育器材换了一批又一批,但是人们锻炼身体的想法从未改变。那天,苏青发现健身园中的体育器材脏了,而且在砖缝中长了许多杂草。于是,她组织了同学,把打扫健身园当作社会实践的一个任务。经过了一个上午,他们把园中的杂物和杂草打扫干净,把体育器材擦拭了一遍,使健身园的环境好了许多。健身园周围的居民看见后,给他们投去了赞赏的目光,还说他们为村里的清洁工作人员减少了很大的负担,十分感谢他们。苏青不仅仅帮助了别人,而且得到了夸奖。但是她认为,他们作为中学生已经有义务、有职责去为社会做一些事情了。而且,他们还在帮别人、服务大家的过程中,体会到了大人们工作的艰难和辛苦,更使他们觉得自己被家长呵护的生活十分愉悦。苏青想,这就是助人为乐的另一种体会,也是她另一番成长。

放眼而看,如果每一个人都学习并领悟助人为乐,都愿意助人为乐,那么我们的社会和生活便会充满了爱。苏青坚信,这种爱能够抵挡一切的困难和挫折。因此,她更觉得助人为乐是一股无限大的力量……

苏青就是这样一个助人为乐的孩子。她钟爱帮助别人,当她看到在自己的帮助下,别人很顺利地度过他们的困难的时候,她就会从心里涌出一股难以言说的自豪感和愉悦感,苏青也感到了自己对他人的价值。而且帮助别人,让他们也得到了锻炼,也让社会充满了爱。助人为乐真好!苏青愿意继续去帮助那些需要帮助的人,让我们的生活充满七彩的阳光。

苏青是个乐于助人的好同学。就今天而论,能帮助别人是一种认识,同时,它更是一种本能的发挥。在现实生活中,受到某种刺激,进而产生助人为乐的冲动,是一种心灵感受的作用。因此,当人们的心灵被外界刺激时,往往能迸发出惊人的能量。在此,人们的性格与本能才会发挥作用,形成一种对现实的肯定,进而上升到社会层面,实现美好心灵建设。

一个周日的中午,明明上完应用数学班和母亲一齐乘出租车回家。当他正在讲述一道搞笑的数学题时,突然车子猛的一加速,之后一个急刹车,最后只听"铛"的一声巨响,车子重重地撞在了一辆抛锚的汽车上。明明还来不及反应,头已经重重地碰在前方的防护网上了,他只觉得头像马蜂窝一样"嗡嗡"作响。母亲赶紧把他拉出车外,他觉得脸上有水在往下流,用手一摸,满手都是血。明明的鼻子在流血,眉毛上火辣辣的痛,母亲已经吓呆了。这时一辆出租车停在他们身边,司机从窗内探出头来急切地说:"快!快上车,我送你们上医院。"说着下车打开车门,母亲捂住明明的头上了车。叔叔把门关好,提醒他们坐稳,车飞也似的开了。不一会儿就到了北京市第六医院,司机赶紧向挂号处跑去。明明和母亲紧跟在他的后面,当听说没有眼科大夫值班时,司机叔叔狠狠地跺了一下脚说:"可恶!"回头对母亲说:"咱们还是去协和医院吧,那里有眼科。"在他们去协和医院的路上,遇到了塞车,叔叔不停地回头看明明,他的头还在流血,急得他满头大汗,把汽车喇叭按得山响。来到协和医院,母亲三步并做两步跑去挂号,叔叔带明明来到眼科,一边走一边安慰他。经过大约十五分钟的止血和麻醉工作,缝合工作开始了。尽管明明的头昏昏的,还是听到叔叔和母亲的谈话声,"这孩子真坚强,流了这么多血也没哭一声,缝针肯定很疼,不知道孩子受得了不。"听到叔叔的话,明明心里热乎乎的,心想这个叔叔真好,就像他的亲人一样。当他从手术室走出来的时候,叔叔迎面走了过来,用他那只大手摸摸明明的头,亲切地说:"孩子疼不疼啊?你是这个!"说着竖起大拇指。这时他仔细地端详着叔叔,叔叔长着一双大眼睛,眼睛上方有一双很浓的眉毛,一头松松的头发下有三道浅浅的皱纹,脸被太阳晒得发黑,一双粗壮的大手,一看就知道他的工作很辛苦。他对明明笑的样貌十分和蔼。明明坐在手术室门前的椅子上,听到母亲对叔叔说:"您辛苦了,真不知怎样感谢您。您给我留下您的电话号码好吗?还有这是给您的车钱。""别了!这点小事儿算不了什么,这些钱您还是给孩子买点东西吧!孩子没事儿就好。"说完,叔叔冲明明笑了笑,转身向医院大门走去。母亲追了上去,可叔叔加快脚步离去了。望着他离去的背影,母亲深切地说:"他真是一个做好事不留名的人!"

可见,助人为乐是一种精神,是见到为难事时,人们发出的本能反应,并形成社会作用。因此,拥有本能,往往能让我们的社会更美好、更和谐。

第四节
参差不齐的平等本能

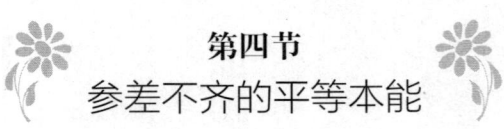

  人生活在社会上，存在种种差异。在此情况下，人们总是通过后天努力，使这一距离不断缩短。就现实情况而论，真正无法让人平衡的，就是经历。每个人都有自己的经历，从而塑造出不同的人生。在此基础上，人们的心理、生活观、世界观不尽相同。表现在能力上，是强者征服弱者，"胜者为王，败者为寇"。这种现象的出现，人们总是吃尽苦头，而现实存在是一个残酷的局面。就人性的本能而论，人们总是保护弱者。这既是一种自然天性，又是一种人类的本能。实现对弱者的保护，更能看出一个人的能力，一个人的精神品质，一个人的生活与社会态度。因此，当弱者出现时，人们会本能地产生同情、怜悯等心理。

  强者保护弱者，在动物界亦处处可见，在人类社会，此亦是一种普遍现象。同情、怜悯与感性让强者始终是一个保护者，无论是什么环境，什么背景之下，强者都会以保护者的姿态出现。因此，社会存在一种自然法则，保护人类自由生存，获得种种社会所承载的人生意义。在大局中，强者能表现出出奇的社会性，以保护弱者。就弱者而论，他总是处于被动地位，或是处于恶劣环境中，强者产生拯救心理，促进家庭关爱，实现人生理想的再升华。

南朝梁天监年间，有位五经博士叫严植之，学识渊博，品格高尚。有一天，他在江边偶然看见一个人躺在地上，衣服破烂，面目浮肿，询问之后得知此人姓黄，是荆州人，因家贫外出帮工。近来身患重病，被急于赶路的船主抛在岸上。严植之于是将此人接回家中，为他治病。一年之后，姓黄的病人康复了，为了感谢严植之，他双膝跪地，恳切地表示，愿留在严植之府中终身充当奴仆，以报答救命大恩。严植之谢绝了，并取出钱和干粮，让他回自己的家乡。

王羲之助人卖扇。著名书法家王羲之的书法天下闻名，但是他轻易不肯给人写字。有一天，王羲之在路上遇见了一位贫苦的老婆婆，提着一篮竹扇在集市旁叫卖，却没有什么人买。他看到后心里很是同情，于是就帮老婆婆在每把扇子上都题上字。人们知道后纷纷围拢来抢着购买，一篮子竹扇很快被抢购一空。等着买米下锅的老婆婆十分高兴，十分感谢乐于助人的大书法家。

辛公义改变陋习。隋朝人辛公义曾任岷州（今甘肃岷县）刺史。当地的老百姓有一种陋习，凡是家里有人生了病，大家都害怕染上，谁都不肯照料病人，病人往往因得不到照顾和治疗而病情加重，很快死去。辛公义到任后了解到这一状况，就下令将病人抬到衙门里来，自己和数百位病人住在一起，亲自安排给他们看病服药的事情。经过细心照料，这些病人都恢复了健康。辛公义的行为不仅仅得到了人们的赞颂，也彻底改变了当地的陋习。

李士谦乐善好施。北朝魏齐时，有位叫李士谦的人，家庭十分富有，但他崇尚节俭，为人慷慨，常周济老百姓。有一年春荒，许多人家都断了粮，李士谦就拿出一万石粮食给乡里的缺粮户。到了秋天又遇年成不好，庄稼歉收。借了粮的人都要求延期偿还。李士谦说："我借粮给你们是为了帮大家度荒，不是为求利。既然年成不好，借的粮就不用还了。"于是他请来一些欠粮的人吃饭，在吃饭时当着大家的面烧毁了全部借据。第二年粮食丰收了，许多人挑粮来还，李士谦坚决不收，还粮的人只好又挑了回去。李士谦乐善好施30年，在隋文帝开皇八年去世。他所在的赵州一带有1万多人为他送葬，哭声动地。

可见，帮助他人往往是建立在自身对弱者的同情与怜悯之上。这是一种自然心灵的表现，是人类共同拥有的秉性。因此，当社会成员出现参差不齐的局面时，人们总是产生种种本能反应，并以强者保护弱者的姿态让生存空间更和谐、更美好。

雷锋经常利用节假日到火车站去扶老携幼，帮助车站的工作人员打扫卫生，或利用休息时间替老乡捡粪、种地。人们夸奖他说："雷锋钟爱助人为乐，是共产党、毛主席教育出来的好兵。"

一天，雷锋因公务登上了从抚顺到沈阳的列车。他一上车就忙个不停。他主动帮列车员扫地、擦玻璃、收拾桌子，给旅客倒开水，帮忙妇女抱孩子，给老人找座位。一会儿，就忙得满头大汗。别人叫他休息，他总说不累。

到沈阳站换车的时候，雷锋在车站内发现一位背着孩子的中年妇女因丢了车票而焦急万分。他急忙上前问明了状况，原来这位妇女是从山东来的，要去吉林探望孩子他爹。雷锋就安慰她不要着急，并领着她到售票处用自己的津贴费买了一张去吉林的车票。大嫂接过车票，热泪夺眶而出。

有一次，雷锋到丹东做报告回来，早晨5点钟到沈阳换车回部队，过地下通道时，他看见一位老大娘，拄着棍、背着大包袱，很吃力地走着。雷锋迎上去一问，知道大娘从关内来，是到抚顺去看儿子的。雷锋立即把包袱接了过来，一手扶着老人说："大娘，我送你到抚顺去。"

老人高兴得不知说什么好。上车后，雷锋给老人找了座位，自己却站在老人身边。他问老人的儿子是干什么的，叫什么名字，住在哪里。老人说儿子是煤矿工人，出来好几年了，老人没有来过抚顺，还不知道儿子住在哪里。说着从怀里掏出一封信，递给了雷锋。他看了信封上的地址，写的是"抚顺市 XX 信箱"，他也不知道，但他知道老人找儿子的迫切情绪，就说："大娘，您放心，我一定帮您找到儿子。"

"那敢情好！"老人高兴得眉开眼笑。

火车进站后，找了两个多小时，最后帮忙老人找到了儿子。母子见面，老人的第一句话是："儿呀，若不是这孩子一路送我，娘怕还找不到你呢。"老人的儿子拉着雷锋的手，一再表示感谢。

1961 年 5 月的一天清晨，雷锋冒着大雨去沈阳办事。去车站的路上，他见到一位妇女背着一个孩子，手里还牵着一个小女孩，在大雨中深一脚、浅一脚地往车站走着。雷锋见到这种情形，急忙跑上前去，脱下自己的雨衣披在那妇女身上，又背起地上走的小女孩，陪同她们母女一同到了车站。上车后，雷锋见那女孩冷得直打战，于是又把自己身上穿着的绒衣脱下来，穿在小女孩的身上，还把带的馒头给两个孩子吃。火车到了沈阳，天还在下雨，雷锋又一直把她们送到家里。那妇女十分感动，眼里闪着泪花，紧紧握住雷锋的手说："同志，我可怎样感谢你呀！"

通过种种故事，我们能发现，人性的本能往往是存在于心灵深处，并随时会产生情感效应的事物。在此，当人的社会性无限扩大时，本能只是一小部分，却是人类永远抹不去的人格力量，发挥着最重要的作用。当社会出现不平衡状态时，人的本能总会发生作用，并让人的身心处于最优状态，进而产生种种不平等之下的平等意识，努力改变人性中所缺失的部分。

第五节
个人能量的发挥——仰视自己

就心理而论，人们要对外界产生认识，往往需要通过对自身的认识开始。在一个封闭的环境，人们只有通过对自身的认识，才能实现对他人的认识。当自身认识形成正确性，并实实在在地作用于现实时，人们才能谈得上成功，才能有种种美好的事物，并享受一切生活。在不断地发展与内变中，人们不断地塑造自身，不断地充实自身，更不断地发现自身，给自身以正确的定位，走自己应走的路，发现自身应发现的事物。

此为一种人生发展的必要阶段，当发现自身的定位时，人们才能控制自身，才能不断地进步。当一切已充实到细致入微时，人们总是对自身产生种种肯定，甚至是敬仰。在此情况下，人们才有真正的美好，就算有失败，有挫折，有绝望，人们依然能生活得很快乐，原因即在此处。当人们能尊敬自己，并仰视自己时，一切美好都会到来，并充分融入社会，形成一种积极向上的态度，心中迸发出爱的力量，产生对人生、生活、社会的深刻认识。因此，只有让人们肯定自身，并不遗余力地向前发展，才是真正的健康人生。

在困难面前，人们只有产生对自身的足够信任，才能形成动力，并为成功而努力。在此，尊敬自身是一种知识、能力与权利升级的表现，是此三方面走向成熟的标志。因此，只有让人生处于高大状态，并用自身的眼光去审视它，它才能迸发出无限的光辉来。在一个人的生存环境中，实现进步、成功与辉煌，往往需要人们对一切产生好感，而首当其冲的，就是人们对自身产生信任、认同与尊敬。当这一切产生时，微妙的心理就会朝着更高远的方向发展，让情感处于自然状态之中，不断地发挥作用，甚至能使人们精神亢奋，形成努力、自由与竞争意识。在此，人们的行为会在思想支配下进行，形成一种为生存而全力努力的局面。

从现实情况考量，人们要想成就今生，必须通过自身努力，而产生自信、亢奋与坚持的直接动力，就是自身肯定与自身尊敬。这不单单说明一个人的能力突出，更说明一个人思想、行为与意识都倾向于成熟，甚至是一种完美状态。无论是生存条件，还是发展空间，只要能存在于内心，并作用于个人之中的事物，都是一种发现、控制与自身融合的过程。当人的力量发挥到极限时，整体实力便会升华。在此情况下，人们才能产生对一切行为与思想，生存与控制的联想，并付诸实际，形成自身的一套人生哲学。当这些条件具备时，人们便会发现自身，定位自身，并给出一个让自己仰视自己的理由。通过努力，获得成功，人们对自身的仰视会不断升华，不断走向成熟。因此，肯定自身对个人发展与本能发挥有至关重要的作用。

几年前，樊勇曾读过仓央嘉措的《问佛》，对"佛是过来的人，人是未来的佛"很是不解。近日，樊勇有幸看到杂志上《皆可成佛》一文，作者借一则佛家寓言得出结论："只要尊重自己的内心，过着自己想过的生活，便都成了佛。"答案如此的简单，令人彻悟。

寓言中，世间凡尘俗子在茫茫的人生沧海中，前赴后继向彼岸奋争着，少数人占得天时历尽艰辛"修成正果"，多数人则被风浪击落沉入海底，成了泯灭无闻的"芸芸众生"。佛祖似乎更愿意眷顾那些幡然醒悟迷途知返者和无欲无求的超脱者，分别点化成佛，以示佛祖慈悲为怀功德无量。

樊勇不曾读过任何宗教理论方面的书籍，更非佛教信徒，但他对宗教净化人心灵的作用是深信不疑的。相信文中所讲的，尊重自己的内心，过自己想过的生活，不仅是一种生活方式，更是一种生存心态。所谓成"佛"，也并非是真的修成正果立地成佛，而是指一种超脱的精神境界。可以说，寓言是在告诉人们一个道理：世间沧桑人海茫茫，宁静致远无欲无求皆可成佛。

既然尊重自己的内心，过自己想过的生活就能成佛，那为什么还有那么多人在"朝圣"的路上折戟沉沙呢？樊勇以为，人生在世每个人都渴望得到上天的眷顾，同时也要面对各种严峻的考验。现实生活中，在五颜六色的诱惑面前，能否耐得住寂寞，能否管得住一颗心的躁动，也就成了虔诚与伪装的分水岭。所以，到达彼岸或沉入海底都是自然的结果。

尊重自己的内心，这句话看似人人都能身体力行，可真正做起来远没有那么简单。如果说人世间无欲无求与世无争是一种境界的高难攀登，那么，说自己要说的话，做自己该做的事，过自己想过的生活，应该算是每个人心里的主权所有了。对自己这个主权究竟是尊重还是亵渎，也许我们自己感觉不到，不敢正视或不愿正视，可佛祖看得清清楚楚。所以，眷顾与惩罚那只能是由天做主了。

人们觉得，任何一种宗教给人的仅仅是一种灵魂的启迪，真正化作自身的行为理念，还须个人去切身感悟。相信，倘若我们每个人都淡看世间繁华，追求一种单纯与朴素，给心一隅宁静空间，尊重内心一方净土，即使不能成"佛"，也能成为一个端庄的人。

可见，尊敬自身，甚至是内心的一种造化对人生影响非常之大。当人们通过种种社会现象发现，一切都在以让人无法想象的速度发展，生活快节奏，工作紧张，人们无法重新审视自身。在此情况下，真正的成功会离人们多远？在此，人们可通过发现内心，实现自我肯定，进而让生存成为一种有趣的现象。因此，人们无论怎么生存，都需要一种人文关怀，此极为重要。当一个人因种种不利条件而产生疑惑时，当一个人生存在社会上，无法寻找到方向时，实现自身肯定，仰视自己极为重要。在此，人生形象会扩大，生活意义会更丰富，生存空间会更宽裕。只有让人们存在于空间概念中，人们才能享受一切物质到精神的财富。

地之极东南，有一海，称为"沧海"。沧海对面，就是仙家佛地。凡是能渡过沧海到达彼岸的人，就能立地成佛，修成正果。于是，许许多多的人千里迢迢赶来，或乘帆船，或乘木筏，纷纷朝着彼岸进发。波浪滚滚，狂风飘卷。许多人被风浪击落，永沉海底。能成功到达彼岸的，少之又少。但是，就是这少之又少的人，成了人们口中的传奇，吸引着越来越多的人前赴后继，朝着无垠的沧海进发。

从空中俯瞰，千帆竞渡，人群密密麻麻。一个浪头过来，人群就覆灭一大片，再一个浪头过来。又覆灭了一大片。但是，立刻会有后来者补上。海面上，是拥挤不堪的船只，海岸上，是汹涌如蚁的人流……天地间响起深沉的悲歌。佛祖闭上眼睛，不忍再看。若干年后，有三种人成了佛。第一种人历尽艰辛，终于到达彼岸，称为"修成正果佛"。第二种人几经努力，还是到达不了彼岸，于是放弃了渡海，回家安居乐业，称为"幡然醒悟佛"。第三种人，只是一个人。

那是一位在海边以打鱼为生的老人。面对熙熙攘攘的渡海人群，他不为所动，几十年间日出而作，日落而息，过着单纯而朴素的日子。后来，佛祖点化他成了佛，称为"宁静佛"。

而那些沉入海底泯灭无闻的，被称为"芸芸众生"。

有人问佛祖，你属于哪一种佛？佛曰：我属于第四种，看尽人世悲欢，阅尽世事浮沉，称为"大彻大悟佛"。过了许多年，渡海的人逐渐减少。因为人们终于知道，佛有多种，成佛也远不止"渡沧海"这一条途径。对于这则寓言，我们或许可以这样理解："佛"确实是多样的。除了那些不会思考、随波逐流的，其余的人，只要尊重自己的内心，过着自己想过的生活，便都成了佛。

在现实中，能看透自身的人，往往是理智的，能吃苦的人。他们通过千辛万苦，跋山涉水，成就今生。在此，自身的正确定位与对自身的肯定，让人们更轻松地发现一种更理想的生活方式。在无处不需要竞争的社会上，能将苦难看成快乐，将绝望化作希望的，只有自己仰视自己的人。当个人产生发展上的动摇时，他往往会迷失人生方向，其中最重要的一个环节就是不能实现自身定位，不会产生仰视自身的感觉。在此，心中的美好往往是建立在自身外在实体的清醒之上。发现自己，仰视自己，始终保持高期望值，这才是人生哲学课中必修的部分。

第六节
将本能带到他人心里：拯救失败

失败是人们经常遇到的难题。一些人认为，失败一次就不用再努力了；有人认为，失败一次没关系，不能失败第二次；还有人认为，"失败乃成功之母"，应该百折不挠。事实上，在失败面前，人们需要正确面对，争取下一次成功。它表现在人的本能中，就是一种搏斗的现象。在失败面前，人们只有像猛兽一样搏斗，才能赢得成功。因此，当失败降临时，人们不能退缩，而是采取种种措施，将失败发现出来，并分析，得出失败的原因，然后实施新计划，将失败拒之门外。此时，本能发挥作用，必然会导致他人对自身产生同情，若能在互相帮助的情况下工作，失败更是望而却步。

随着社会的发展，人们发现失败时就是拯救失败时。如果一个人屡次失败，那他将失去自信。在此情况下，人们可将本能的一面掩盖起来，偷偷传递给别人，让别人通过努力、奋斗，将失败打败。因此，人们将本能转化为别人的成功动力，是一种对失败的宣战，是一种走捷径的好方法。此时，人们不但能获得种种精神愉悦，更容易发现失败的根源。

　　本能的发挥能让失败处于一种自由状态，但本能是最有效的成功方式。因此，在一个人努力之前，一半的希望是成功。在此，人们若能掌握种种技能，运用知识，往往会将失败的概率降到最低点。因为，人们形成对失败的思维，并能预见失败是怎么产生的，如何规避失败，等等。在此基础上，真正的失败往往只是一种想象。若失败降临，人们如何处理；若成功降临，人们如何面对。凡此种种，只说明一个问题，那就是失败是用来被拯救的，它存在于未来中，出现在反面，对生活产生的危害也越来越小。在此，本能的发挥至关重要。

　　有人说，失败降临时，只有自己能拯救自己。事实上，人们失败时，往往会通过学习他人，借鉴他人，实现再成功。在此情况下，他人的成功很容易转化为自己的成功。只有让本能发挥作用，并融入他人的精神思想中，才能实现扬长避短，事半功倍的效果。就此而论，人们对自然心灵的认识，以及对自然心灵的运用，将是一个宽敞的空间，因为，人们会从他人身上借鉴到种种宝贵经验。当这种经验成为思想交流之后的普遍现象时，人们对成功的认识就会发生变化，即所谓的成功，即是一种失败所给予的机会，更不是一蹴而就。

　　在失败到来时，人们总是用反省、自责、思考等方式解决问题，而将他人的经验放在一边，全心全意地奋斗时，本能又会迸发出光芒来。因此，借鉴自己也是一种不错的选择。事实上，人们可将从前的自己当作他人，努力学习，汲取经验，实现事业的再腾飞。

　　查理的工厂倒闭了，他的事业一败涂地。他感到灰心极了，在街上百无聊赖地走着，不知道自己该怎么办，不知道自己人生的方向在哪里。他想要从亲友那里筹措资金东山再起，可是亲友们不肯向他伸出援手。绝望的查理走进了酒吧，把自己灌得大醉。人们开始嫌恶他，在所有人的眼中，查理都是一个失败者。查理也认为自己的人生就此完结了，他放弃了努力。

有一天，查理听到别人说，有一位智者能够帮助他。查理心里又有了一丝希望。于是，他找到了智者，诉说了自己的苦闷，然后满怀希望地请求智者帮助他走出困境。智者惋惜地说："年轻人，很遗憾，我也帮不了你。"

查理听到这样的话，感到最后的一丝希望也破灭了。他想到了自杀，因为结束生命是唯一的解脱方法。正在他颓丧地转身准备离开的时候，智者叫住了他，说："虽然我帮不了你，但是我知道一个人可以帮助你。"查理大喜过望，忙问："那个人是谁？他在哪里？"智者笑笑说："你跟我来。"查理被带到一面镜子前，智者指着镜中的人对查理说："只有镜子里的人可以帮助你。你想要成功首先要认识这个人，这是唯一一个有能力帮助你成就事业的人。"

查理呆呆地注视着镜子里的自己，若有所悟。等到查理再次来到智者面前时，他已经成了另外一个人：笑容满面、神采奕奕。他告诉智者，他终于认识到自己的力量。凭借自己的努力，他已经重建了自己的事业。

美国历史上最著名的总统林肯说过：人下决心想要愉快到什么程度，他大体上就能够愉快到什么程度。你能够决定自己的心灵，控制自己的思想。在这个世界上，唯一能够搭救你的人，就是你自己。

查理成功了，他用自己并不强大的身体与并不聪明的脑袋完成了从失败向成功的过程。在此，查理借鉴的是自己的从前，并将从前的自己当成另一个人，认真总结，发现问题，走出困境。这是一种巨大的进步。在失败面前，人们总会产生种种消极情绪，但真正能坚持，并发光发热的人，才是真正的成功者。查理成功了，更说明他是一个勤奋、善于总结、学习的人。

1960年,哈佛大学教授罗森塔尔博士在美国加州一所学校进行了一项试验。他声称,他制造出一种仪器,能够找出最优秀的人,并能发现那些将来会出人头地的人。他先从教师中选出几个人,然后又从全校的班级中选出几个班的学生作为实验对象。他对选出的老师说:"我从全校的老师中选出你们几位,因为你们是最优秀的老师。这几个班级的学生也是最聪明最有可能有所成就的学生,他们将由你们来教。我相信,最优秀的老师和最聪明的学生的组合,将会产生非凡的教学结果,我的仪器不会出错。"

一年过去了,当罗森塔尔博士再次来到这所学校时,他发现那些老师个个表现优异,而他们所教的班级也成为整个学校的明星班级。罗森塔尔再次召集这些老师开会,他对老师们透露说:"实际上,我并没有那样一种预测未来的仪器。那些学生都是最普通的学生,我只是随机抽取了几个班级。"老师们对此一阵诧异。罗森塔尔博士接着说:"实际上,各位老师也并不是我挑选的最优秀的老师,而是我随手抽调出来的。你们是普通的老师,教的是普通的学生,但是你们取得了这样的好成绩。各位老师一定知道原因在哪里。"

一位老师说:"是的,博士。我知道,当我们被告知是最优秀的时候,我们就努力做最优秀的。我们的学生是聪明的、与众不同的。他们犯错误时,我们也一样有耐心帮助他们,因为他们是聪明人,他们只是无意中出了错。我们从来不打击批评学生,我们鼓励他们做到最好。我们都认为自己是不普通的,于是我们就不再普通。"

罗森塔尔听完,会心地笑了。人人都可以不普通的。如果你在心里认为自己是最优秀的人,你就会按照最优秀的人的标准来要求自己。如果你相信自己能够成功,你就一定能成功。只有先在心里肯定自己,你才能在行动上充分地展现自己。

事实上，人人都有优秀的一面，只有通过充分的竞争才能表现出来。今天，竞争压力越来越大，人们总是渴望通过努力获得种种成功，而前提条件是，人们获得成功之前，必须做好失败的准备。"优秀"之说已不是什么高级事物，无论什么样的人，都能获得"优秀"的一面。因此，人们对自己的肯定越来越多，对自己的尊敬越来越强，对他人的崇拜越来越弱。就一般情况而论，失败之前做好成功的打算，成功之前做好失败的打算，已是心理调节的必要手段。因此，本能的一面总是残酷的，它出现于最残酷的时刻。将本能放进别人心里，让别人体会，并产生尊敬心理，这样本能就是一种价值，就是一种人生意义。

本能的一个重要表现，即对失败的认识。人生存在社会上，通过对反面世界的认识，不断地增强社会适应能力，提升发展级别，扩大生存空间，形成更舒适的环境，享受更高尚的情感。在此，本能又带有强烈的两面性，它的一半是享受，一半是痛苦，只有让两者控制在人类行为与思想的范围内，本能才是人们热心追捧的事物。在此，本能的作用依然是核心，发挥着人类最需要进步，甚至是最艰苦的时刻。当生存已是一件普通的事情时，本能从失败与成功中走出，并让人们产生更多渴望，渴望获得成功，摒弃失败。

第七节
 人人头顶上都需要光环：
荣誉的产生

社会是一个不断升华荣誉的组织。在其内部，主要特征就是价值与荣誉的结构。因此，当人们产生高度社会认同感时，总是以种种价值取向为基点，并不断升华，直至荣誉的产生。社会的性质决定了荣誉的性质。在社会内，获得他人肯定、尊敬与信任，是荣誉的基础部分，在其上，还有对价值的追求，对思想的崇拜，对伦理的遵从，等等。

今天的社会，除价值之外，还有一种事物对荣誉产生直接影响，那就是利益之上的金钱。随着经济的发展，人们对金钱的崇拜达到前所未有的高度。在此情况下，越来越多的人信奉金钱至上论，甚至有人认为，获得金钱的过程就是一种不断提升荣誉的过程。当成就的因素主要由金钱占据之后，社会价值取向会发生根本性变化。就纯正的荣誉而论，它是独立于一切外界，并对"人"产生绝对影响的部分。在荣誉的作用下，社会道德、伦理与习惯开始形成，并深深影响人类历史进程。在此，美好的事物往往是荣誉的一部分，高尚的情操往往是荣誉的窗户。当人们存在于制度完善的社会，他们必会产生心灵归属感，最终形成一种意义鲜明的荣誉。

　　左右人生发展的往往是精神层面的事物，影响人生存成长的往往是物质层面的事物。因此，在物质总量极大丰富的今天，追求精神享受是一种必然。在现实生活中，只有让心灵存在于理想之上，才能形成科学的荣誉，并影响社会，发出正确的发展取向。很多时候，最伟大的精神往往是获得大部分人的认可，最纯洁的感情往往是拥有独一无二的秉性，并深藏于人类心灵深处，属最理想、最完美的世界。在理想与现实之间，人们不再做过多平衡，随着社会的进步，科技的发展，人们生活在理想的环境中，理想触手可及。因此，荣誉上升到更高高度。当人们精神缺失时，最渴望得到的就是荣誉，若它足够强大，人们会始终处于亢奋与自由状态中，心灵获得极大解放，产生种种对整个社会的爱，产生对他人的同情与爱惜，等等。荣誉是人类存在于初即存在的精神事物，作用于人生与社会之上。

　　在南部非洲的一片荒原高地之间，有个称作"布鲁丹"的部落，依然过着男子狩猎，女子采集水果和坚果的原始生活。

　　有个叫姆瓦托的青年男子，别看他身材矮小，却是部落里，大家一致公认的跑得最快的人。每到旱季，他都会找一个没有树荫遮挡的山坡，挖一个口小肚大的洞，洞里放上狒狒最爱吃的香蕉，然后，他把一把坚果，从洞口零零散散地，一直撒到山坡下，然后，自己找个地方藏起来。坚果把贪吃的狒狒引来，在准备拿香蕉吃时，手臂被卡在洞中动弹不得，就这样，在烈日下曝晒二十多分钟后，姆瓦托才会破洞砸石，把渴得嗓子快冒烟的狒狒放出。

　　"找水能手"狒狒一溜烟地跑去找水喝，而姆瓦托马上会以惊人的速度和耐力紧紧追赶，藏在一边瞅着狒狒，在一个干涸水塘旁边的凹地，连抓带刨地弄出水来。所以，不管地有多旱，有姆瓦托在，大家总能有水喝。

七月，国家正在选拔参加非洲田径运动会的人，派人找到"布鲁丹"部落首领寻求支持。"布鲁丹"的老酋长，马上想到了姆瓦托。老酋长请来一位叫瑞克勒的人，给姆瓦托当教练，瑞克勒利用曾经在国家野生动物园做过管理员的方便条件，把姆瓦托带回到野生动物园，那莽莽苍苍的半荒漠草原里。每天太阳灼热时，他都开着一辆敞篷越野吉普车，载着姆瓦托出发。按计划让姆瓦托追着斑马跑，猫着腰去抓长尾巴像袋鼠一样跳跃的跳兔，甚至悄悄接近水潭边羚羊群，自己从车里拿出一把双管猎枪，朝天一扣扳机"砰"的一声，随即让姆瓦托追着受惊狂奔的羚羊群跑。

一天，瑞克勒开车，将姆瓦托带到一片开阔地，拿出一件新的花格短裤让姆瓦托换上，告诉他尽管一直向前跑，短裤千万不能扔掉，因为里面装有记录奔跑数据的磁记录仪。

刚跑进草地不久，姆瓦托就发现一只威风八面的雄狮，正从左侧向他扑来！他觉得脑袋"嗡"的一声响，马上发力狂奔，好在这头雄狮，似乎没有把他当成猎物而全力追赶，倒更像是一场驱逐。该如何脱身呢，此时，在他右侧的空中，出现了两只"呜啾"鸣叫的秃鹫在盘旋着，姆瓦托没有看到周围有悬崖峭壁，这说明那两只秃鹫很可能落脚在附近的一棵大树。他灵机一动，转弯冲着秃鹫下方的一大片灌木丛跑去。

灌木丛，在一个向下曲折延伸的斜坡边上，姆瓦托飞身跃入灌木丛中。这一招让那只狮子倍感困惑，它慢慢靠近灌木丛，来回踱着狮步，似乎在揣摩姆瓦托此举的意图。灌木丛的另一边，猫着腰的姆瓦托四下观望，果然，不远处有一株巨大的波巴布树，不时还有秃鹫起落，于是他四肢几乎贴地般倒退着往下坡方向悄悄运动。

等狮子觉察出,格桑的"暗度陈仓"之计时,得到喘息的姆瓦托,起身做最后短距离冲刺,抓住了巨树的枝条,使劲向上一荡跃上了树干。

不知有意,还是巧合,随后的训练,每隔几天,姆瓦托总会遭到雄狮的追赶。他搞不清这是为什么,只好一次次咬紧牙关拼命飞奔,一次次处在危急关头时,充分利用大灌木丛做掩护和狮子兜圈子直到它放弃。三个月下来,姆瓦托的奔跑潜能,不但得到了充分地挖掘,更重要的是,在和狮子一次次的较量中,收获了宝贵的自信。

姆瓦托很快在运动会上崭露头角,成为一鸣惊人的新星。他们一行十余人,组成了国青集训队,辗转于欧洲多个国家,进行拉练和比赛。与众多欧洲青年选手比赛,充分显示出姆瓦托的出众才华,他的人气迅速飙升,被诸多体育媒体誉为"希望之星"。

在一个招待晚宴上,大批记者将姆瓦托团团包围,有的记者请他证实,关于他的特殊训练方式的种种传闻,洋洋得意的姆瓦托口无遮拦,把在野生动物园和动物们"同场竞技"的过程和盘托出。当他眉飞色舞地,提到与狮子多次斗脚力时,引起了众人的质疑。有的记者,干脆提议安排狮子与姆瓦托比试一回,好让大家心服口服。姆瓦托很痛快地答应了。

比试现场,在一个野生动物世界进行,姆瓦托要跑过大约一公里的坡地,目标是从非洲移栽的一棵波巴布巨树。身穿贴身运动衣的姆瓦托,经过一番热身做好准备后,动物园就放出了狮子。当看到扑过来的成年雌狮时,姆瓦托心里忽然一阵发慌,他赶紧掉头狂奔。跑了不到五百米,就被雌狮扑倒在地。幸亏动物园方面早有准备,迅速驱车赶跑了雌狮。

姆瓦托的前胸后背都被抓伤,还断了两根肋骨,他被迅速送往医院，经抢救脱险。从那以后，"希望之星"就迅速销声匿迹了，"与狮子赛跑"成了一时间的笑谈。

回到非洲，回到"布鲁丹"部落，姆瓦托情绪很低落。一天，酋长来看他，闲谈中姆瓦托说起此事依然不解，他手抚胸口俯身蹲下，低着头虔诚地问："尊敬的族父，为什么在非洲我能长距离地和威猛的雄狮周旋不落下风，而到了欧洲，和一只雌狮比试连五百米都跑不过呢？"

酋长慈祥地笑了，他抚摸着姆瓦托的头说："我的孩子，在非洲荒漠里，你被雄狮追赶，是因为那条特殊的短裤。其实短裤里，根本没有奔跑数据的磁记录仪。我让族里的老人用雄狮的尿液，调以沼泽边一种叫'库拉'的草浆，均匀搅拌后，再配上特制的药酒，喷洒到短裤上，晾一夜后，交给了瑞克勒。雄狮闻到短裤的味道，感觉会很不舒服，以为你要侵占它的领地，所以一定要把你赶走，而且一直赶出它的领地为止。但一只母狮追赶你，就大不相同了，因为它是狩猎者，捕杀猎物是它的生存本能，对你反而危险大增。"

姆瓦托点点头，似有所悟。酋长拍拍他的肩语重心长地说："我的孩子，你要永远记住，将来不论做什么，为了生存和荣誉，你才会获得智慧和力量；贪图名利和虚荣，只会带来恐惧和胆怯。"

可见，荣誉是在一种生存条件下产生的。当人们为生存而战，并获得胜利时，荣誉便油然而生。在此情况下，社会意识会产生，起码，基于群体基础之上的社会效应会产生。

第四章
约束力的平衡与极端：控制

第一节
欲望——心理膨胀的自然规律

本能中，很重要的一部分就是欲望。在社会环境中，人们总是通过满足自身的欲望而获得快乐。在此情况下，人们认为欲望是一种很奢侈的事情。随着心灵感受的不断扩大与增强，人们对欲望的理解更科学。首先，欲望是发展产生的个人本能。在复杂的社会，人们要想直接地获得快乐与满足，就必须实现欲望，收获真正的目标。因此，社会存在种种金钱与利益关系时，欲望就是最重要的发展动力。只有让人生存在欲望与进步中，人们才能谈得上快乐、满足与幸福。个人欲望是一种本能的发挥，是一种由个人发展到社会进步，再由社会进步到个人发展的过程。在欲望的驱使下，人们的行为渐渐稳定，思想渐渐成熟，甚至是能力也渐渐提升。当欲望存在于生存层面时，它的能量非常巨大；当欲望存在于享受中时，它的价值会更大。因此，只有科学地发现欲望，并实现欲望的目标，才是人们本能的发挥与自身的完善。

著名古典哲学家弗洛伊德在其结构理论中提出"超我""本我"

与"自我"的概念。"超我"即一种对自身认识的超越，实现本身价值的升华，超越自己；"本我"则是出自自身考虑，对自身产生全面认识，并给自身以正确定义；而"自我"则是一种独立人的定位，表现为人们自身的一切独立、自由与稳定的部分。因此，当人们产生欲望时，是"超我"因素发生作用，并始终处于不安定状态，实现价值利益最大化。当人们过分产恒欲望时，往往需要实现"本我"与"自我"的定位，科学处于欲望之上的问题，以"我"的一种衡量标准，进而产生种种个人基础之上的认识。在现代社会，"超我"的本能已非常普遍。实现欲望可通过种种途径，通过炙手可热的情感，可拥有一切自己渴望拥有却又超越自身的事物。

欲望不断膨胀时，人们不再认为那是一种病态，甚至认为是大有作为的开始。诚然，在今天的社会中，本能发挥作用时，需要强大的现实基础。而这已成为一种普遍现象，因此，实现"超我"的欲望，往往是人生价值的重要组成部分。遇到一种新鲜事物，并产生强烈的占有欲，是一种自然规律。就心理层面而论，它带有强烈的自私成分，而社会上存在的自私已合理分配，并时时刻刻对社会产生有益补充。在此，"超我"的心性渐渐强大起来。一个人通过实现欲望而获得种种优越条件，成为生存的一部分，已是自然而然之事。

通过生存的发展，生存条件与环境的根本性变化，人们通过自身膨胀的欲望而不断努力。在此情况下，人生就是一个不断放大的过程。它要求人们欲望多端，能力超强，认识深刻。当人们并不是存在于一种自然与自由的环境中时，真实的人性发挥显得十分重要。它不但能让人心理更强大，更能让人生存空间无限广阔。在美国，宣扬人性，施展欲望的电影层出不穷。它反映了人类的本能精神，更让全人类产生对本能的追求，提升人类生存能力，让周围的世界更安全，更美好。

美国著名电影《本能》就让我们领略了一番"欲望"的真谛。许多悬疑影片中杀人者的动机都是参照某些书籍或某些历史理论的，《达·芬奇密码》便是一例。而本片中的凯瑟琳则是以自己的小说为蓝本从事着杀人计划。其实，这个创意并不算独特，但作为1992年的影片来说，尤其对于中国观众来说，这种创意将故事的悬疑气氛渲染得十分到位。

前提如此了，当开篇时的性爱镜头转瞬变成一场屠戮的时候，观众的心理已经开始拧紧了发条。性爱，是这部影片最被人乐于提起的东西。

单纯的性爱给人的可能只是简单的冲动，但当性爱加上暴力谋杀的时候，人的欲望便变得更加强烈了。从一些精神论的观点来说，性本身就是一种征服，是充满了暴力意味的东西，当这种准暴力被红红的鲜血进一步强化的时候，征服的欲望便达到了极限。于是，本片成为一场男人与女人间的较量。

尼克是警察，从影片所表现的背景来看，这是一个很强势的警察，多次开出令他不得不接受心理评估，从行为举止来看，尼克以自我为中心，性格时常表现得极为暴躁，这是导演刻意安排的，因为只有这样的男人才适合与女性较量。

反过来看凯瑟琳，性感自然不必说了，女人征服男人有两种手段，性感与母性。在影片中强调的是性感。心理学专业的高材生，这是智慧的表现，这样的性感而具有高智商的女人往往都是男人追逐的目标，但往往也不易占得先手，所以，在这种女人身上，男人的征服欲会表现得极为强烈。同样的道理，这样的女人天生就有种征服男人的手段。

于是，尼克与凯瑟琳成为故事的主角。两个强势的人碰在一起，这是戏剧冲突的一个必要条件。影片按照尼克对凯瑟琳的态度可以分为三个部分，坚定不移地怀疑，怀疑加被引诱，完全陷落。

作为一个探长，尼克十分敏锐地知道这个凯瑟琳是不容易对付的人，一个小细节可以表明这一点，那就是尼克清楚地意识到凯瑟琳不可能找律师，事实上凯瑟琳的确没有寻找律师。这绝不是简单的猜测，而是意味着尼克与凯瑟琳的较量刚刚开始，暂时分不出伯仲来，而此时的尼克属于一个坚定不移者。

但这只是片刻，对于男人来说，女人的性感会将这种清醒的意识轻易击垮。尼克开始被欲望所俘虏，偷窥，这是男人试图占有女性的前提。可笑的是，被偷窥却恰恰是女人征服男人的手段之一。于是，尼克与心理医生贝思上演了一场近似于残暴的性爱，这场戏意味着警察与小偷的游戏变成了男人与女人的正式较量。

果然，经过偷窥与被偷窥，男人与女人终于实质性的发生了关系。但此时的尼克根本没有放弃自己的怀疑，他还能将性欲与工作分得很清。凯瑟琳当然知道这一点，对于一个男人来说，征服他如果仅仅依靠性感是错误的，也是注定失败的。于是，凯瑟琳在智力上采取了主动。

尼克的怀疑对象被引导了，凯瑟琳的同性女友罗茜，还有心理医生贝思。尼克也慢慢地放弃了对凯瑟琳的怀疑，而且在这个时候，凯瑟琳提出了分手，原因是书写完了。这对于尼克来说是一个最重要的洗脱罪名的证据。自己没有出任何意外，而凯瑟琳关于探长与女罪犯的小说也完结了，这样一来凯瑟琳似乎根本不是那个照着书籍杀人的凶手。于是，尼克更加怀疑贝思了。

此时的尼克似乎已经完全被征服了，但他最大的打击是来自于贝思，一个和他有过情感的女人竟然是凶手，而且杀死了自己的搭档。在这种意识下，尼克终于开枪了。枪手，是凯瑟琳对其的爱称，从另一个角度来说，是女人对男人的称谓。

开枪后的尼克彻底失败了，虽然一切证据似乎都表明贝思是真正的凶手，但潜意识中，尼克并不相信的，但作为一个男人，一个曾经自主的男人，尼克已经是毫无主张了，于是再一次面对凯瑟琳的时候，他剩下的只有欲望，无理性的欲望，简单而冲动的男人。

胜利却属于那个哭泣中的凯瑟琳，这是一个巨大的嘲讽。

影片的主题似乎在这场男人与女人的较量中终于慢慢地体现了出来，这是讲述一个女人如何征服男人的故事，是讲述一个女人如何毁灭掉男人的故事。说得更富有评论性就是这是一部女权主义的电影。

当尼克那张老脸在凯瑟琳跨间徘徊的时候，他被彻底击败了。

什么是欲望，征服！什么是本能，性！但性的征服并不是全部，而是手段之一，是男人与女人间较量的必要手段之一，谁最终能胜出呢？

这个世界上有谁能够让你去怀疑你身边最信任的人？又有谁能让你亲手杀死你最爱、最信任的人？这会是多么的令人毛骨悚然，如果所有亲友爱人似乎都在背叛你、谋害你！然而一位金发女郎做到了——一位外表艳丽，思维缜密，实为恶魔的变态。但令人惊奇的是，害死所有人的人是她自己吗？不是，她是一个诱因，勾起你本能的欲望，等待着人上钩，而之前她会百般提醒你危险即将降临。却偏偏有无数的愿者自投罗网，因为所有人都被她洞悉透彻，冷艳的目光背后是对人性的弱点的掌控：自大，好奇，欲望，嫉妒，怀疑……

不能对女主人公做任何褒贬的评价，只能定义她为变态，极度的心理变态者。人们总是在怀疑别人，却不曾怀疑自己。这部影片并不一定非要警告你：我们要控制欲望！我们要控制本能！但它所带来的越想越不寒而栗的联想却是真实的，把所有认为美的、关于爱的扼杀在你的面前。

观完此片后，心里有的是无尽的酸怆与遗憾。其中一个遗憾就是那位美丽的正常女医生不应该死，她成为游戏环节的一部分，成为变态报复的对象。凡是清楚自己，清楚事实的主要人物都成了刀下鬼；而混沌的自以为了然的人却活得自在而潇洒——这些，不也是极其可怕的真相吗？

既然有人拿它当情色片，是的，不否认它是情色片，那就来谈一谈情色的部分。美——一个字足以道明片中关于情色的部分，那是一种欲望的最美化的表现。每个正常人都会有性欲，实属人之常情。然而若有人单纯的只看"激情"不顾"剧情"，可就真是件憾事了！

在美国的电影艺术中，本能总是国家精神。欲望在本能的趋势下，越来越成熟，并表现出以中国生存本能。因此，当人们发现本能时，欲望会同时到来。在此情况下，生存越来越简单。

第四章　约束力的平衡与极端：控制　/　129

第二节
解脱与完善控制力心理

　　现实生活中，存在两种人，一种即是自我控制型，一种即是自我解脱型。当此两种心理都正常运转时，生活总是处于稳定状态中，并产生种种更高层次的享受。就社会而论，这是一种文明的表现，而表现在自然性中，则是一种对本能的再升华，或说是对自然性的一种延伸。因此，当人们发现社会性之上的人性时，他们总是喜欢对自己实施心理控制。就此而论，它是一种必然现象，更是一种对自然充分认识之后，建立于社会之上的产物。无论何时，只有让自然性承载一种更人文的品质，才能发挥它的真正本能。

　　在社会上，人们出于稳定与安逸状态，通常通过心理解脱与控制来实现的。当一件事让人们产生强烈欲望时，首要的选择即是让自身安定下来，实现此目标的方式，主要是自我解脱与控制。因此，在心理上，人们渴望社会性的稳定与自然性的张扬，两者结合之后，才能见到真正的人性。在任何时候，人们只有发挥最本能的一面，才能看到性格的变化，才能发现社会主义之上的本能。心理产生强烈控制力时，人们往往能从种种事物中解脱出来。

解脱是一种接近完美的退让。它可以让人像动物一样安全，可以让人像空中的小鸟一样自由。不沾染外界事物，保持自身独立、和睦与自然。因此，解脱往往是成熟的表现，是本能发挥作用的重要因素。在此基础上，人们才有一种对社会的全面认识，才有一种对群体生活的再塑造精神。当种种社会关系将人们左右时，最能代表人生的本能往往会沉淀在心里最底层。

在此情况下，解脱是人们认识社会的存在因素，是人们对生活产生成熟、稳定思想的表现。解脱一直是一件奢侈的事情，有人不愿解脱，主要是因为他们未产生足够的竞争意识，未产生足够的对社会与自然的认识。在此情况下，解脱是人们本能中最重要的部分，与控制力一道，成为当今社会自然心理中的重要因素。在此，我们再谈控制力心理。

无论什么情况，什么环境之下，有限的选择总是存在的。一个人的生活不可能完全无限。因此，人们要想获得"有限选择"之后的快乐，就必然实现心理控制。在此，控制力往往能让人产生对未来的冲动，形成客观公正的心理，塑造一种成熟的价值观与社会观。只有实现心理控制，才能实现有限的人生享受无限的快乐。一切都是自由的，一切又都是社会之下的自由。因此，自由是一个绝对的概念，只能存在于理想中，而心理总是以理想与自由为标准。在此，真正的人生意义就是实现控制。当人们能控制自身心理时，总是产生种种愉悦与快乐。同时，外界所给予自身的认同与赞同亦让人快乐。因此，当人们享受一种生活时，总是扩大他的空间，然后实现心理控制，将快乐放大，将生存空间缩小，实现无限环境中的无限快乐。

长春市某中学的小何今年16岁，在家中他是独子，平时一直是家长眼中的乖孩子。可是最近，小何突然发现自己变得脾气暴躁起来，经常与同学朋友吵架，而且回头想想，都是一些鸡毛蒜皮的小事，根本就不必要发火的。在家中，小何也经常与父母怄气，经常是父母刚刚批评他几句，他就突然暴跳如雷，把父母气得火冒三丈，但是也无可奈何。

　　小何为自己的火暴脾气很苦恼，他知道自己这样做不对，但是真正发生了事情时，又往往控制不住自己，过后又十分后悔。一天，同学借了小何的一支笔，但是不小心弄坏了，小何很生气。虽然同学十分小心地向小何道歉，但是小何还是对同学当众斥责了一顿，严重影响了两个人之间的友谊，小何在其他同学眼中的形象也大受损伤。小何为此内疚了好一段时间，他真的搞不懂，他不断地自问："为什么我总是这么冲动？难道我的火暴脾气就真的改不好了吗？"

　　其实，愤怒是人对客观事物不满而产生的一种紧张情绪。过多的与失常的愤怒极易使人的心理失去平衡，使理智与自我控制力减弱，导致冲动性行为的发生。由于青春期性激素分泌通过反馈增强下丘脑部位的兴奋性，使之与大脑皮质原有的调节、控制能力发生一时的矛盾，易于导致情感的动荡。

　　愤怒是人类的基本情绪之一，常常是在个体的愿望不能实现或行动持续受到挫折时产生的。愤怒是有程度轻重之分的，从不满、气恼、气愤，直到大怒、暴怒、狂怒等。愤怒是一种否定性情绪，虽说既有积极作用又有消极作用，但在日常生活中时常对他人发怒，则有损团结，不利于身体健康，表现出明显的消极作用。心理学研究表明，愤怒往往会导致攻击性行为，特别是在狂怒时，主体不能意识到自己行为的意义和后果，失去控制力，易造成严重的社会危害，暴怒之下伤害人，甚至杀人等，就导致了激情犯罪。

　　在福建省就发生过这样一起案件。14岁的常某是某中学的学生，由于平时爱看港台动作片和枪战片,经常模仿电影中的某位"大侠",舞刀弄枪。在学校中,常某也是一个"小霸王",经常欺负比自己小的同学,是学校中的一霸。一天,常某在上厕所时,他旁边的同学不小心把尿溅到了常某的裤子和鞋上,常某很生气,与这名同学发生了争执。由于这名同学年龄比常某大,他十分傲慢地不理睬常某的指责,常某觉得自尊心受到了极大的侮辱,火冒三丈,他到外面捡了一根木棍,连续击打那名同学的头部,导致该同学死亡。而正处于花季的常某也由于触犯法律,受到了法律的制裁。

青年容易在感到自尊心受挫的情况下发怒,以至与他人发生冲突而实施攻击行为,因而,通过制止发怒可以有效地预防和遏制攻击行为的发生。青少年应该认识到:冲动的情绪其实是最无力的情绪,也是最具破坏性的情绪,许多人都会在情绪冲动时做出使自己后悔不已的事情来。因此,应该采取一些积极有效的措施来控制自己冲动的情绪。

调动理智控制自己的情绪,使自己冷静下来。在遇到较强的情绪刺激时应强迫自己冷静下来,迅速分析一下事情的前因后果,再采取表达情绪或消除冲动的"缓兵之计",尽量使自己不陷入冲动鲁莽、简单轻率的被动局面。比如,当你被别人讽刺、嘲笑时,如果你立即暴怒,反唇相讥,则很可能引起双方争执不下,怒火越烧越旺,于事无补。但如果此时你能提醒自己冷静一下,采取理智的对策,如用沉默为武器以示抗议或只用寥寥数语正面表达自己受到伤害。用理智来控制情绪,使激烈的情绪处于消退性的抑制状态。即用冷处理的方式是一个很好的选择。

暗示、转移注意力。使自己生气的事,一般都触动了自己的尊严或切身利益,很难一下子冷静下来,所以当你察觉到自己的情绪非常激动,眼看控制不住时,可以及时采取暗示、转移注意力等方法自我放松，鼓励自己克制冲动。言语暗示如"不要做冲动的牺牲品""过一会儿再来应付这件事，没什么大不了的"等，或去做一些简单的事情、去一个安静平和的环境，这些都很有效。人的情绪往往只需要几秒钟、几分钟就可以平息下来。但如果不良情绪不能及时转移，就会更加强烈。比如，忧愁者越是朝忧愁方面想，就越感到自己有许多值得忧虑的理由；发怒者越是想着发怒的事情，就越感到自己发怒完全应该。根据现代生理学的研究，人在遇到不满、恼怒、伤心的事情时，会将不愉快的信息传入大脑，逐渐形成神经系统的暂时性联系，形成一个优势中心，而且越想越巩固，日益加重；如果马上转移，想高兴的事，向大脑传送愉快的信息，争取建立愉快的兴奋中心，就会有效地抵御、避免不良情绪。

在冷静下来后，思考有没有更好的解决方法。在遇到冲突、矛盾和不顺心的事时，不能一味地逃避，还必须学会处理矛盾的方法。一般采用以下几个步骤：首先，明确冲突的主要原因是什么，双方分歧的关键在哪里；然后，进行冷静地分析，明确解决问题的方式可能有哪些；最后，找出最佳的解决方式，并采取行动，逐渐积累经验。

在今天的社会上，人们不幸福，往往是心理控制力不够。因此，在心理控制力上，本能会发挥作用，并实现自然性的一面。无法控制心理，人们将很难获得满足与快乐。

第三节

控制物理性的延伸

　　控制作用于心理时，人们往往会产生种种约束力效应。当人们通过控制而获得满足时，一种自信与自尊油然而生。在此情况下，真正的本能享受才会出现。今天的社会，人们无法生存于赤裸裸的人性中，因此，只有通过心理上的控制，实现一定程度的自由，进而产生对社会的种种认识。在此，控制力的强弱，往往能看出一个人的成熟度，能发现一个人的生活阅历。

　　就中国人而论，控制力往往表现在"忍"上，谚语说得好，"小不忍则乱大谋"，忍可避凶祸，可为人带来一切满足感。因此，无论什么样的心理，存在控制力时，它都会表现出一定的价值与意义，尤其是社会意义，控制力集中表现于其上，主要是人们社会性对自然性的理解与延伸。就此情况而论，控制是一种心理物理性的延伸。但一个人渴望获得成功时，他们需要的首要条件是心理控制。在任何情况下，人性都表现出"进"与"退"两方面。在有利于自身的环境下"进"，在不利环境下"退"，是一种人性选择的完美境界。

因此，只有让人性处于正确的社会环境中，它才能发挥作用，并为一切快乐、荣誉与自信带来前所未有的归属感。

所谓控制，就心理层面而论，是一种对未来的预知，并始终限定于一个范围内。因此，当欲望无限膨胀时，人们总是失去自然性的光彩，而人性扩大时，往往表现在欲望上。就自然性而论，欲望是一种颠覆，是一种社会性与自然性相结合之后的阴暗面。因此，在生存环境中，人们只有将欲望控制在一个范围内，并保持纯洁、自由的状态，才能为人们带来更美好的生活，才能为人们带来更纯真的情感。

当控制力失去作用时，或人们无法掌握控制力时，一切生存与生活将非常糟糕。在此，杂乱无序的状态将是最普遍的现象，致使人们面临种种困难，甚至是痛苦、绝望。最能代表人性的是自然心理，当发生社会变化时，它往往很弱小，但最本能的一面藏于其中。若人们始终不重视此变化，本能的一面即会消失，甚至产生生存问题。物理性的发展，是一个循序渐进的过程，控制力心理往往属于此范畴。在人们失去控制力时，一切稳定、安宁与自由便是一种奢侈，形成正反两面作用，让人生混沌不清。在此情况下，欲望无限声张，最终就是一种自然性的颠覆。在社会中，社会往往决定着心理的变化，而心理本能地适应自然规律，是不争的事实。只有让心理存在于本能的发展中，才能表现出社会性。在此，社会是个复杂的整体，其中的人们产生种种复杂的情感，最终产生无限的欲望。当人们渐渐成熟时，此欲望便是人们渴望控制的对象。在此，失去控制力的人们，往往是失败、堕落的群体；相反，人们便可获得一切荣誉、自由与自然心理享受。

大学时期，美国学者斯金纳已在文学创作上取得不俗成就。他的诗歌和小说经常出现在汉密尔顿学院的学报上，不仅赢得"作家"

美誉，还有几部小说得到文学大师罗伯特·福斯特的赞扬。因此，当他从汉密尔顿学院毕业时，斯金纳说服了半信半疑的父母，允许他用一年的时间在家中专门写作，以完成一部伟大的小说。

而这一年后来被证明是斯金纳人生的转折点。他在自传中将它称为不堪回忆的"黑暗之年"。他没有写出任何东西，每天都在阅读、整理、弹琴甚至制作模型中消磨时间。当这灾难性的一年接近尾声时，斯金纳不得不同意父母的观点，承认失败并放弃写作。

但失败总是很难被承认的。这时，斯金纳听到"科学是20世纪的艺术"，终于为自己的失败找到"合理的解释"："文学是一门已经死掉的艺术，我要去研究科学"——而他选择的科学，就是心理学。

但这种心理学并不是弗洛伊德式的精神分析。在"黑暗之年"年末，斯金纳研读了行为主义心理学创始人华生（J.B.Watson, 1878—1958）的经典之作《行为主义》，并且大受启发。这种认为人们的行为是对环境的反应的心理学，给斯金纳带来一种在未来可以完全控制人类行为的希望。他逐渐开始相信心理学是一门科学，不仅可以解释和预测人们的生活，还可以有效地实施控制。

"控制"与"自由"，在斯金纳后来的理论中总是反复出现。他的小说《沃尔登第二》和《超越自由与尊严》，甚至表达了他试图把行为操控的观点运用到社会管理之中。

斯金纳出生在美国宾夕法尼亚州一个叫作萨斯奎汉纳的车站小镇，并在那里度过童年和中学时代。在那里，车站是整个小镇的中心，镇上的人们习惯于根据早、中、晚响起的汽笛声作息。斯金纳的母亲也是如此，她总是严格地据此安排一家人的生活。也许就是这种多少年来一成不变的生活节奏，使斯金纳从小就对环境的有序和控制感触颇深。

而斯金纳的家庭教育也非常严格，孩子们一旦触犯规则，就会受到家长的惩罚。当斯金纳还是一个孩子时，他只好通过自己的方式来尝试摆脱这种令人厌恶的被控制感。他喜欢制作可以自由活动的设备，而这些设备都带有十足的想要逃离家庭的象征意味。

斯金纳在自传里写道："我做了旱冰鞋、可驾驶的运货马车、雪橇，还有用篙撑来撑去的木筏子；我做了跷跷板、旋转木马和滑梯；做了弹弓、弓箭、气枪、喷水枪，用废锅炉做蒸汽炮……我做了陀螺、模型飞机、盒式风筝、会飞的竹蜻蜓。我一再试着做一架能把我载上天的滑翔机……"

除此之外，斯金纳还着迷于捕捉所有他身边得到的小动物：青蛙、乌龟、蛇、蝴蝶、蜜蜂、萤火虫。但他从来不饲养它们，只是观察它们努力逃走的过程。他曾经把一朵蜀葵的花瓣抓在一起，观察里面的蜜蜂如何努力离开困境。不过，也许是充分体会到被困的感受，斯金纳从来不会像他的父母那样把这种困境保持太久，总是过一小会儿就放掉它们。

如果说童年时的斯金纳对于摆脱控制还心存希望，那么，他在汉密尔顿大学的经历则使他对自由的追求彻底绝望。他在18岁那年离开家，开始大学生活，现实立刻无情地打破了他对自由的美好想象。

每天12次准时敲响的钟声替代了小镇的汽笛声，汉密尔顿学院严格的作息表令斯金纳强烈地感受到生活依然还是充满了秩序和控制。而且，他的处境也并不比在家中好到哪里去。汉密尔顿的新生必须要为老生服务，斯金纳还经常被老生欺负。

有一次，他被两个二年级的学生结结实实地绑在教室里的椅子上，斯金纳放弃了反抗，完全把自己的控制权交给那两个坏家伙。他在自传中这样描述当时的情景："我没做反抗，也没有抗议，只是让抓获者把我绑了起来。"

也许这个时候，斯金纳已经对充满控制的环境缴械投降，而他的不反抗，可能也预示着他的理论不同于传统行为主义之处：人类的行为不是对外界刺激做出的简单反应，而是为了得到一定结果的操作性行为。既然自由是不可能的，我又何必去努力反抗？

五六岁时，斯金纳曾被祖母带到火炉旁，看着熊熊燃烧的煤炭，听她绘声绘色地警告撒谎的孩子在死后如何在地狱里遭到火烧炭燎。而他美丽的母亲则因为听到他讲了一句脏话，就立刻把他揪到卫生间，用一块涂满肥皂的湿布，把他的嘴完完整整地刷洗了一遍。

至于他的律师父亲，在营造一个严格的家庭环境中起到了独特作用。当他发现四五岁大的斯金纳从奶奶的钱包里拿走了一个硬币，就和他大谈犯罪的危害，还多次带他去参观监狱，介绍里面的罪犯都在过着怎样的日子。

也许就是这些惩罚，带给斯金纳太多的负面感受，他的理论一直拒绝将惩罚视为行为塑造的好办法。在他看来，要想教育孩子行为良好，最好的办法就是对孩子偶尔出现的好行为报以积极反馈，也就是正强化。

而第一次让斯金纳体会到正强化的积极作用的人，则是小他两岁半的可爱的弟弟埃布。有一天，埃布生病在床，斯金纳用一些橘子箱上的木板制作了一个小板凳。

当他把这个作品拿给埃布看时，埃布立刻表现得兴高采烈。于是斯金纳马上又做了一个，看到埃布继续手舞足蹈之后，他又做了一个。如果不是他们的妈妈阻止，天知道那天他会做出多少个。

斯金纳在传记里总结，埃布的笑容对他产生的动力，要比父母的惩罚对他的行为控制更有效用。这也与斯金纳的操作性行为的理论吻合。

拒绝情绪。斯金纳对于"情绪"的态度实际上十分矛盾。他主张将情绪完全排除在心理学研究范围之外,用一系列动作来给出解释。比如"愤怒"是指高攻击,低关爱,低取悦的各种行为;而"恐惧"是指用逃跑或闭上双眼的方式来避免对特定刺激的接触。

但与此同时,情绪却一直是他思考和论证的重要课题。在他的自传中,我们总是能够看到大篇大篇有关情绪的文字。

所以,与其相信斯金纳对于情绪的否定,还不如把这种否定看作是他的一种自我保护。因为他的家庭一直把情感的流露看作是愚蠢和懦弱,经常对表露情感者报以讥讽和嘲笑。比如斯金纳在刚上大学时饱含思乡之情的文字,结果却成为父母的笑柄,这让他深感羞愧。

而这种对情绪的克制和忽视,几乎在他幼儿期就初见端倪。斯金纳在自传中这样描述祖母对他进行诚实教育的那个夜晚:"我还记得那天晚上我躺在床上哭泣,我没有把这件事情告诉妈妈,只是没有让她亲吻我说晚安。至今我仍然能感到当时我内心中的懊悔、恐惧和绝望。"

斯金纳从小就习惯对自己的情绪视而不见,用一种麻木来减少令自己不适的感受。所以,他在自传中提到被老生欺负,或者弟弟不幸猝死的事件时,都用"完全没有感觉"来描述当时的感受。这也许就是他的理论拒绝研究情绪的原因——他不想重新体会那些痛苦的记忆。

现实生活中,控制不仅是一种生存方式,更是获得一切快乐、成就与自尊的先决条件。因此,实现心理控制,让心理处于一种"范围式自由"状态,生存与生活将是一个容易驾驭的范畴。

第四节
将自己放进无限与有限中

本能是一种接近完美的事物。其中,有无限的精神延伸,有有限的现实左右。因此,当人们认为自身处于无限中时,他总是存在于有限中,并表现出现实与理想中的自由状态;当人们认为自身处于有限中时,他总是存在于理想的精神世界里,并表现出同样的特点。因此,无限延伸与有限存在是两种相互作用的事物,当它们处于和谐状态时,人们即可享受生存,挑战生存困难。当心灵是一种自由伸张状态时,人们总是认为一切都是美好的;当人们能力足够强时,人们亦认为一切都是美好的。在此情况下,人性的正面作用会让生存处于一种高度成熟状态,并被自由的本能捕捉。人生可以无限扩大,而成就是有限的结果。当有限成为一种可控的状态时,成就就会出现,甚至会在人们的内心产生种种冲击,形成动力,促进人们向上发展。最能代表人性的,即此部分。

精神世界的无限发展,促进了现实生活的有限发展。在此,现实与理想是一种和谐状态。将自身置于一种无限伸张与无限发展中,是人们获得快乐的源泉。就本能而论，它是一种触及人心的本质变化，更能让人性产生力量，并实现自由的本性。在此基础上，人们存在于现实中的空间渐渐缩小，成就精神享受成为一种必然。因此，人们享受生活，并驾驭生存时，人性的一面便是健康的。在赤裸裸的竞争世界里，只有存在社会性的人性，它才是一种本能。

真实的人性往往是无限伸张的，而当社会作用于人生时，它渐渐产生变化，并以社会性为中心，发展成为一种带有荣誉、成就与自由的特征。人们常说，自由是一种相对的概念，事实上，就本质属性而论，自由是一种绝对的现象，是自然充分发挥作用的结果。只有在自然控制一切行为的情况下，自由才真正产生作用。随着政治、军事、社会、文化等发展条件的进步，自由渐渐表现出新特征，并开始向无限空间伸张，形成一种否定之否定过程。

无论什么情况下，本能的发展都是在有限的环境中向无限空间延伸。因此，当人们出现种种生活问题时，甚至是生存问题时，总是渴望通过本能来解决。在此情况下，本能回归是一种必然。就社会而论，本能是最强大的生命力，人类一边抛弃本能，一边尊敬本能，形成一种社会发展悖论。随着社会的进步，科技的发展，人们发挥本能一面的机会越来越多，甚至人们可以独立一人完成一件复杂的工作。在个人与独立的发展中，人们可轻易驾驭生存。因此，当人们开始思考问题时，首先是发现本能是否发挥作用，之后才是加入群体，通过大家的力量解决问题。在此，人性扩大是一种必然，社会开始倾向于个人完成一项工作，让人更独立、更自由。无论是当今还是未来，一切发展将以保存并发展自身本能为目标。

小李13岁时，被父亲送到美国加州读书，父亲希望他与同样在美国读书的哥哥有个照应。但小李到了美国后不但与兄长很少来往，还故意不用父亲在银行为他存的生活费，而是自己打工赚钱。

他在麦当劳卖过汉堡，在高尔夫球场当过球童，由于当球童要背高尔夫球棒，以致弄伤了肩膀，直至现在，伤痛还会时常发作。尽管他在美国生活拮据，却还把自己赚来的辛苦钱用来资助经济更困难的同学，这令大洋彼岸的父亲感到欣慰。

他毕业后，没有直接回到父亲创办的公司，而是固执地前往加拿大一家投资顾问公司工作，成为该公司最年轻的执行董事。他还一声不响地把当年父亲为他在银行账户里存的所有钱连同利息还给了父亲。1990年，他在父亲的苦劝下，勉强答应留在香港为父亲打理家族产业。

1994年，一直不安于在父亲庇护下生活的他做出了一个大胆的决定，凭借出售卫星电视积累下的4亿美元，成立了一家高科技公司。自此，他正式与家族事业分道扬镳。后来他承认，当年他选择独立门户时，父亲曾极力挽留他，但被他拒绝。他发誓要在事业上超过自己的父亲。

他就是在美国《财富》杂志"全球青年富豪榜"上名列第十的香港电讯盈科拓展集团主席李泽楷，而他的父亲就是华人首富李嘉诚。"不靠别人，永远做独立的自己！"李泽楷在接受采访时说，"没有这个信条，就没有今天的电讯盈科。"

可见，李泽楷将自己置于有限的环境中，产生无限的发展空间，最终实现了富豪人生。他不依靠父亲李嘉诚，而是在有限的范围为做无限的奋斗。通过自己，他成功了。这是一种精神品质的胜利，是一种对自由空间追求与人生理想追求的胜利。

再来看看鹦鹉的故事。

一个人去买鹦鹉，看到一只鹦鹉前标道：此鹦鹉会两门语言，售价200元。另一只鹦鹉前则标道：此鹦鹉会4门语言，售价400元。该买哪只呢？两只都毛色光鲜，非常灵活可爱。这人转啊转，拿不定主意。结果突然发现一只老掉了牙的鹦鹉，毛色暗淡散乱，标价800元。这人赶紧将老板叫来：这只鹦鹉是不是会说8门语言？店主说：不。这人奇怪了：那为什么又老又丑，又没有能力，会值这个数呢？店主回答：因为另外两只鹦鹉叫这只鹦鹉老板。

可见，真正的神棍，不一定自己能力有多强，只要懂和睦，懂格局，懂珍惜，就能团结比自己更强的力量，从而提升自己的身价，实现有限空间之下的无限升华。

还有一个"袋鼠与笼子"的故事。一天动物园管理员发现袋鼠从笼子里跑出来了，于是开会讨论，一致认为是笼子的高度过低。所以他们决定将笼子的高度由原来的10米加高到20米。结果第二天他们发现袋鼠还是跑到外面来，所以他们又决定再将高度加高到30米。

没想到隔天居然又看到袋鼠全跑到外面，于是管理员们大为紧张，决定一不做二不休，将笼子的高度加高到100米。一天长颈鹿和几只袋鼠们在闲聊，"你们看，这些人会不会再继续加高你们的笼子？"长颈鹿问。袋鼠答道："很难说。"袋鼠说："如果他们再继续忘记关门的话！"

这个故事告诉人们，要想将有限空间扩大，有时须投机取巧，甚至抓住别人的弱点，进而使自身目标得逞。就本能而论，这是一种空间无限扩大，精神世界获得完全自由的状态。因此，人们渴望无限自由之时，往往会不经意间发现并掌握。

第五节
成长——一种个人心理控制

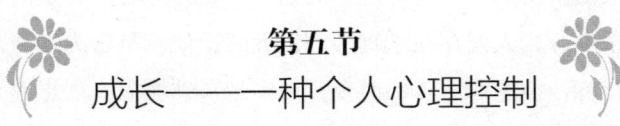

生活中，人们总是面临种种成长问题。无论是青少年，还是成熟男女，此问题都存在。当人们无法寻找到有效的成长路径时，心理总是处于混乱之中。在此情况下，人们开始变得慵懒，变得焦躁。就心理层面而论，此为心理不成熟的表现。一个人的成长，往往伴随着心理成长，而心理成长往往是本能发挥作用的直接体现。在某种环境中，人们无法实现自我时，或无法看到本能的自己时，总是认为一切行为都是失败的。在此，人们会通过学习的方式，让自己充实起来。此便是一种心理成长，与生理产生相辅相成的关系。

所谓的成长，就是一种心理上的控制把控。在此情况下，人们更渴望成熟的理解力、洞察力与预见力。事实上，当人们无法获得足够的知识、能力与地位时，这种心理成长却还一直在继续。无论何种事物，都会有一个精神升华的过程，进而让生存变得简单，让自由触手可及。人们常说的，自由是一种人性。其实，它就是说人生存在于社会中，追求自由与放任，是一种本能的追求。无论何时，无论何地，只要人们能发现美好的未来，便会产生心理成长动力。

当一个人心理处于高度成长中时，他的一切都是新鲜的，一切都是自由的。而且，此过程将一直延续终生。在精神层面上，成长是一种对现实的理解，对心理世界的控制。若一个人无法控制心理时，他总是充满幽怨，带有强烈的不满情绪。在此，心理控制是左右其发展的重要因素。就心理学而论，控制心理是一种走向成熟与自由的条件。当人们存在于真实的世界时，他总是认为理想是一种自由的目标，但绝非终点，而今，现实越来越模糊，理想越来越真切。在此情况下，人们追求理想与自由，心理上受控超乎想象。当心理控制力足够强时，真正的成功就会降临。若只能存在于无限的伸张之中，人们往往会迷失方向。若能将自己控制在一个范围内，并矢志不渝地追求、奋斗，人们往往能获得成就。因此，心理控制是一个重要环节。随着社会的发展，经济的腾飞，科技的进步，人们对心理控制的理解越来越清晰，甚至产生对自身发展与未来进步的控制，进而成就今生。

大学毕业十几年了，陈逸芸一直和同学很少联系。上周，意外接到班长何敏华打来的电话，通知她周四有个同学聚会，希望她能够参加。也就是在那一天，她才重新和同学们见面。十几年的光阴过去了，陈逸芸在每个同学的脸上都看到不小的变化。当然，她也知道，别人看自己，也是同样的。

何敏华整晚都在会场上忙碌，有时候陈逸芸看到她忙不过来，也主动帮些小忙，比如带领迟来的同学就座，布置场地什么的。何敏华还是像过去一样优秀、能干。在闲聊中，陈逸芸得知她在一间贸易公司做财务总监。陈逸芸对她就职的那间公司有所耳闻，那是一间上市公司。何敏华能够坐到这样的位置，她一点都不意外，因为她知道何敏华是一个很有能力的人。在校的时候，两个人其实并不亲密。何敏华是那种锋芒毕露的人，身边总是围绕着一大堆的追求者，而陈逸芸则很内敛低调，两个优秀的人，虽然表面上没有什么过节，但是私底下各自把对方当成对手，暗自较劲。

聚会结束之后，陈逸芸没有立刻跟着其他的同学走，而是继续留下来帮助何敏华善后。就这一点来说，她自己都觉得诧异，原来在不知不觉中，她的责任感增加了很多，不再觉得什么事情都和自己不相关了。

结账之后，何敏华提出要送陈逸芸回家，她没有拒绝。一来时间也不早了，二来她觉得大家那么久没有见面了，有机会聊聊天，也是一件很好的事情。在回家的车上，何敏华一扫刚才的干练，显得疲惫不堪的样子，反倒是陈逸芸看起来神采奕奕。何敏华从后视镜里看看陈逸芸，对她说："没有想到十几年不见，你还是那么漂亮啊。"

陈逸芸笑了，说："你还不是一样，今晚全场最受人瞩目的就是你了。"何敏华皱着眉，叹了一口气，说："表面的风光，有什么用？"陈逸芸转头看着她，不解地问："为何这样说呢？"何敏华又叹了一口气，说："一言难尽啊，只能说家家有本难念的经吧。"陈逸芸点点头，表示理解，也不再追问。

何敏华说："说真的，以前倒是不觉得你有安全感，但是今天你一直在我身边帮助我，我真觉得心里踏实不少。可是今天大家都累了，要不然我们可以坐下来聊聊天。"

陈逸芸说："我们都住在这个城市，要见面很容易，有时间打电话给我就行了。"周五下班前，陈逸芸接到何敏华的电话，说自己最近比较心烦，想和她聊聊天。因为两个人住得并不远，于是陈逸芸让她周六到家里小坐。

周六上午十点左右，何敏华依时赴约。陈逸芸接待她到客厅坐定，自己到厨房去准备茶水。陈逸芸端着茶杯出来，看见何敏华在看她放在茶几上的画。见到她过来，何敏华抬头问道："这些画是你家小孩画的吗？真不错啊。"

陈逸芸笑着说："不是，我孩子在我妈家住。这都是我自己画的。"

何敏华惊讶地说，说："你怎么会有这样的闲情逸致去学画画啊？"

陈逸芸坐下来，给她倒了一杯茶，然后说："实不相瞒，我前一阵子因为有点困扰去看心理医生，这是医生布置的作业。"

何敏华狐疑地说："画画能起什么用啊？"

陈逸芸说："这是情绪画，我最近在学习管理自己的情绪，这些画让我把真实的情绪表达出来，并且起到梳理的作用。"

何敏华低头又看看手中的画，说："真的有这么神奇？"陈逸芸从她的手中接过一张画，说："是的。对我来说，我觉得蛮实用的。其实不单是我，每一个人都可以作自己的情绪画。你选择的色彩就是你的情绪色彩。比如，你看，这是我早期的画，色调比较阴暗的，并且构图凌乱，那是我去接受治疗的初期。那时候的情绪的确不怎么样。这张是我现在画的，看起来色彩是不是好多了？这是因为治疗起到作用了。"

何敏华忽然停了下来，怔怔地看着陈逸芸说："逸芸，看来这次找你，真的是找对了。我……"

话没说完，她突然大哭起来。

陈逸芸对着这突然的变化，虽然有些吃惊，却下意识地伸过手去搂着何敏华的肩膀，轻轻地拍了拍，然后一动不动地揽着她，让她哭个痛快。陈逸芸说到这里，停下来看着李承轩，突然有点不安地揪揪自己的手指头，说："后来她在我家里即兴地画了几幅画，画得很凌乱。画画的时候，我开了音响，放着你推荐给我的音乐。

并且向她解释情绪不能忽略也不能掩盖,并告诉她这样做的后果。还把你教我的方法也告诉了她,就是通过多元的方式表达情绪的方法。"李承轩听了之后,沉默了片刻。的确,他是没有想到坐在自己面前的女子,在短短的几个月时间,居然发生了这么大的转变。她从一个求助者变成了一个助人者。虽然说她也许未必了解相关的理论,但是实际操作的技巧,已经有了不错的效果。

他不由得盯着她看,她的脸上带着健康兴奋的淡红色,那是一种快乐的颜色,她的脸上,洋溢着帮助人之后获得的快乐。他从内心涌起一阵感动,心想也许当初自己成功做成第一个咨询的时候,应该也是这样子的。

这个时候,他听见陈逸芸轻声地说:"李老师,是我做得不对吗?"

李承轩这才回过神来,他动了动身子,然后看着陈逸芸说:"不是。你做得非常好。只是我没有想到你有这么大的进步,觉得吃惊,走神了。"

陈逸芸松了一口气:"我看到你不说话,还很担心自己是不是做错了。"

李承轩说:"没有的事。现在我想听听,你在看她作画的过程中,自己有什么感受。"

陈逸芸想了一下,说:"我看到她,就想起我自己当初的样子。我想我当初在你面前应该也是像她那样六神无主,方寸大乱。我知道她一定也是陷入误区中了。于是我向她解释,让她知道情绪是生活的一部分。并且告诉她,既然生活中有好的事情,也会有坏的事情。这些事情除了带给我们正性的情绪之外,同时也会带给我们负性情绪。我还解释,负性的情绪可以是适当存在的,拿焦虑来说吧,适当的焦虑会让我们变得有动力。"

李承轩说："这种观点，你从什么时候开始有的？"

陈逸芸说："在此之前，我还真的没有想过这个问题。只是那天对着何敏华，我突然表述出来了。也许它们早就存在我的内心中了，不过还没有机会讲出来罢了。"

李承轩点点头，没有说话，依然是一副若有所思的样子。

陈逸芸说："到了后来，我还得出一个观念，我觉得负性情绪是正性情绪的一个反照。也就是说，如果没有负性的情绪体验，我们不知道正性情绪有多么好。所以我们需要学会去接纳，接纳我们各种情绪在生活中的表现状态。不仅如此，我们还要学会控制，让他们达到和谐的状态。我觉得我们随时要像一台检测仪一样，随时了解情绪空间内的变化，随时调整，才能保持情绪空间内的平衡和稳定。"

李承轩说："说得非常好，相信这一点你也向你的同学表达了吧？"

陈逸芸说："是的，事实上那时候我内心真恨不得就把自己的感受和经历全都告诉她，巴不得她听了之后就照着做，然后明天她就打电话告诉我，她全好了。"

李承轩听到这里，不由得大笑起来，说："你真是一个热心的好人，可是太心急了。你想一想，当初如果我也告诉你我过往的经验，把那些经历一股脑地告诉你。你今天会是什么样子？"

陈逸芸看着他，俏皮地说："估计是要消化不良，拉肚子拉上几天吧。"

李承轩说："是啊，欲速则不达嘛。"

陈逸芸停了一下，低头看看自己的手指，然后又抬起头，看着李承轩郑重地说："其实说真的，在一开始做咨询的时候，我很怀疑咨询的功效。我并不是怀疑你的能力，我只是不太相信有一些问题可以通过咨询去解决，我也不太相信情绪可以管理、我可以得到平静。我真正相信的时候，也就是那天何敏华在我家的客厅伏在桌上认真作画的时候。我看着她，想到以前的自己，然后对比今天的自己，我才真真正正地感觉到了变化真大，才相信一切真的在好起来。在咨询中，你给我很大的帮助，我不单是解决了症状，还从中获得了一种全新的感悟。这个感悟在我和朋友分享的时候，竟然对她有帮助，这才是我最大的收获。虽然我不知道那次的帮助有多大的效果，但是我已经觉得，自己是一个有价值的人了。为此，我特别地感动。谢谢你！李老师，我想，这应该就是对你的最佳回报了。"

李承轩看着陈逸芸真挚的表情，脸上也露出感动的神色，他说："如果真感谢，就感谢自己。今天的成绩，都是靠你自己的努力得到的。你的成长并不只是体现在情绪的管理能力增强这一个方面，事实上，你的整体都得到了提升。今天的你，比当初出现在咨询室的你自信多了，而且你现在具有的自信并不是那种假装的自信，而是真正发自内心的自信。"

陈逸芸说："是的。这一次虽然是我的同学在受益，但是自己得到的更多。"

李承轩说："实际上这也表示了你爱人的能力。我相信在此之前你也有能力去帮助别人，因为你是一个很优秀的人。但是为什么一直没有做到呢？是因为你没有机会去做。我说的这个机会，是指你没有给自己一个帮助别人的机会。"

陈逸芸说："你想说的是我因为不够自信，所以觉得自己帮助不了别人，因此不敢去帮助，是吗？"

李承轩说："对。当一个人在不断进行自我否定的时候，就等于是放弃了一切尝试的机会，也因此她的能力不会得到证明。同时，因为这一种错误的观念，导致她爱人的能力也不断地消失。她总是害怕自己接受不了不能帮到别人这样的结果，所以她宁愿选择不去帮助别人。其实整个治疗的过程，要达到的目的并不单单是让你获得情绪管理方法，最重要的是，让你的内心变得强大，有力量。"

陈逸芸说："是的，内心的力量，就是自信的源泉。"

李承轩说："今天和你谈话之后，我觉得我们可以进入下一个目标了，也就是自我的这个部分了。你准备好了吗？"

陈逸芸毫不犹豫地点点头："是的，我准备好了。"

上一次，陈逸芸知道何敏华最近是因为工作压力增加的缘故才导致情绪不稳定，于是和她商量，两个人每周见面一次或者两次，练习对话沟通场景。有时候，她们也会叫上林凤，让她当一个观察者。

林凤觉得她们的这种练习非常奇怪，但在她们的身上，她感受到了一股强烈的想要改变自己的力量，于是她每次都很乐意参加。并且表示，虽然自己不是当事人，但是在观看她们练习的过程中，自己并不是完全没有收获。就这样，她们除了参加心灵成长小组之外，在课外也定期见面，分享彼此在生活中收获的酸甜苦辣。

陈逸芸每次和朋友们相见后回到家里，内心都会充满了感激。她曾经是一个相对来说孤僻的人，她以为自己并不需要朋友，因为自己是一个很独立的人，可以妥善地安排自己的生活，也有能力解决现实中的困难。但是每当自己独自一个人的时候，内心却无时无刻充满着茫然和孤寂，总觉得世界和自己并没有丝毫的关联。

多了两个知心朋友的陈逸芸，真正地感受到了友谊的温暖。这段日子，大家互相帮助，互相鼓励。她觉得自己像是凭空多了一座巨大的靠山，让她觉得内心非常踏实、安稳。

在现实生活中，人们处处需要心理控制，若被心理左右事业，将十分危险；若被事业左右心理，将十分不健康。因此，只有让现实与心理互相独立作用，控制心理膨胀，才能获得理想的生活。

第六节
 控制——外界对自然的认识

现实生活中，人们常常面临种种外界因素的干扰。在此情况下，人们只有通过充分接触、研究、分析、总结，才能认识外界环境的真实情况，并使之始终控制于自身心理之下。在此，人们的意识会发生强烈的变化。在意识流之下，人们受外界影响的程度非常大。就今天而论，众心理学家认为，人们处于某种环境时，心理始终严重受外界牵制。因此，受外界牵制是一种普遍现象。对于人而论，受牵制是一种强烈的精神刺激，发现并控制它，是一种必然。

近年来，美国旧金山大学研究者进行了一项心理学研究。研究者让被研究者观察一系列图片，并不考虑图片代表的词或有多少字母与之类似。研究看似简单，但被研究者观察呈现"☼"状图形时，接近80%的被研究者不假思索地认为那是太阳形状，近半数被研究者默默数到三。旧金山大学研究者认为，此为意识流中两种想法被完全控制并违背被研究者意愿的一个证明。"我们的意识似乎不受周围环境的影响，但是我们发现它们比我们意识到的更紧密地和外部环境联系在一起,并且我们很少能控制接下来想什么。"这项研究的合著者埃塞基耶尔·莫塞拉说。

从此实验中能看出,人们心理承担着外界变化的微妙反应,并作用于自身行为之上。因此,环境是一个绝对有意义的生活条件。人们只有通过对外界的认识,才能产生种种心理认识,才能产生种种意识流。在此,人们被外界影响,并将心理反应反作用于外界,是一种生存手段的必然。当生存升华到种种社会意识中时,人们更需要通过心理控制力获得一种自我满足,获得安逸。就此而论,人们的心理处于反作用状态,即对外界产生影响,并表现出一种控制力。当环境还处于自然状态时,人们的心理总是自由的,相对于社会心理更独立,相对于自然心理更文明。在此两者之间,环境已大部分是社会环境,自然环境只是一种宽泛的范畴。

因此,当心理实现外界控制时,人们总是能发现更多美好事物。只有让精神丰富,并自由升华,才能维持自然心理的纯洁。相对真正的控制力心理能表现出自然心理的文明程度。外界是一种环境,除心灵之外,一切事物都称外界。因此,当人们真正享受外界环境给自身带来的安逸时,他们总是渴望心理上的成熟,并让身心都与安逸相伴。

欺负他人永远不是青少年陶冶性情的途径,但是偶尔遭人反对、排挤,也许可以给孩子带来好处。美国一项研究显示,青少年遭人欺负的记忆比被友善对待的记忆更深刻。如果青少年有勇气反抗欺负自己的人,那么欺负行为将有助他们培养社交能力和情绪控制能力。

反击有益。美国加利福尼亚大学洛杉矶分校心理学家对2000名十一二岁中小学生的友好和敌对关系展开调查。对待讨厌自己的同龄人,一部分孩子同样开始讨厌对方;其他孩子则选择沉默或与对方和解。研究人员将两部分人进行对比，发现其中"以牙还牙"的孩子心理状态最趋成熟。"以牙还牙"的女孩，在社交能力测试中得分明显高出其他人，在班里和学校也更受欢迎。男孩中，"奋起反击者"比"默默忍受者"在班里表现突出。

研究人员强调，这项研究并非宣传被同学排挤和欺负有益健康，但是这种经验提前教会青少年，生活中并不是每个人都会喜欢自己，以及如何解决冲突。

这是一种普遍现象。实际上，青少年被同龄人讨厌的现象普遍存在。美国亚利桑那大学心理学家诺埃尔·卡德在美国《发育心理学》最新一期杂志上发表文章说，综合涉及超过2.3万名实验对象的26项实验结果，35%以上青少年与同龄人之间至少有过一段"敌对关系"。

英国斯特拉思克莱德大学研究人员调查100名9岁至13岁的青少年，询问他们被欺负和被友善对待的次数。参与研究的儿童学教授唐纳德·克里斯蒂说："当我们让孩子们说出别人表现不友好的次数和经历，他们记得很清楚，我们甚至来不及记录。但是关于别人的体贴和友善，我们的记录为空白。""那些被同龄人形容成'亲社会型'、替同学抱不平的孩子，能更好地'化干戈为玉帛'。"克里斯蒂说，"他们的学习和理解能力比其他人强。"

不单单是外界环境对人们心理产生作用，他人还会对个人心理产生强烈冲击。因此，当人们渴望获得更美好的生活时，他们总是通过交流、学习、研究等方式使自己进步。甚至，在强烈的外界因素刺激下，人们无意识地获得精神满足、心理进步。在此，人们往往是用个人眼光对待他人，进而使自身受到他人影响，作用于环境，产生全新的认识。无论如何，精神层面的东西是最宝贵的，人们只有用自由的思想、真实的行为与美好的理想让它一点点地绽放光彩。

在任何一种事物面前，人们只有用成熟心理控制外界，或是作用之后的改变，来实现人生意义。就此而论，真正的心理意义被扩大，并成为一切财富之源泉。

自然是一种纯洁的思想对其的认识，因此，自然本无心理，而是人作用于其上，才产生种种人类自然心理。在此基础上，人们才拥有一切快乐、自由、享受。当社会发展到一种高级形式时，自然心灵会对其产生深远影响，净化社会。当人们为自由而追求时，为快乐而忙碌时，为享受而求知时，自然的意义会凌驾于社会之上，始终停驻于人类心灵之中。因此，控制外界是一种自然诉求，却处处以控制环境为目标。

今天，人们对心灵的认识已是一种成熟的表现。在此，心理成熟往往表现于对外界的控制，或是外界对自身的影响以及自身对环境的反作用。此点，为未来人们生活质量提升起到至关重要的作用。

第五章
自我突破让自私发挥：攻击

第一节

权力——对自私本能的发现

有人说，人之所以能存在，是因其有本能的一面，并发挥社会作用。其实，真正的本能是一种求生欲与享受欲。随着社会的发展，人们总是认为本能是一切对社会与群体产生正面作用的人类行为。因此，本能往往需要建立在价值基础之上，往往需要种种存生技能，甚至是文化知识。在此情况下，人们对精神财富的追求愈发严重。从古到今，人们最渴望实现本能价值，并作用于物质之上的，就是权力。欲望伸张是一种不断满足的过程，当欲望膨胀到极限时，人们便产生种种本能的诉求，并认为本能就是一种获得权力与价值的人类行为。

在生活中，本能的发现建立在价值基础上，但本能是一种自然人性，与社会关系不甚多。就此而论，权力往往是一种社会性本能。在此，社会性本能是一种人类发展中不可或缺的部分。因此，人们在自私的社会中，往往产生种种自私自利的行为，就经济而论，这是一种巨大的进步力量，但就社会而论，它会使人们伸张欲望，对道德、伦理产生挑战。就本能本身而论，自私是一种纯粹的自然行为，始于人类心灵世界，并深深作用于一切行为。

因此，当自私的一面被发现之后，本能的人性即一种美好的事物。在条件的改善中，自私本能有无可替代的作用。对于社会而论，或今天的人类而论，自私就意味着个人主义，就意味着实现个人价值，是一种人性的伸张。在此，权力会成为自私自利者首选的奋斗目标。就权力本身而论，它不存在价值、财富与好坏之分。权力获得之后，人们总是渴望实现更高的人生目标。在此情况下，本能的发挥是一种欲望叠加，一种自由上升的过程。权力之上存在的本能追求是自由，自由之上是幸福。因此，当人们的欲望无限膨胀时，他们只能产生更多感性认识，进而让自己失去原本的生活。在获得权力的过程中，人们常常需要努力、奋斗，而此过程又是个艰苦而复杂的过程。当目标实现时，人们总是禁不起种种诱惑，以权力的方式获得种种物质，甚至是精神享受。

权力是自私本能的诠释者，它时时作用于现实中。有人说，权力是一种本能发挥的结果。人的欲望无限伸张时，权力是第一选择。所谓权力，就是控制他人、领导他人、左右环境，并改造环境的力量。因此，权力是社会发展中最有诱惑力的部分。人们通过金钱获得享受，通过享受获得权力，再通过权力获得一切财富。因此，权力与金钱划分界限，是一切健康社会的必然选择。自私的人性是天然的，而它对人们的影响时时存在。就男性而论，权力、金钱、性是他们本能直接作用于社会的结果。当社会始终是一种文明之下的形态时，人们总是能发现，权力依然是一种最奢侈、最诱人、最自私的追求。

人性的基本假设是人们思考人生问题的原点。对于人性问题的研究和探询，一直是哲学家们的重要课题，如同农人种庄稼一样，可以耕种的农作物其实就是那么几类。直到心理学从哲学分化出来，对于人性的假设与探究更为深入、更为具体、更加科学，因此也更符合实际情况。比简单地判断人性是善还是恶的简单二分法，上了一个层次。

有人曾提出了人的本能有两种，一种是存在的本能，也可以称为生存本能，一种是生活本能，也就是权力本能、侵犯本能、破坏本能。而他对于人的潜意识的探究，更是划时代的。对我们行为发生影响的潜意识由自我、本我、超我三个部分组成。本我代表着本能需求，是生命最原始的动力，由生存本能和暴力本能组成，它的核心是原始的冲动，仿佛是一匹狂奔的野马。自我是生命个体为了适应社会化，形成的适应社会的潜在观念体系，它的重点是适应，仿佛是被驯化的野马。超我是由道德、意志等理性力量所形成的自我约束的理性意识，仿佛是驾驭野马的骑手。此观点得到了普遍认可，像一盏明灯指引着后来的研究者们。马斯洛的需要层次理论，从弗洛伊德的三我理论中汲取了精华，并进行了细化，分为了五个层次。生存的需要对应着本我的部分，但是它没有突出暴力和性。

克莱顿·奥尔德弗重新修改了马斯洛的理论，他认为人有三类核心需要。一是存在需要，这与马斯洛的生理与安全需要类似，反映了生存本能的本我部分；二是关系需要，这与马斯洛的社会及尊重需要类似，反映了弗洛伊德的自我部分；三是成长需要，与马斯洛的自我实现需要对应，反映了超我部分。这一理论并不假定存在一个严格的等级层次，一个人甚至可以在存在多种并行的需要，在存在需要、关系需要均未获得满足的情况下，也会存在成长需要，或者三种需要同时起作用。

实际上人性是复杂的，确实不存在一个界线分明的需求层次，每个人的情况因为成长经历不同，生存环境迥异，需求内容不同而有很大差异，不能一概而论。

麦克莱兰是当代动机理论的代表者,他的需要理论分为三个部分。一是成就需要,就是人有追求卓越、达到标准、争取成功的内驱力,这属于超我的部分。二是权力需要,人有控制别人的需要,这是对暴力本能的另一种表达,来源于潜意识的本我部分。三是人有归属需要,即建立友好的和亲密的人际关系的愿望,这来源于人的社会需求,来自于自我部分,是人的社会性体现。

中国心理学家郭念峰教授提出了人的本质属性由三种属性组成,即生物性、社会性、精神性,三者之间相互制约、相互影响构成了复杂的人性,这个理论实际上与西方的理论很相似,但表达起来更加清晰、明了、简单。

理论的变化随着时代的发展而变化,但是人性的基本需求并没有发生太大改变。欧洲人在一百年前正在大步向工业化阶段迈进,与中国人目前的状态有相似的地方。当然,现实的中国更为复杂,中国人近三十年的发展,完成了欧洲上百年的发展历程,各个阶段相互交错,不同地域环境、不同经济层次、不同文化程度的人的需求都是不同的。如同很多条线交织在一起,要理出头绪来,就需要立足于基本的人性判断,立足于具体的成长环境和生存环境。

但是,人具有权力本能这一判断,是不容置疑的,已经得到了广泛印证。人在潜意识深处都有侵犯、破坏、权力的本能冲动,这是本我的重要组成部分。人类经过漫长的进化,这种权力本能被压抑、束缚了。正如,人的潜意识深处都有一匹破坏欲、侵犯欲很强的野兽,被人类的文明锁链牢牢地拴住了。

在现实生活中,不同的人受到生长环境、教养方式、社会化过程的影响,权力本能的表现形式差异也很大。有的人追逐权力、有的人爱好体育、有的人批评时政、有的人搞行为艺术、有的人沉迷游戏、有的人报复社会,也有的人彻底将暴力本能压抑在本我的字笼里。不同的方式代表着暴力本能的不同表达方式，或是转移，或是升华，或是压抑，或是投射。敬畏意识是锁住权力本能的锁链，这条锁链已经植根在人类潜意识深处，在欧美国家被证明是十分有效的。

按照神经心理学研究成果，权力本能如同锁在潜意识深处的一头野兽，被人类文明的锁链拴在牢笼里。这条锁链的构成比较复杂，有文明意识、法律意识、道德意识、敬畏意识、宗教意识等各种认知经验构成，敬畏意识在其中处于非常重要的地位。通常情况下，人受到侵犯是要还击的，当人的需求不能满足时，就会形成不满情绪、甚至是愤怒情绪，愤怒情绪控制不当就会转化为侵犯行为。人的大脑的杏仁核是人的情绪雷达，当侦察到外界出现侵犯行为时，就会第一时间激活潜意识深处的权力野兽，权力野兽迅速做出反应，这时束缚它的文明锁链就发挥了作用。文明锁链弱的人，就会野兽出笼，形成侵犯行为。

通过我的观察，权力本能在男人身上表现明显，以上分析对男人很有价值，但是对于女人则基本不适用。因为女性心中的暴力本能，在几千年的父系社会中，早已被驯服成了温顺的猫，只是少数有特殊成长经历的女性会有较强的权力本能。

中国人本来是温顺而善于忍耐的，如老黄牛一般。这既是两千多年儒家教化的结果，也是封建专制长期压制的结果。但是，由于当今中国社会敬畏缺失，让某些人心中的暴力野兽失去了束缚，在外界条件具备时，便会出来行凶伤人。尽管这类人为数不多，但是它有一种传染效应，也会发生示范作用，对于社会风气的影响很大。

现在的中国社会，街头巷尾、屋里屋外，暴力本能大行其道，整个社会弥漫着厚重的戾气。

这样的故事近几年层出不穷。2012年以来，机场暴力层出不穷。

因为飞机晚点，一些乘客会冲上机场跑道阻碍要起飞的飞机，他们高喊着"我不走，谁也别想走"。这种由于自己受挫，转而影响与控制别人的权力宣泄方式，令人费解。而因为飞机晚点，很多情绪失控的乘客会和地面人员发生肢体冲突，甚至砸烂损坏机场的设施，更是很常见。地铁里上演全武行，也是中国地铁的一大景观。由于人多拥挤，当发生碰撞时，常会恶语交加，进而拳脚相向。

2012年的四川成都，两位年轻的女子与三名壮年男子在肯德基的柜台前因排队问题，发生争执，进而大打出手。三名男子使出全武行，踹倒人之后，还用脚跺。视频记录下了那个场面，给人的感觉是强大的野兽正在撕咬弱小的猎物，那幅图景放在非洲大草原上更加合适。

今天，权力已是一种普遍存在的现象。当人们追求权力时，它就是一种存在的本能；当人们享受权力时，它就是一种生存的本能。

第二节
人格与文明的残酷角斗

社会中,存在人性本能,存在生存的欲望与死亡的挣扎。在此两者之间,是人们对生活的思考,是人们关于宇宙的理解、关于知识的追求,以及正确生活观的发现。因此,当人们为生存而终日忙碌时,生存就是一种自然行为,而社会形成之后,它又带有强烈的社会性。当社会发挥作用时,人们时时以社会为基点,发现、成长与进步已是一个主旋律。在自然与社会之间,人们总是寻找一种和谐的平衡。在此基础上,人们才能谈得上享受,谈得上幸福。

人格是一种社会性与自然性相互作用之后的产物。在无处不需要生存能力的世界,人格即一种标准的人性发挥。在它之中,人性有种种社会因素与自然因素组成,如存在的意义与荣誉;享受的真谛与进步的形成;欲望膨胀与自我控制,等等。只有让人性存在于社会这个大系统中,才能谈及自然性。我们可以这样认为,人格是社会性为基础,自然性为核心的人性力量。因此,在一种环境中,人们只有发挥人格力量,才能于社会与自然之间取舍,进而形成科学的认识，以及对自然的掌握与控制。

今天，人们总是渴望寻找安逸的生活。在此情况下，生存渐渐是一种稳定而自由的状态，是人们追求的理想生活。如果人格能像发展中的技术因素一样，为人性进行格式化处理，那人性将熠熠生辉。人与文明之间存在一个失衡的点，它就是"人格"。在此，人们只有通过对自然性的不断发现、掌握，才能实现真正的社会性人格。就一般情况而论，人格是社会性与自然性之间不断平衡的一种品质。因此，人格总是表现出与自然角斗的局面。在残酷的自然环境中，人格往往至死不渝地与之斗争，迸发出生命的火花。

人格往往倾向于利己行为，一切以自我为中心，进而推动整体发展，带来社会进步。在此，人格总是独立存在，作用于种种社会现象之上。在一个浓烈的社会性环境中，人格是最本能、最有个体精神属性的事物。因此，当人们独立发展时，他们往往要与社会一起进步，从而独立于世界之上，形成人格提升与生存意义最大化。

古典哲学家提出利他行为产生的原因是人的"本能"，即"本能论"。而先前很多心理学家最开始是为了解释物种的攻击和暴力行为而提出"本能论"的，比如弗洛伊德、罗伦兹和阿德里等人。

弗洛伊德认为人具有"死本能"和"生本能"这两种本能。当"死本能"占优势时，人便实施"反社会性行为"，表现出强烈的攻击性、毁灭性和破坏性。而当"生本能"占优势时，人便呈现出强烈的生存欲望、享受欲望，行为倾向于"建设性"。弗洛伊德的本能观，无论是"生本能"还是"死本能"都是在解释人性中贪婪和自私的一面，求死的时候给别人带来的是伤害和摧残，求生的时候也没有体现出强烈的亲社会性，求生是为了满足自己享受的欲望，求死是为了宣泄自己心中的压抑，归根结底，求生和求死都是为了满足自己的私利需求，毫无利他性。弗洛伊德真正要告诉我们的是不是"利己性行为的根源就是人的'死本能'和'生本能',现代人的文明利己行为就是蛮荒时代暴力和攻击行为的一种改良或者进化"?

罗伦兹在《论攻击》中向我们演示了攻击行为在生物进化过程中的演变历程。罗伦兹将攻击行为演变史划分为两个阶段:初始阶段是动物攻击行为,高级阶段为人类攻击行为。初始阶段的动物攻击行为是建立在体能之上的克制性攻击,结果是非致命性的。高级阶段的人类攻击行为是建立在智力和工具之上的非克制性攻击,结果则是致命性的。凭借体能消耗的搏斗,无论如何激烈也不会导致动物种群的毁灭。而凭借智力和工具的人类,借助越来越先进的武器却能轻而易举地至对方于死地,甚至摧毁整个人类文明。

从罗伦兹的研究看来,物种的攻击行为不是越来越平和、更不是越来越文明了,而是变得越来越猛烈、越来越凶残了。攻击行为的如此进化历程,似乎揭示了人性的自私特征不是越来越弱,反而是越来越强悍。但事实上,随着文明的延续和经济的发展,人类世界的大规模杀戮和战争变得越来越稀少了,而和平、民主、友爱、公平、正义、仁慈的呼声越来越高,它们的影子越来越频繁地出现在人们的视野、脑海中。这就说明了,当人类的攻击行为达到足以毁灭自己和整个文明的时候,人对自我毁灭的恐惧感,或者是对"死亡的恐惧感"会在边际成本增加的作用下转化为对"生的渴望"和对"同类的友爱"。

阿德里在《非洲人的起源》中则武断地认为人类社会的进步和发展是因为人们对暴力行为和攻击行为的偏爱,是因为人们对武器和工具的崇拜与追随。阿德里是赤裸裸地告诉我们人类进步的动力就是人性的自私。难道人们为了追求自身的最大满足和自身利益的最大化就应该本能地去攻击他人、毁灭他人和掠夺他人?这似乎不是一种正常的自私论，更像是一种变态的心理学诡辩论！

事实上，人格往往表现于人们的暴力倾向，或是控制暴力的能力。在此，人们总是渴望获得精神追求，丰富人格内涵。人格是升级了的人性，它远离动物性，是一种自然性。在复杂的社会内，人们只有认识自然，将赤裸裸的自然性转化为美好的人类事物，才能形成人格。因此，在面对自然环境时，人们更需要与自然搏斗，形成全新的人格力量。当人性只能发挥温情的一面时，它即失去一种自然归属感。当自然环境挑战生存时，人格将无法发挥作用。因此，人格是人性与文明之间斗争的直接产物。

动物能战胜人的决定性条件是一击必杀，不是杀死也使人瞬间丧失战斗力。关于大型猛兽，它们捕猎就是靠这个的。那些大型食草动物凭体型和力量也足以做到这一点，就算是羚羊，稍微大点的也可以将人类一击丧失战斗力。

那么，这个决定性条件的分界线就是狼和狗。狼是野兽，具备一击必杀的能力，因为狼的攻击是盯住猎物的喉管去的。而狗不是，狗基本都是随意性很强地去咬。当然，如果体型足够大的狗，比如高加索、大丹这样的，就算是随意性的一口，人也很可能丧失战斗力。这里再提一下藏獒，真正的藏獒不是家养的，是野兽，只要是野兽，那么关键一点就是它有一击必杀的本能，有攻击猎物气管部位的天性。所以一般的狗遇到这样野生的藏獒，是不可能有胜算的。就好比两个人，一个人攻击对方的四肢，一个人专盯对方要害打一样。中国的功夫也是这样，力量不足，但是将所有力量集中攻击对方的要害，这样就有很大胜算。

回归到狗和狼这个分界点，在人类和一般的犬类搏斗的时候，狗是不具备一击必杀人类的技能的，那么人类就可以有胜算。而狼和豹都具备，甚至猞猁都具备，所以人在正常情况下会不敌。特例不谈，任何情况都有特例。再看看一些别的动物，比如狒狒、狸猫，它们捕猎的攻击并不具备对人一击必杀的能力，要么是没有咬气管的本能，要么是体型太悬殊，不可能像正常捕猎小体型动物那样攻击人类的气管，所以人类就有很大胜算。

最后说说人的战斗天赋。现代人类基本是没有任何面对野生动物的作战本能的。人在面对突然的战斗时基本都是恐惧，瞬间丧失战斗的反应力。这个与人和人打架完全不一样，人对自己同类的攻击手段，攻击方式很熟悉，但是对野生动物，现代人类完全陌生，就好比人遇到一个武疯子，一个精神病，人就会本能地有点害怕，因为对他不熟悉，他的攻击套路，不顾自己伤害的搏杀方式，人都不了解，所以人面对野兽就更加害怕。但是人作为动物，是具备求生本能的，如果动物不能在人类恐惧的那刻完全使人类丧失战斗力，那么人类的搏杀本能就很可能爆发出来，而人类的体型、智力哪怕是力量，在面对部分野兽时，都具备优势。

在人格分界上，人能发挥与动物性极相似的性质，并与之搏斗。在此情况下，人们渐渐产生更新的人格认识：它是一种对自然性进行挑战，又存在于自然环境与社会环境中的双重人性。

第三节
最简单的示威就是击败对手

人的内心，存在一种哲理：张扬即本能。当本能发挥巨大作用时，人们总是渴望无限伸张自己的本能。在此，真正的人生意义被放入一种自然状态，缺少社会感。如果人们总是渴望生存在一种安定的环境中，那么人们就必须有生存能力，有更上一层楼的进步，有始终屹立不倒的人格力量，尤其在这复杂而多变的社会上，实现人性自然性的全然发挥，绝不可能。只有在人生环境一再改善的条件下，人们才能获得文明的性格、自由的精神。真正的不被设限的人类精神与自由是不存在的。

人们总是通过发现本能，才能发现人生的意义。而本能最基本条件就是实现自我保护，进而攻击对方。人们可以这样认为，当人们生存于一种环境中时，真正的本能往往是发现生存价值的部分，并作用于社会中。在此情况下，攻击成为一种有效的自我保护方式。攻击是心理刺激之后的直接反应，是人类出现以来从未改变过的本能行为。因此，当人们开始攻击他人时，自身总是产生种种激烈的情感，甚至是放任的情绪。一个人如果能成功攻击他人，他的内心与精神面貌将是无比亢奋的。就今天的社会而论，攻击不再是身体产生剧烈反应，精神受苦难的行为，它往往是一种让对手产生精神萎靡、失望、难受、疏离等情感反应。

  当一件复杂的事难以解决时，人们总是通过慢条斯理地解释，通过兢兢业业地奋斗，通过苦口婆心地劝说，让自身获得一个满意的结果。但本能发挥作用，或逼迫人们走上本能发泄的道路时，人们总是会以最简单的方式解决问题，那就是攻击。攻击是最简单的一种解决问题的手段，更是一种直接、有效的方式。无论如何，当人们对生存环境产生失望，甚至是绝望时，本能自然会产生作用。本能是心灵世界的直接表现者，是全然符合思维与精神发展的能力。有人认为，攻击是一切生物存在的本能。就人类而论，本能是一种残忍的行为现象。但放入社会中之后，本能只是支撑人性发展、进步的基础，是促进文明发展，保障文明进步的最核心部分。而在人们遇到种种复杂而多变的困难时，本能会产生作用。由此，攻击成为人们最终解决问题的方式。在此情况下，攻击是动物性的基础，当人们产生种种攻击念头时，动物性的强大即表现出来。同时，它能造成生存再退化，甚至是毫无希望，充满绝望。

  今天，攻击的手段已与往日不尽相同。在此情况下，人们开始利用自然，改造自然，最终将攻击转变成一种文明的行为，甚至是一种语言攻击、表情攻击、动作攻击。就年轻人而论，他们的攻击欲望更强烈，在人们无法发现与无法沟通的条件下，突然发起攻击，导致生存是一种让人无法稳定的局面，甚至，攻击会让人产生冷淡、绝望与痛苦。

  设想一天傍晚，你为了完成一项任务，已经辛苦忙碌了一整天，回到家还不能休息，要为你业余苦读的研究生课程备考。可这本教材是如此费解，开头几页就读不懂，你一遍又一遍地看，逐字逐句地琢磨，可还是不明白。你浪费了时间，对自己的学习开始产生怀疑。如果这时孩子吵着让你带他出去玩，爱人为你整天不着家而唠叨，你会有什么反应呢？

这种情境下，大部分人会体验到强烈的挫折感，他们的反应很可能是攻击他人———说几句气话，没准会冲孩子动手。这就是挫折、不愉快的心境和攻击行为之间的联系。

生活中的攻击事件比比皆是。在北京西单一家商场外行凶的一群少年，参与追杀的 5 人中最小的年仅 13 岁，而争斗的起因就是几句口角。15 岁的张某当场被扎倒在地。9 月的北京，正是开学的季节，而这一切，与他再也没有关系了。

年轻的生命因为一件小事而逝去，这是我们耳闻目睹的又一桩少年暴力事件。你也许觉得，如此血腥的事件离我们还很远，可反观自身和身边的生活，你可能会发现很多暴力的阴影。

当你切齿痛恨一个人的时候，会不会产生一闪念：真想杀了他。当你偶然爬上高处的悬崖，会不会突然冒出一股冲动：干脆跳下去算了。还有我们虐待自己所爱的人，仿佛越爱他就越恨他。当然还有不需要解释的人类战争，有人认为运动场上的角逐也是变相的战争。

总有指向他人或自己的暴力倾向，攻击性似乎也是人类的普遍特征，攻击行为背后是一种痛苦的挣扎，是一种绝望之下的选择。

关注没有修复的心灵创伤。著名的精神分析学派心理学家弗洛伊德认为："人类不是希望被爱的友好的动物。相反，他们具有很强的攻击本能。"在目睹了第一次世界大战中成千上万的人被夺去生命的悲剧以后，他提出了"死的本能"的概念，他认为每个人都有生的本能和死的本能，前者体现为性的内驱力，而后者体现为毁灭自己和他人的欲望。多数时候，由于人的自我在发挥调节作用，它不允许人走向自我毁灭，于是这种本能就转向他人。

攻击能够使紧张情绪得到一定的缓解，宣泄掉紧张情绪之后，人的攻击性本能得到一定的满足。像电影《本能》正是从性本能和攻击本能两个角度来讲述那个喜好杀人的性感美女的故事。如果我们能够健康成长，没有受到严重的心灵伤害，或这些心灵伤害能够及时得到治疗和修复，这种本能也许会在平静的情绪中隐藏起来，不会显现。相反，如果我们曾遭受严重的心灵创伤，而且已经习惯于用攻击他人来释放紧张、烦闷的感觉，这种情绪就会经常跑出来作祟。

比如，当你连连遭遇挫折、诸事不顺，就会烦躁不安，你可能选择"言语攻击"：骂脏话、用刁钻刻薄的话挖苦别人。之所以"国骂"流行，很可能是人们内心需要宣泄的烦闷太多了！也可能选择为"非言语攻击"：伤人。追杀案中少年的行为过激，而多数人对在身体上伤害他人有很强的克制力，但一旦冲破了约束，以后就很容易一再出现。亲身参与的攻击行为会加倍刺激我们采取更多的行动，攻击减缓了压力，使人感到放松，这种行为就更容易因受到鼓励而强化、重复。

假如我们能够意识到内心深处的暴力倾向，能够意识到冲突的危机存在，不妨问问自己它是怎么来的。过激的暴力性往往来自于童年的创伤经历。如果你的家庭中有人经常用拳头解决问题，你要当心自己将来对妻子儿女的态度。如果你的父母一方惯用仇恨、敌意的方式看待与他人的矛盾，可能会影响你解决问题的态度。西单追杀案的5个孩子当中，有两个来自于单亲家庭，他们最爱看的电影就是《古惑仔》。

别为偶然出现的攻击冲动过于自责。人的"性善""性恶"论几百年来一直争论不休。究竟人是为了缓解内心的冲突才去干坏事，还是在追求更高的人生目标时心理失调？相信这个问题是没有答案的，但我们可以通过观照自身，化解过度的紧张。

其实，对大多数人来说，没有必要为自己偶然出现的攻击行为和攻击冲动过于自责和害怕，因为谁都有可能焦虑不安，谁也都有一闪念间的"恶性"现身——但这没关系！只要你没有付诸行动，转转念头不要紧，它可能是另一种形式的化解。

另一方面，从长远看，我们也可以尝试着用一些健康和积极的方法来宣泄我们的情绪。比如，当你知道自己的某些暴力倾向源于过去的家庭，就理解了行为和过激情绪本身，暴力性也会减少。同时，也可以尝试用另外的方式解决问题。例如，有人在图书馆里大声说话，让你火冒三丈，但此时，可先等3秒钟，再很礼貌地站起来对他说："这里是图书馆，请注意保持安静。"我们也可以通过一些其他的方法排遣受挫的心情，例如跑步、打沙袋，借助心理咨询修复心灵的创伤。

在这个复杂的世界，人们总是渴望获得精神上的满足，从而使自身处于安全状态中。但攻击行为不是自身控制的，而是一种双方因素，甚至是多方因素作用的结果。当人们存在于一种攻击性环境中时，不能思考，不能研究，只能通过最简单的方式，即攻击，来解决问题。

在此，人们只有用真实的人性将本能发挥，实现攻击能力的完整与宣泄。

第四节
自然赋予人类最伟大的本能——搏斗

人类之所以能生存到今天，是因其能与自然进行搏斗，与环境进行战斗，最终使人类成为世界的主宰，形成今天的社会。就此而论，真正的本能是一种自然属性，最基本部分即人与外界的搏斗。只有让人的本能发挥作用，搏斗的力量才会现实。在此，真正的自然性是动物性的源泉，真正的社会性是自然性的延伸。人们要获得一种强大的生存能力，就必须具备强大的搏斗能力。事实上，自然赋予人类最伟大的本能就是搏斗。

就心理层面说，搏斗是一种直线式模型，有无限扩展的趋势。在此，真正的心理行为左右现实生活。当此两种行为高度一致时，搏斗便成为真正的本能。只有让本能发挥巨大作用，人性的一面才会产生，进而催生出种种自然性行为，搏斗便是其中一种。搏斗存在于生活的方方面面。当一个人处于成长期时，他的搏斗意识非常明显，甚至是赤裸裸的肢体搏斗。就精神层面而论，搏斗无处不在，"爱拼才会赢"，此为颠扑不破的真理。当一个人成长为一个自然人时，他承载的社会因素越来越多。社会因素包括种种精神财富，以及群体财富，本能也因此而发生变化。在此情况下，本能是一种文明化的产物。

今天，人们理解的本能是适应社会发展之后产生的自然心灵发现。但搏斗意识依然强烈，不过是不能表现在肢体上，而是一种带有强烈精神力量的事物。很多人认为，如果发挥本能人性，社会将一团糟，但就客观生存而论，搏斗本能的存在，往往会让人产生强烈的生存欲望，进而稳定这个社会，最终实现精神财富的扩充。在一种心理条件下，人们只有无限地延伸行为，与尽可能地与心理保持一致，人们才能实现本能地再现。

就社会而论，血腥的搏斗是一种对社会的反叛，是对文明的践踏。因此，搏斗是一种恐怖的行为，但从现实角度而论，它存在于生活的每个细节中。在心里产生微弱的波动时，人们总是产生纠结，进而形成赤裸裸的心理搏斗，若反应于现实，便是一场惊心动魄的肢体搏斗。在此情况下，行为往往需要社会规范。当人们不再需要完整的人性来完成一生时，本能只能发挥一点点作用，如果缺少它，那人生将毫无意义可言，甚至让人死于安乐窝中。

今天，安乐窝是享受的一种环境，但在暴力面前，它依然弱不禁风，需要人们拥有搏斗的本能，否则，一切将非常糟糕，甚至是绝望。

1999年5月30日清晨5点，家住北京的张大妈和往常一样，到石景山区某路23号院清理垃圾，5月的天气比较炎热，早晨5点天就朦胧亮起，张大妈推着垃圾推车，进入石景小区23号院，她沿着院子，一路扫到一辆白车面包车后，此时一具尸体正躺在面包车前，她却浑然不知，直到她靠近面包车前，发现驾驶处车窗玻璃上，有一片红色的液体，她以为是谁家的小孩，从楼顶上故意洒下来的钢笔水，出于好心，张大妈特意用布擦了一遍，白色的清洁布，一下子变成了红色，散发出一股腥味，身为家庭主妇的张大妈，面容有些吃惊，因为这像是动物的血，只有血才会有腥味，出于一种莫名的恐惧，张大妈吓得将布丢掉，一连退后了几步，感觉左脚不小心踩到了什么东西，低头刚往下看，左脚下一只人手，一个披头散发的女人，倒在血泊中一动不动。

"啊！啊！啊！"一连三声惊叫，张大妈失魂未定，又大喊道："救命啊，死人啦！"

23号院没有保安，是以前的单位宿舍，后来工厂倒了，便将宿舍卖给了工厂员工，听到突然有人尖叫，院子里的住户，纷纷探出窗户打探，院子里有晨练习惯的人，都快速地赶了过去，看到地上有一具女尸，有人急忙报了警。

半个小时后，警察赶到了现场，北京市专门侦办凶杀案组的王小明，还在睡梦中，就被局里的一个电话吵醒了，石景区离王小明住的地方不远，驱车最多十分钟，局里的警察还未赶到，王小明就先到了案发现场。

小明看了一眼地上的女尸，女尸身上穿着单薄的半袖和短裤，头发凌乱地遮掩住了脸部，地上的血已经被泥土吸干，死者身后1单元的大门打开着，也就是说女死者极有可能刚被杀害不久，而且是住在院子里的居民。"这小区的负责人是谁？"小明左眼皮跳动了一下。

"我是，我是。"一位50岁的老太婆，急忙应声道。小明道："我是警察，现在请你先封锁院子，不要让任何人进出，直到警察赶到为止，还有，这位女性你认识吗？"老太婆摇摇头。"她好像住在2单元1号楼里，刚搬来时我见过他们几个。"一位晨练的大爷说道。

一个不好的预感突如其来。小明没有继续询问，而是直奔2单元1号楼去,女死者正面朝地,又穿着单薄的衣服,虽然是5月,天较为炎热,但出来晨练的一般都会穿长袖运动服,因为早上温度比较低,所以女死者极有可能是从家里逃出来的,当跑到楼下时,还没来得及呼救,凶手从背后用刀具将她杀害,这里不是第一案发现场,死者的住宿才是第一现场。

从事多年凶杀案侦破工作,小明具备狗的鼻子,以及冷静的现场分析能力,他快速沿着楼梯而上,地上有着细小的血滴,一直到通向四楼的阶梯消失,站在三楼时有一股浓重的血腥味,可是地上并无血滴,301和302住户铁门都紧锁着,小明试着敲了两边的门,可是一直没有人开门。

"小明,局里这次原来是派你来的啊?我刚听楼下的说,有个年轻的警察跑上来了,没想到是你啊。"小明一听这熟悉的声音,立刻就知道了是老熟人老马。老马50多岁,在北京市某某分局,正好石景区是他管辖范围,他是负责刑事案件工作的,与小明有过几次接触。老马为人很好,工作作风也是出了名的铁面无私。"嗯!"小明点点头,"找人把这两家的铁门打开。"

"怎么?"老马道:"与案子有关?"小明道:"出了这么大的事,而两家都紧锁着门,如果只有一家不在的话,倒说得过去,而两家都没人在,就有点说不过去了。"小明并没有告诉老马他闻到的血腥味,以及楼梯上细小的血滴痕迹,只是从最简单的分析角度出发,说出存在的疑点。

"好,我立刻让人找个开锁匠。"几分钟后,一名开锁师傅赶到,师傅好像和老马很熟,因为警察这个职业,认识的人都比较特殊,开锁师傅姓李,几年前因为盗窃,被老马抓住了,后来受到老马的帮助,才改邪归了正。

"李师傅,等下门打开了,你就别进去了,尽量回避一下。"

小明递给他一支烟，客气地说道。这不是李师傅第一次帮警察开门了，什么风雨他没见过，就连刚才楼下那具女尸，他都凑近瞧了一眼，而劝他回避的小明，一看就比他小十来岁，李师傅不明白他的意思，笑道："我这把年纪了，什么东西没见过。"

紧接着老马道："老李不是外人，帮了我们不少的忙。"小明没说话，看着李师傅用细小的铁丝，对着302铁门钥匙孔轻轻一拨，"叭——"铁门被打开了，李师傅花了不到1分钟的时间，可见他开锁的功夫了得。302的门很快被打开了，几个警察先后进入，李师傅也跟随其后，屋子里很干净，好像有一段时间没人来住了，被子整整齐齐地平铺着。

"小明这屋子没什么问题，住户也不在家。"老马道。小明道："走，我们去301。"301的铁门和302是一样的，在开锁的时间上，李师傅却多花了1分钟的时间，"叭——"铁门被打开了，李师傅开口说道："这家人平时关门也不会轻点，锁芯都有点被撞坏了。"

大伙没搭理李师傅的话，老马第一个走了进去，小明和其他警察跟了上去，屋子里5名警察，看着房中七竖八横的7个女人，谁也没有说话，直到李师傅走进去后，屋中的景象彻底吓破了他的胆，7个女人，更确切地说是7具女尸，被残忍地杀害在床上，被血染红的床单，地上有着模糊的血脚印。更可怕的是，7具女尸的肠子都被拉出来，捆绑在一起，凶手居然还打了一个蝴蝶结，恶心加恐惧，还有空气弥漫的血腥，有位小警察，忍不住地想呕吐。

"啊！"李师傅一声惊天地的嘶叫，逃离出屋子。"快拦住他，稳定他的情绪。"小明皱着眉头，说实话这样的场面，他也是第一次见到，任凭老马是位老警察，见到这样的景象，身体也是僵在那里，不寒而栗。房中的血腥味越来越重，阳光从窗户外照射进来，正好照在其中一名死者的脸上，死者的脸平静，没有挣扎的苦状，只是右手有明显的撕扯床单的迹象。

"立刻通知局里,加派现场勘查员和法医,快!"老马的语气极其沉重。房间有4张上下铺的铁床,7名死者死在各自的床铺上面,其中有3人生前应该挣扎过,其余4人恐怕连死时,都不知道发生了什么。"一个人在熟睡的时候,突然被人用刀捅进心脏,如果她睡得迷迷糊糊,或许真以为自己是在做梦。"小明轻声地说道。

老马说道:"看来楼下那名女死者,也住在这里,她应该在熟睡的时候,听到了什么,惊醒后看到凶手,随即向着门外逃离,可是为什么她跑到院子后,没有大声呼喊救命呢?""只有一种可能,"小明道:"她的喉咙被割破了。"

"喉咙被割破了?她怎么可能从3楼跑下去?这太不可思议了。"听到这样的回答,在场的警察都感到不可思议。小明解释着:"一个人遇到危险时,会出现急剧恐慌,这种突如其来的恐惧,会使人体神经线条瞬间粗大,进而压制到疼痛神经,就好像身体打了麻醉药一样,但意识里又清楚地知道,自己身体某个部位受到伤害,从楼梯上的细小血迹来看,楼下的女死者,是用手护着脖子,跑下楼梯时遗留下来的。"

这种可能性在全国各大刑事案件中,也曾经出现过,最著名的一起是1984年,美国达拉斯市一名酒吧老板被人割破了喉咙,半夜里他走了1公里的路程,居然摸到了医院,最后从死亡线上活了过来。

可见,人们没搏斗的本能,将会在残酷现实面前绝望,甚至是死亡。我们不能忘记,自然赋予人类最伟大的本能——搏斗。

第五节
人性美的完美体现——攻击

世界发展中,"人"的因素至关重要。当人们存在于某个环境中时,他即会表现出本能的一面。纵览人类发展史,人的本能是重要一环,而本能中,攻击是最能解释人类本能的行为。无论是原始社会,还是工业化社会,无休止的战争,社会团体与社会成员之间的竞争,以及个人心理发展中的斗争,都带有强烈的攻击性。因此,人类发展就是一部不断攻击、不断提升的过程。今天,科学家通过观察珊瑚鱼之间的残酷争斗,发现人类以及生物界都存在一种本能——攻击。在此,攻击是人们赖以生存的条件,是一个进步与自我完善的脚步。

今天的社会,大部分攻击性行为都被归化于非法行为,但世界上处处可见抢劫、强奸、杀人、示威、政变、暴乱和恐怖活动。这些行为的根本动机就是攻击。作为一种本能,攻击往往是最简单有效地解决问题的办法。因此,在人类发展中,当一个人或一个团体、一个国家攻击对手时,总是能证明他的强大,发现他真实的本能。

在人类心灵深处，总是存在一种对本能的敬仰，对攻击的刺激，甚至是对精神享受的扩展。

今天，人们一再认为人性美是人生中必不可少的部分。如果一个人发挥人性美，他的生命将光彩夺目，甚至成为社会焦点。人性美是一种人性的升华，是社会文明作用的结果。在此，人性往往表现于自然层面，人性美则更多地作用于社会层面。人性发挥作用时，本能表现是攻击，但人性美发挥作用时，它同样表现出攻击的一面。两者之间的区别在于，人性是一种自觉行为，而人性美是有意识的行为。同时，人性与人性美之间存在本能的统一，即都是通过攻击等自然手段发挥作用的。在社会上，人性美表现出完美无缺时，它总能实现攻击对手的目标，并将胜负放在一边，形成理性认识，做出理性的心理反应。在社会高度发展的今天，人性美已不局限于人性，它带有强烈的人格与自尊成份，甚至让人产生更高的文明享受。

人类存在一种近乎完美的本能，不是因其实质完美，而是因其艺术化构造，让人产生感官认识，进而认为是一种完美。在此基础上，人们会通过种种发现、观察、研究，让本能内涵不断丰富，实现人格意义上的完美。今天，我们讨论攻击本能，往往是一种自然性需要，而非实质的社会需要。但社会不能缺少攻击本能，否则它将糟糕透顶，甚至缺乏生命力。

作为一种能有意识地实现社会管理与主宰的人类，在攻击性行为发展中不断地内变，就本质而论，它存在多种形态，有物理性攻击、肢体攻击、心理攻击、相互攻击等。在此，社会性不断提升，自然性渐渐退化成最基本、最核心的部分，起本能作用。

如果有人需要进一步地了解这方面的内容，可以去参阅罗伦兹的《攻击与人性》和威尔逊的《人类的本性》，以及其他一些有关的书籍，它们会把你带到一个关于人类的攻击性的广阔天地里。但有一个问题必须予以说明：人类是具有攻击性的，但攻击性究竟是不是人类本性的一种核心特性，有待讨论。

攻击性是严格意义上的一种本性手段。我们必须指出，人类具有攻击性虽然是公认的事实，但从严格地意义上来讲，攻击性不是一种本性的特性。本性的特性所反映的内容都是本性所希望的状态，比如人们都希望获得利益（利己），希望不劳动就获得利益（懒惰）、希望尽可能多地获得利益（贪婪），希望尽情地享受利益（放纵），而攻击却不是人们所希望的状态。没有人愿意攻击，人们只是为了获得所希望的东西，或者准确地说只是为了满足本性的欲望才去攻击。

我们无法想象在只有一男一女的荒岛上会有为争夺异性而发生的攻击；我们也无法设想面对取之不竭用之不尽的食物，两个或更多的原始人会为一只豹子或者野兔而发生争执。所以我们说，攻击不过是一种劳动，是一种本性欲望驱使下的劳动，是一种本性为达到欲望的目的而采取的一种本性手段。在这种意义上，攻击性实际上是人的一种本能，是与人类的另外两种本能——避险本能和护种本能一样的。翻遍世界上包括人类在内的一切物种，你能找到哪一个物种有一种避险的欲望从而渴望避险呢？它们渴望的只是安全！避险只是人们为获得安全的生存而不得已生出的一种本领。而护种，说到底也是对自己的以基因形式存在的生命的一部分即孩子的生存欲望的满足，是使自己的生命得以延续的一种保障。如果生命的延续能够得到——不管是来自自然的、社会的或是后代本身适应能力的方面的——相应的保障，那么，来自父母方面的护种的行为就会减弱，就会变得不再重要。

攻击性是特殊意义上的一种本性特性。我们刚刚证明了攻击是本性的一种手段，但这一节的题目告诉大家，我已经把它当作一种本性的特性来处理了。这是为什么呢？这不是自相矛盾吗？其实这并不矛盾：攻击虽在严格的意义上是一种本性手段，却不妨碍它在相对宽泛的意义上是一种本性的特性。这是攻击性这种人类本能的特殊性所带来的结果。

人类众多的本能一般地都是被单种欲望所规定，并被单种欲望所具有的。比如吞咽的本能是被食欲规定并被食欲所具有的；性交的本能是被性欲规定并被性欲所具有的；避险的本能是被安全欲规定并被安全欲所具有的，等等。然而，攻击性却是被本性的所有一切欲望所共同规定并被这所有一切欲望所共同具有的。在这一点上，它与本性的其他特性是一样的，就如利己性被本性的所有一切欲望所规定又被所有的一切欲望所具有一样。

另外，人类的众多的本能，比如吞咽的本能、啼哭的本能、睡觉的本能等等，一般地都是只被本性规定却不规定其他别的行为的简单的本能，而攻击性却不同：它被本性规定，同时又规定着别的行为。例如，就人类为争夺异性而产生的角斗，为争夺社会地位而出现的斗争，以及族与族之间、国与国之间为争夺领域主权而发生的战争等等行为，我们虽然不能说这完全是由本性的攻击性所规定的，但却不能否认它在其中所起的某种规定性的作用。在这一点上，在攻击性对于其他行为所具有的规定性的这一点上，它与人类本性的其他特性也是一样的。就如本性的贪婪性规定了人类一切贪婪的行为一样。

总之，攻击性是一种特殊的本性特性。它虽与一般的本性特性有着诸多的不同，却在被一切欲望所规定、所具有，并对人类的众多行为具有规定性这一点上与其他的本性特性统一了起来，而这正是我们判断本性特性的重要标准。

我们应该结束关于本性特性的讨论了。因为我们已经用了整整两章的篇幅，详细地论述了本性的首要特性和本性的其他特性。我认为我已经充分地证明了本性的特性，即本性是利己的，是懒惰的、放纵的、贪婪的，并且是具有攻击性的。

　　在结束这方面的讨论之前，我们还需要提出并界定几个术语，因为这几个术语在我们的理论中具有相对特定的意义，而且在后面的论述中将常常用到它们。这几个术语便是本性利益、本性行为、本性手段、本性目的，以及本性利益原则或本性利益法则。本性利益即本性赖以生存的自然的和文化的、物质的和精神的一切的利益；本性行为即本性为实现本性利益而实施的一切行为；本性手段即本性为获取本性利益而采取的具体的方式和方法；本性目的即本性想要达到或达成的以本性利益为标识的目标或结果；本性利益原则或本性利益法则则是本性依赖行为的以生物性为基础的根本性的依据，而这种依据的基本和唯一内容便是本性自身的生存和更好地生存。另外，关于"本性"一词，我们在使用它的时候，在不同的语境下具有不尽相同的意义，在这里也需做出说明。这种不同主要表现在两个方面，一是指欲望本身，一是指具有这种欲望性质的人。

　　比如，当我们说"人的本性"或"本性的特性"的时候，它是指欲望本身，而当我们说"本性利益"或"本性只关心自己的利益"的时候，它除指欲望本身之外，更多地则是指具有这种欲望性质的人。依照如上的术语，我们对前面的关于本性特性的论述的总结便如下：人类本性的特性是利己的、懒惰的、放纵的、贪婪的，并且是具有攻击性的。这些特性决定了本性将永远指向自己的本性利益，并将采取一切本性手段去实现自己的本性目的。总之，在本质的和归根结底的意义上，本性只为自己活着，只遵循本性利益原则或本性利益的法则。

可见，人性是一种攻击性行为，要发挥人性美，人们必须保护本能，进行攻击，从实现与心理两方面保护自身。

第六章
一种自我否定的本能：贪婪

第一节
金钱 + 欲望 = 贪婪

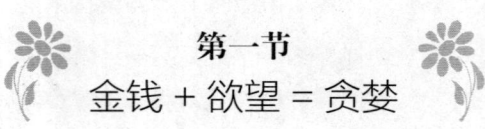

随着经济的发展，人们对生存产生了新认识。所谓"生存"，即获得金钱，并收获享受。今天，获得金钱的方式越来越多样，难度越来越小，因此，获得金钱基础上的享受至关重要。在这个金钱至上的社会，人人都渴望获得无尽的财富。因此，欲望会得到满足。在此前提下，人们渴望成为金钱的主人，渴望获得越来越多的金钱享受。因此，人们常常为金钱而不断地膨胀欲望。当欲望达到某个高度时，人们的内心即会变化，甚至产生变形。种种不和谐现象产生，甚至大部分人开始贪婪地生活。

就本质而论，贪婪是人的一种本能，存在于每个人心中。因此，人们只有不断地发现欲望，满足欲望，实现贪婪的生活习惯，已成为社会问题。事实上，一个人能否实现人生理想，就表现在对外界的态度上。所谓享受，即通过贪婪的敛财方式，实现人生意义。因此，当人们发现享受即一种贪婪时，一切都会变化。若能克服这一点，人们对金钱的认识会肤浅，甚至是冷淡。因此，社会拥有一群贪婪的人，往往是社会财富增加的时候。全民享受已是一种必然。当人们对一切只能产生感官与意义上的认识时，贪婪即一种社会病。在此，人们可享受一切，走过一段路，人们最大的乐趣就是实现身心享受。贪婪会发生根本性影响。

金钱在欲望的支配下，越来越有活力，欲望在贪婪的作用下，根深蒂固。在此，人们常常认为贪婪是一种心理追求与金钱碰撞之后的必然产物。事实上，今天的人们通过种种敛财方式，实现财富梦想。若用简单的话概括，即金钱与欲望相加，即等于贪婪。无论什么时候，无论何种情况下，欲望得不到满足时，人们只有一种贪欲——占有一切。当人们占有一切时，心中自然美好，当人们享受一切时，欲望即会膨胀，当人们拥抱外界一切微笑时，生存就只能存在于欲望中。贪婪是社会发展中最不和谐的部分。只有不断地调整，不断地提升认识，不断地增加知识与能力，人们才能走出贪婪的绝境。

走在大街上，人们通过眼神便能发现另一个人的精神面貌，不自然、不和谐的眼神中，往往是欲望与贪婪交织的结果。因此，人们只有通过修养与进步来摆脱贪婪的本质。随着社会的发展，心灵世界的丰富，以及自由程度的不断提升，人们发现贪婪只是一个小小的坏圈子，并不能为社会带来好处。就财富而论，贪婪者获得财富之后，追求享受，不思进取。这就是人们对自私本质的认识，同样，是自私发展成熟之后的贪婪本质。一切只能存在于理解中，理解之后，便是人们对世界的认识，形成一套自己的思维。随着国民知识的增加，以及思想与经济发展的成熟，人们对贪婪产生更深刻的认识。人们认为，贪婪是欲望的结果，是自私的本质发挥作用，并时时让人产生堕落情绪的人性。

第二节
将精神世界表面化——贪婪的实质

人们常常说，精神世界是一个自由的系统，也只有在这一系统内，才能谈得上自由。当人们的精神世界处于紊乱与无序中时，人们总是苦苦追求、奋斗，并实现一个个目标。今天，随着互联网的发展，网络经济的普及，人们渐渐产生新的社会认识。在此，真正的社会意义被诠释出来，即社会关系只能向横向关系发展。社会上，人人平等，人人发挥作用的事业越来越多。在此，人们精神世界不再弯曲，而是朝着一个自由、平等的方向发展。在此，精神世界渐渐表面化，与此同时，人们可以使用真正的权利，享受社会给自己带来的一切便利。

为了金钱，人们可以不惜一切代价地劳动。在此情况下，脑力劳动与体力劳动泾渭分明。有人可以通过知识，获得大量金钱，有人通过苦劳，获得有限金钱。当这一现象成为一种定式时，人们会产生种种不定。因为，收入分配不均衡。在此，有金钱更想获得金钱，缺少金钱的人憧憬着拥有金钱。两者都有一个共同的特点，那就是为了获得金钱,可使用一切贪婪的手段。因此,贪婪再次进入人的本能的视线。真正的"贪婪",即在情感作用下,完成一个目标再追求另一个目标的现象。而且,"贪婪"的秉性还有一个特点,那就是"贪婪"带有强烈的自发性、盲目性与缺知性。当一个人"贪婪"的行为伸张时,他往往会抛弃知识、修为与进步,在强烈的感情刺激下,不断地追求,不断地获得。

此情况下,"贪婪"要求人们走堕落之路,同时,它是让生活处于无序状态的罪魁祸首。当人们为了金钱而苦苦奋斗时,贪婪未必随行。起码,在知识、修为与能力的作用下,贪婪并不能发挥本质的作用。当人们感性浓烈时,往往就会抛弃以上要点,并一心钻营金钱。此举非常危险,甚至让人失去对社会的认识,对家庭的关爱,对亲人的友好,等等。精神坏死,就是贪婪发展之后的产物。当人们不再为金钱而苦苦挣扎时,本质上已过上美好生活,而心理欲望不断膨胀,让人渴望获得更多财富。这就是贪婪,它往往能让人失去知识、修养与能力上的一切沉淀。因此,贪婪是一种很可怕的本能,并作用在安定与幸福之中。

北方某城市一个下岗女工,离婚了,一个人带着7岁的女儿生活,六一儿童节前,她女儿问她:妈妈,你给我10块钱好不好?她也没钱,说不好。女儿又问,那你给我5块钱好不好?她还是说不好。女儿继续问,那你给我两块钱好不好,别的小朋友都过儿童节,我也想过个儿童节。她掏遍了全身的口袋,也没找出两块钱来,情急之下,给了小姑娘一巴掌,小姑娘哭着跑了。这个下岗女工,晚上一个人左思右想,越想越觉得没有活路,当天就跳楼了。很不是滋味,是不是?可这就是我们的世界,一个真实得不能再真实的世界。我们今天坐在这里的,大多都是普通人,站在中间,在我们左边,是1188万的车,9000万的表,一亿两千万的内裤,还有一条穿3000块夹克的狗。在我们右边，是那个可怜的老民工，和那个可怜的小姑娘，她因为两块钱而失去了她唯一的亲人。这就是我们的世界，一个真实得不能再真实的世界。而问题在于：为什么这世界上会有这样的东西，这样的事？这边的一双鞋，大过那边的一条命。我们常常说，这是个文明的世界，而这么文明的世界里，为什么还会有这么疯狂和荒谬的东西？1188万的车，9000万的手表，一亿多的内裤，这些动辄百万、千万、亿万的东西，为什么人们叫它时尚，叫它尊贵，甚至叫它高尚，而不叫它疯狂，不叫它罪恶。

所有的浪费都是时间的浪费，同样，所有的奢侈也都是时间的奢侈。所以在《伊甸樱桃》这本书里，我把这些奢侈品全都换算成时间。辣妹维多利亚买给贝克汉姆的那瓶香水，价值3万英镑，合人民币40万，如果用于缴水费，可以供一个三口之家用300年。俄罗斯总统普京手上那块表，这次不是水了，是油，换成食用油可以让一个三口之家用870年。一件阿玛尼T恤衫，43%的棉，57%的混纺材料，听起来普普通通，但换成铅笔，足够让一个孩子用1000年。那辆汽车，价值4800年，那条著名的变态内裤，价值48000年，6个中国农民从河姆渡时期开始干，一直干到今天，也买不下来。

是的，我要说的就是那两个字：折寿。不过折的不是他们自己的寿，而是我们所有人的。时间就要停止了，这个我后面会说到。那么接下来的一个话题就是贪婪。我很想把这两个字写在帝国大厦的楼上，写在天安门广场的中央，写在一切宫殿，一切庙宇和教堂的墙上，用鲜红的人血来写，贪婪！哪怕是用我自己的血。

法国大革命时期，有个罗兰夫人，在上绞刑架之前，说了一句著名的话：自由啊，多少罪恶以你名而行！那么现在我们也可以说：贪婪啊，多少美德以你名而行！

在我们人类的价值标准中，贪婪从来都不被指责。英国大哲学家罗素，讲过这样的话，推动世界运转的动力有几种：占有欲，权力欲，创造欲。其中占有欲，也就是贪婪，排在第一位。而亚当·斯密说得更加彻底：推动这世界运转的并不是爱，（在这个时代，我每次提到爱这个字，总是感觉很绝望），而是金钱，所以贪婪本质上是一种善。我们都知道，亚当·斯密是现代经济学的奠基人，他的《国富论》至今都影响着几乎所有的经济学家。厉以宁啊，吴敬琏啊，张五常啊，包括格林斯潘，没人敢承认自己没读过亚当·斯密。我们甚至可以说这是亚当·斯密的世界。亚当·斯密的世界，也就是说，一个没有爱，只有金钱的世界，一个以贪婪为至善的世界，一个被抢劫者统治的世界。我们现在是在书店里，一会儿你可以走出去看看，那些励志书、经济学、伦理学的书，几乎每一本都是在鼓吹贪婪的。每一页的字里行间都隐藏着几个大字，血淋淋的几个大字：多捞、多拿、多抢！我们都知道，这是有代价的，代价是一部分人的赤贫，一部分人的苦难，一部分人的死亡，代价就是那个可怜的老人，在路边向人乞讨一毛钱，好去买包止痛粉吃；代价就是那个可怜的小姑娘说：妈妈你给我两块钱好吗？别的小朋友都过儿童节，我也想过一个儿童节。

这就是人类文明的元动力——贪婪。是的，没有贪婪就不会有罗马。可是让我们看看贪婪，也就是光辉灿烂的人类文明背后有些什么。公元1498年，达伽马越过好望角，开创了人类历史的新纪元。这个我们在世界历史上学过的，人们赞美他伟大的冒险，赞美他勇于探索的可贵精神。这次伟大的冒险同时带来了两个后果，第一个就是梅毒，15世纪的梅病跟我们平常在电线杆上看见的不同，它在当时是不治之症，达伽马把它带到加尔各答，这个东西没有腿自己就会跑，十几年之后就传到了中国和日本，后来还传到了俄罗斯，一位著名的革命领袖就死于这个病。而在加尔各答，最粗略的估计，梅毒至少杀死了上万人。按照德国哲学家叔本华的说法，梅毒与西方文明密不可分，他本人就是死于这个病。所以我们可以苦笑着说：其实在德先生和赛先生到来之前，梅毒先生就已经告诉我们，什么叫作西方文明了。1919年五四运动之后，中国的文人学者经常争论一个问题：要不要全盘西化？对此我有个认识：梅毒也是西化的内容之一，要想全盘西化，最好先去尝尝梅毒。

达伽马带来的第二个东西你们都知道，就是股票。大航海时代的那些冒险家，出一趟海就能带回来无数的黄金和象牙，还有美丽的女奴。收益丰厚，但风险也是巨大的，起阵风，船一翻，立马赔个底儿掉。那时候的欧洲人特别迷信，说是教堂里的圣香油用于祈祷，就能平息风暴，这东西听着很神奇，到底靠不住，所以人们就开始搞股票，现代企业机制就是这么来的。这也说明，即使是人类历史上最伟大的创举，也都不是出于善意，他们都是为了捞钱。

还有一个是更伟大的，哥伦布发现新大陆。哥伦布，是个十足的财迷，十足的官迷。他学问一点没有，砍价十分在行。他有个说法，叫黄金能使人的灵魂升入天堂。所以他到美洲去，也不是什么"为了拓展人类的生存空间"，而是找金子去了。在他发现美洲之前，新大陆大概有三千万印第安人。玛雅文明、印加文明、阿兹特克文明，是著名的美洲三大文明，非常了不起的文明。他是在1492年登陆美洲的，到16世纪末，也就是说，在不到一百年的时间里，原来的三千万人印第安人，还剩下一百万。相当于第二次世界大战死亡人数的60%。可大家知道，二战用的可是坦克大炮啊。殖民者手里可全是西瓜刀。那么他们用天花。他们把天花病人的毯子交给印第安人，然后瘟疫流行，一个村子、一个村子地死去，一座城市、一座城市地死去，一个国家、一个国家地死去，三大文明彻底摧毁，

2900万人死个干净。在牙买加及其他几个中南美洲岛屿，自从殖民者圣多明各登陆以来，短短几十年间，人口从100万直减到500人。这位殖民者的名字叫圣·多明各，神圣的圣，圣人的圣，杀了一百万人的圣人。另一位殖民者柯特斯这么描述当时的状况：如果你不用靴子踩红人（也就是印第安人）的尸体，你就没法走路。

在贪婪的驱使下，人们获得更多。在此，人们便可形成对身边世界与一切外界的认识、理解，最终形成一个接近真实与享受的人生。

第三节
肯定的心理，否定的现实：错位享受

人们常常说："生活是个五味瓶。"事实上，就一个经济系统而论，这是非常不科学的说法。当人们的生活被紧紧地捆绑在经济行为之上时，人们会惊奇地发现，生活轻得如天空中的白云，更像漂浮在心中的蒙蒙细雨，让人惬意。此时，生活已是一个经济系统，工作是一个增值系统。当一切只能存在于金钱世界时，真正的人性才能得到发挥。在此情况下，人们可以获得更多的空间，可以生长在一个安定的环境中，享受安定之下的一切自由、权利与知识。因此，当社会发展到一定阶段时，人们首先考虑的，即生活质量，以及享受此质量的社会系统。这就是人们认为的理想社会。

在中国，完全自由享受只能存在于一定程度上。经济长足发展，现实世界丰富多彩，由此，心理变得越来越强大。在强大的社会作用之下，心理强大成为一种普遍现象。但随着经济的发展，尤其是经济系统的有待成熟，国人因心理强大而需要的享受不能成型。肯定的心理像越来越飞扬的空气，成为人们享受社会的必然，甚至处处可见。此时，人们对现实产生一定认同。在此情况下，更多的人渴望无限制地享受，并为社会发展带来新力量。但国家往往未能实现全民享受的条件。于是，中国便出现一种现象：心理世界十分强大，现实世界稍显落后。人们没有大量金钱，却能享受一种接近自然的生活，人们没有强大的社会条件，却能享受种种精神世界。这是一种错位发展，甚至是一种让人心理世界渐渐消磨的现象。

当社会只能存在于一种现象中时，人们最渴望获得的即发展进步，当社会存在于多种现象中时，人们便开始追求享受。所谓"错位享受"，即心理世界与现实世界无法衔接。表面上观察，是国家整体素质缺乏，让人心灵产生种种不稳定因素。在此，越来越多的人认为，国家只是一种社会运转机构，若能让人人享受，即一个全新的社会，一个发达的国家，一个进步的世界。那些生存之上的快乐，其实是一种社会生存意识。在社会中，只有享受社会与国家的一切权利与精神，才能形成真正的理想图景。在此，人们因现实世界不能全面发挥，而让人产生种种不和谐因素，甚至让人产生绝望、痛苦。

"错位"现象表现得尤其突出在当国家发展只是一种现象时，人们生活会跟不上社会；当国家发展只是一种文明时，人们的生活十分无序。因此，只有让国家系统完全控制世界，才能实现真正的真实。随着精神世界的发展，人们渐渐产生心理上的强大，在此，残酷的现实依然左右着这一强大的心理。

4月29日中午11时许，车停在桂苑宾馆门前，下车来的那一刹那，整个人就陷入不可言状的混沌世界，岁月如山一样堆积在眼前，记忆如潮水般汹涌而来。眼前那似曾相识的校园景物，身边那曾经朝夕相处而又阔别多年的同窗，都在眼前勾画着一幅幅机械的图景，在脑海中叠加成一串串蒙太奇的画面。时间错位，空间转移令人迷离，令人恍惚，如同进入缥缈的梦境。午餐小聚，见到一众同学，尤其是一别30年未曾谋面的赵世玉、邓江陵和田代祥等人，更如同重回当年，不知今夕何夕。漫步校园，走在从5号宿舍楼到课堂再到图书馆必经的林荫道上，经过曾留下无尽缱绻往事的教学楼、图书馆，随着人流拍照、合影，一切都听从安排、跟随行事，及至回到宾馆参加纪念会和晚宴，也是一任台前台后、人来人往，尤其师长们再次谆谆教诲，如同卷入《昨日重现》的旋律，存活于再做学子的幻觉之中。那一刻，真的是脑子不再听使唤，思维陷入无政府；那一刻，真好像是酒助迷糊、忘乎所以，口无遮拦，不知所云，以至恣意忘形，丢三落四，离开饭桌时把太阳镜落在餐厅。这种状态随后一直保持，即使是到了京山，天上下起骤然的冷雨，也未能将我从混沌中激醒，竟至糊涂到将此行携带的唯一的一件上衣也留在了京山。

4月30日中午11时许，车队进入孙桥镇，看到梭罗河的一刻，群情激奋，一声欢呼。在驶入分院大门的那一瞬间，心跳加快，想到同样的情景，发生在1978年3月16日的上午，34年零45天，光阴荏苒，白云苍狗，谁能相信人生已悄然有过如许的四季更替。京山的小雨，淅淅沥沥，下个不停。好像就在我们走近京山县城的那一刻，雨水不失时机地前来迎接我们，好像久别的亲人重逢，忍不住泪水涟涟，让我们在雨水里搜寻往日留下的痕迹。感谢京山人民为我们完整地留下所有的景致，令我们一步一景，步步惊心地堆砌着残存的记忆，感到从前的许多往事都与今天有了很大差异。

那时的交通，基本靠"走"。从校园到县城，单程20里，想来有些怀疑。去谷歌地图上丈量，孙桥到县城，赫然标示10.2公里。想当年，就为照张相片，为发封电报，为买件日常用品，都会毅然决然，不惜长途跋涉，来回40里路步行，哪怕有辆自行车，或是搭一辆顺风的拖拉机,都是不可多得的奢侈。而今的我们,动辄以车代步,却再体会不到用步伐量出的一路风景,体会不到在漫漫途中与我们步步相伴的对前程的憧憬。双腿是顾惜了,却再不能享有那那种健步如飞的体魄,再不能感受那神采飞扬的活力。

那时的通信,基本靠"手"。不要说手机,就连一部普通的电话都很难找到。整整4个月,120多天里,所有与外界的联络,都是以手执笔,一笔一画地写在信笺上,与外界交换讯息,传递思想、情愫与感怀。每当信函装入信封,就满怀期许地投入信箱,留在身边,是一块心病;一旦寄出了,就像寄走一颗心,每天惦记着,盘算信去信回的时间。而今的我们,心到人到,随身拨号,就能四通八达,连接全球。打开电脑,能上QQ,能通MSN,有语音,有画面,相见相闻只在须臾。距离缩短,空间变小,电波实时通达,信息无比快捷,却再没有笔间纸上的从容和迟疑,再没有字里行间的斟酌与玩味,感受不到那熟悉的手迹所能传达的脉脉情怀,感受不到信笺上突然发现点滴泪痕的激动与凄迷。

那时的精神生活,基本靠"口"。没有电视,没有网络,每当夜里十点熄灯,所有人都安卧就寝。30来个年轻的生命,将息在一个偌大的教室,床铺上下相连,气息左右相通,激情四溢,难以平复。在一片黑暗之中,唯一可以享受的是听一位擅长语言艺术的同学讲故事,如同古时评书人口口相传一段经典传奇。而今的我们,可以看电视,打游戏,行有MP4,卧有手机,网络随处,却再也不能回到那时的场景,尤其在这阴雨绵绵的春季,窗外凄风苦雨,室内一片黑漆。例行的故事会定时开始。个个圆睁双目,静屏呼吸,那曲折往复、引人入胜的故事情节,时而令人毛骨悚然,时而使人情思无限。

那时的情感生活,基本靠"瞅"。刚刚从"十年动乱"中走出,思想受"左"倾残余的禁锢。没有大幅的美女广告，没有谈情说爱的电影电视，而爱美之心无法禁锢，有情心声难以言表。一旦生出爱慕之心，只能对心仪的异性行注目礼，或有钟情所在，则在一公里外双目凝视，企图启动心灵之窗，以眉目传情。而今的后生晚辈们，谈情说爱，只需发信息，留电话，一个约定，一顿晚餐，就能陈情表意，几番交流就能把一生敲定。却少去了情感生活中从视觉到心仪、从秋波暗送到两心相许的完整过程的曼妙与美好，失却了视其容颜、望其气质、闻其声音、观其举止，由此生出千种猜测、万种遐思的全部经历的跌宕与颠倒。

总而言之，岁月走过，社会发展，一切都变了，令人目不暇接，瞠目结舌，都是不容忽略的事实。离开京山之后，30年同学聚会告一段落。当我回到工作岗位，整个人也如醉后初醒，大梦方觉，重新回到现实中来。

事实上，真正的发展是一种心理强大的同时，以现实的基础，实现全面发展。因此，当人们发现生活如此糟糕时，社会能承载的东西越来越少。在此情况下，人们只有通过知识、理解、认识提升心灵世界，发现一个完美的人生。所谓"本能"，即对一切产生反应，并深深作用于社会之上。

第四节
人性最大化——金钱效应与人格力量

社会越发展，人性往往越缺失。在此，人们通过劳动获得金钱，从而产生快乐的机会越来越少。当人们不能因劳动而获得种种享受时，社会便产生一种进步危机。当进步中出现精神缺失时，社会很难承载发展的局面。在此，当人们不再为金钱苦恼时，不再为生活奔波时，他们总是产生种种消极情绪，甚至认为生存是一个毫无意义的过程。在此情况下，越来越多的人产生生活悲观情绪，产生种种堕怠思想，甚至对人生没有要求，对生活让步，为金钱而迷失方向。在此，人们若能产生强烈的人格意识，会对自身人生产生一定进步意义。

当人们失去生活动力时，往往是失去生活的意义，进而对生活与生命产生悲观情绪，甚至是退让。在此，只有人性回归，才能实现一种升华之后的意义。人人都有欲望，欲望导致的世界后果即占有金钱，获得金钱往往能让人产生积极的一面，往往能让人产生人格力量。只有用金钱筑建起来的人生大厦才是真实的、有用的、享受的。因此，当人们为金钱而盲目时，必然会形成主观上的认识，进而产生思想，实现价值与意义。因为，只有人生是存在于一个有限的环境中，人们必会寻找无限伸张的乐趣。那些所谓的生存，即对生存的肯定，对价值出现的基础。因此，人们只有用有形的事物作用无形的事物，真正的价值与意义才会产生。

物质丰富，往往是精神锐减，若人性一面不能发挥，必然会形成人生飘忽不定，失去人生价值与自我价值。两者同时失去时，人们将无法承受社会的一切，甚至产生种种心理疾病，最终毁灭一切。今天，人性一面产生作用时，人们才会发现存在的意义，甚至产生多种价值。最终，人们便形成一种时刻奋斗、时刻坚持自由，时刻需要动力的本能。金钱效用即以获得金钱的方式影响人生、作用社会。在此，人们便可实现一个又一个人生目标。在此，人格力量至关重要。当它作用于金钱生活时，人们总会实现人生价值。而人生价值最重要的一面，就是人性最大化。在此基础上，人们才能实现种种社会、发展与进步的意义。

真正的人性，是存在于独立人格中，并作用于外界一切事物，最终表现即适应社会，实现人生理想，为社会带来更多活力，为人生发展带来前所未有的新鲜感。这就是人生最本能的反应，即一种必然的存在，更是一种合理，甚至是残酷现实之间最基本部分。人性能左右一切，从微小的事物开始，到发展与进步，再到国家与社会，甚至是未来。

在荣格的心理学中，人格作为一个整体被称为"精神"。"精神"包括所有的思想、感情和行为，无论是意识到的，还是无意识的。在人格中，对抗是无处不在的，理性的精神力量与非理性的精神力量之间的斗争从来没有停止过，冲突是生命的基本事实和普遍现象。冲突如果过于激烈就会导致人格的崩溃，使人变得疯狂或半疯狂。

如果冲突能够被人格所承受，这些冲突就可以为创造性的成就提供动力，使一个人在生活或工作中显得精力充沛。

人格面具的本义是演员在某一出剧中扮演某个特殊角色而戴的面具，后来被引申为一个人公开展示的一面，荣格称它为精神的"外部形象"。马克思主义认为，现实的人总是在各种社会关系中活动着，人的本质是一切社会关系的总和。可见，人格面具是每个在一定社会关系中生活的人所必备的。关于本能的含义，不同的人有着不同的理解。英国作家托马斯·雷德认为本能表现为某种行为的自然冲动；康德认为本能被感觉为一种内在需要；荣格从心理学的角度认为本能是一些反复发生的行为和反应模式。由此可见，本能欲求是一个人的自然属性，是人的最原始、内在的生理和心理需求，任何时代任何人都是双重角色的复合体。

女性自由意识指冲破了传统习俗和社会机制的种种束缚，追求独立、自由、开放的精神空间的自觉的女性意识。其外在形态通常表现为女性对真、善、美的执着追求，对自由、诗意、富于创造力的生命状态的坚守与维护。现实规则由现行的社会秩序、伦理道德、价值观念等内容构成，它对形形色色的个性化思维有着某种协调、约束、规范、强制的作用。在当代社会，随着现代物质文明的高度发展，女性的自由意识与现实规则之间的冲突更加剧烈，这种冲突往往在女性个体内部造成不可弥合的分裂。

《对一个精神病患者的调查》中的主人公景幻是一个因卷入一宗贪污案导致精神分裂症的年轻姑娘。两位大学生为完成毕业实习而到精神病医院去做调查，结识了精神病患者景幻。令他们吃惊的是，景幻形象思维特别发达，她对美的事物（如花卉栽培、插花艺术等）表现出非凡的想象力和创造力，恰似弗洛伊德著作中描绘的那种创造性"艺术家"。景幻的社会身份是街道工厂的出纳员，从事的是一个成天与钞票和数字打交道的单调的工作,无爱争吵的家庭环境、现实世界的冷漠残酷使她天性里的聪慧灵敏发生了变异,渐渐走上了一条叛逆与背离现实规则的轨道,后因涉嫌贪污被单位开除。为了避免像父亲一样被永无止境的"工蚁"命运折磨得像一具没有生命的死尸,景幻不惜以反社会的贪污行为作为对自身命运的抵抗,结果当然被世人毫无疑问地划入精神病患者的行列了。景幻对现实世界的厌恶和对艺术世界的痴迷使我们看到了一个人格分裂的两种截然相反的状态:在现实世界她是一个精神病患者,一个对社会有罪的贪污犯;在她为自己拟造的"弧光"的美好世界里却是一个天才的艺术家。现实世界的"罪人"与"恶人"在另一个不为人知的层面却是一个对生活的真与美充满执着追求的向善者。

《双鱼星座》中的卜零是一个优雅而聪明绝顶、脆弱而漫不经心的知识女性,她并没有一张标准美人的脸,"却从整个表情和体态上充盈着一种生动和邪媚,给人一种'异邦异族'的感觉"。卜零的社会身份是一家市级电视台的编剧,可她只会写"春天,踏着湿漉漉的脚步走来了"或"他的外衣和灵魂都是灰色的,像一条灰色河流中的水分子"之类的句子,她不懂处世之道,属于那种"从不为现实现世的利益所动,却甘愿为虚无缥缈的幻象去死"的女人。卜零的丈夫韦是一家公司的总经理,代表了当今时尚的男人,在卜零看来却只是一台商业应酬的机器,因其日益枯萎的生命力而显得极度贫弱。电视台那个决定着生杀大权的老板是当今社会权力的代码,他垂涎于卜零的"异族风情",试图以某种现实的手段接近卜零,然而在不谙世故的卜零眼里,他竟然像空气一样不存在。他们一并遭到卜零的彻底蔑视,这显然是精神对物质、对权力的双重超越。物质、金钱、权力这些当今社会的时尚代码,是现实规则的外化形态,无形中影响着现实规则的秩序倾斜和部分人的价值走向,卜零却与之展开了搏斗。最后在梦中,她杀死了象征金钱、权力、欲望代码的三个男人,只身去往遥远的佤寨,寻找她的那些自由、浪漫、没有被现实压抑的原始族人去了。

在中国几千年的传统文化观念中,母女之间的传承关系更多的是一种以"孝"为本位的伦理关系。而在徐小斌的作品中,母女之间体现更多的是"阴影"原型对人伦温情的一种否定与撕裂,母女之间不再是一种文化观念与价值观念的传承,而是一种惊心动魄地蜕变。她以亲情之间的杀伤力为武器,揭开了暗藏于女性文化潜流中那些鲜为人知、触目惊心的真相。

《羽蛇》中的母女关系是一种极具杀伤力的亲情关系,其间浸透了血腥的残酷。其中以玄溟与若木、若木与陆羽之间的母女关系表现得最为典型。玄溟是一个生于19世纪末"浑身散发着世纪末的凄清"的大家族的幺女,17岁时嫁给后来做了铁路局局长的秦鹤寿。个性要强的玄溟对丈夫在外面养戏子极为痛恨,她绝没有那个年代的女性普遍具有的忍气吞声,而是像个妇女解放的先锋,无休止地与丈夫对骂,其"生命力和战斗力都是无与伦比的",直到与丈夫分道扬镳。若木在17岁时与邻家男孩偷情被母亲玄溟发现,玄溟为此体罚若木,内心充满了冷漠和仇恨,阴鸷冷酷的毒汁从此渗透了她的全部生命,内心的阴霾笼罩了她整整一生。母亲严禁若木与一切异性交往,若木年近三十才靠着母亲的阴谋嫁给了并不爱她的大学生陆尘。若木的内心早已伴随着初恋的失败而绝望,她不爱任何人,少女时代天然的情欲被扼杀的结果是冷面杀手一般的疯狂报复,"阴影"冲动的结果使若木将报复的矛头直指向她最亲近的人,包括她的母亲玄溟、侍女梅花、女儿陆羽、丈夫陆尘。陆羽从小渴望母爱,当她发现母亲并不爱她而只把那个襁褓中的男孩当作宝贝时,她亲手扼死了自己的亲弟弟,被母亲赶出家门,四处漂泊。

因为陆羽的叛逆与怪异直接威胁到陆家血脉的延续,她因此成了玄溟和若木的共同敌人。若木和陆羽之间的仇恨一辈子都无法冰释,直至陆羽被迫做了脑胚叶切除手术,成为百依百顺的乖女儿。这时真正的"羽"已经死了,尽管躯壳还在,但她的灵魂和心智都消失了,是母亲为了满足自己的控制欲,亲自杀死了女儿的精神生命。《羽蛇》中母系家族里不同时代的女人,每一代的蜕变都惊心动魄。她们以来自"阴影"原型的极大破坏力相互伤害,却又有着极顽强的生命力,像那种再生能力极强的植物一样,被摧残、砍伐之后依然可以重发新芽,生生不息地存活下去。

今天,人们要想获得人生价值,并让这个复杂而浮躁的社会认可,必须要产生心理回归,将人性一面扩大,成就今生,进而和谐生活,正确成长。

第五节
人性的自私

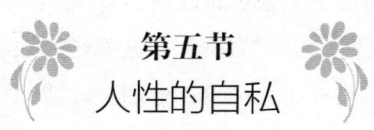

说到情感,人们总是想到爱情。今天,爱情是一种完美心灵享受的部分。当人们获得爱情时,往往能带动亲情、友情的发展。就爱情本身而论,它有强烈的自私性。自私可让人产生对爱情的无限幻想,甚至产生种种自由之上的快乐。因此,人们渴望获得纯洁的爱情,甚至渴望享受一生。在此,爱情能让人散发出对于生活的热情,对未来的憧憬,对现实的动力。因此,情感中重要的一部分就是对爱的自私。

若此不能存在,人们谈不上真正的生活,更谈不上对现实生活的理解,与对未来生命的钟爱。当自私发挥作用时,人们的情感世界才能健康地发展,才能产生对金钱、社会、未来的深刻认识。因此,只有让自私作用于生活的微小处,人们才能形成一种真正的生活意识,并保持自身的独立与成长。当人们发现人性是一种生存条件时,自私最重要的作用就是保持人性,并让自身处于社会的核心地位,产生更高的价值。在此,情感生活始终是一种化学反应,变化无穷。

在此，要想稳定地生存，必然会发挥自私的一面，独立于一切，实现生活质量的提升。在此，情感分为热情、自然、忠诚、自私。其中，自私发挥至关重要的作用。

随着社会的发展，人性一面渐渐淡化，但到今天，社会整体进步与系统性提升让越来越多的人认识到，人性缺失往往是人生的毁灭，甚至是个人前途与社会进步停滞的表现。因此，当人们提出人性时，第一反应就是"一切为我"。这就是人性本能一面，甚至是自私的存在条件。只有让人性发挥作用，才能谈得上真正的人性，才能谈得上自私。

很多宗教曾经主张人类通过修炼去除自私性，从而普度众生，实现社会的太平安康——那只是一种宗教的幻想。施于社会，"存天理，灭人欲"，"狠斗私字一闪念"，那是暗无天日的禁欲主义封建中世纪、不堪回首的"文化大革命"。人在阉割、去势之后还是人吗？

去除了自私性，人就没有了欲望，从而也就没有了进取的原始动力，人们何以还要劳动不止、创造不止？创造那么多的物质财富干什么？

人类社会是自私间的平衡与和谐，私有制是顺天承运的自然结果。人类社会发展的历史，其实就是在各种利益体的自私自利博弈中不断寻求平衡的历史。每一次改朝换代都是自私的较量，是利益边缘人对利益既得者的掠夺，是一个自私集团对另一个自私集团的攫取，通过利益的重新分配从而达到一种新的自私平衡。

在人人皆自私的前提下建立的社会，自然而然就是私有制社会了。私有制社会是人性的顺其自然。如若建立公有制，除非天下无私——这显然是不可能的，所以公用制都是建立在幻想中、泥沼里，是没有基础的不符合自然规律的。

当人们实现一个个人生目标时，最需要改变的就是精神世界。随着经济的发展，人们越来越需要自私的性格。如此，才能守护自己的财富，才能实现人生的飞跃，才能完成一场人生旅途。若自私不能发挥作用，社会则只是一种现象，并非实质。进步需要一切动力与力量，人性发挥无疑是最根本、最有效的方式。

第七章
个人心理的复杂效用：从众

第一节
人类常和羊群一样"盲从"

只有生存于社会中，人们才能看到强大的力量。一个人若只是一个人独立的存在，他往往需要强大的心灵与高度的认知能力。当人处于一个复杂的社会中时，他不单单需要这两点，更需要大量的知识、讯息与技能。在中国，形成人群效应已非常明显。所谓的人群，即一种将个人融化于集体中，将个人情感服务于集体。当心灵处于自由状态时，人们很容易产生从众心理。若此心理长期存在，往往让人失去深刻的理解能力与分析能力。在此，人们只有通过知识与技能，让自己从中解脱出来。

从众即被今天的人们称为"羊群效应"。当领头羊走向何方时，整个羊群都会跟着行走。就社会而论，这是一种非常可怕的现象。因为，社会发展中的人，产生从众心理，往往是心理软弱，缺乏主见之人。长期下去，人们失去的不仅仅是独立而强烈的精神世界，更可能导致人生变形，成为一个没有大脑的庸俗之辈。因此，人们只有让自己心理强大起来，时时保持冷静，为社会发展做贡献，为人生意义做到独立。这样，人们才是一个群体生活中的健康体。从众往往是一种弱化本能之后的行为。当人生处于极度无序中时，人们自然会精神堕落，最后无主见，甚至随波逐流。学者阿希曾进行过从众心理实验，结果在测试人群中仅有 1/4~1/3 的被试者没有发生过从众行为，保持了独立性。可见它是一种常见的心理现象。从众性是人们与独立性相对立的一种意志品质；从众性强的人缺乏主见，易受暗示，容易不加分析地接受别人的意见并付诸实行。

生活中有不少从众的人，也有一些专门利用人们从众心理来达到某种目的的人，某些商业广告就是利用人们的从众心理，把自己的商品炒热，从而达到目的。生活中也确有些震撼人心的大事会引起轰动效应，群众竞相传播、议论、参与。但也有许多情况是人为地宣传、渲染而引起大众关注的。常常是舆论一"炒"，人们就易跟着"热"。广告宣传、新闻媒介报道本属平常之事，但有从众心理的人常会跟着"凑热闹"。

不加分析地"顺从"某种宣传效应，到随大流跟着众人走的"从众"行为，以至发展到"盲从"，这已经是不健康的心态了。多一些独立思考的精神，少一些盲目从众，以免上当受骗，方为健康的心理。今天，一个人穿着一件时髦的衣服，路人便睁大眼睛观察，甚至有人转身跟在她后面。事实上，这是一种本能缺失之后的反应。看到另类，往往不用思考，下意识地跟从。这就是一种根本性的本能，是社会之上的意识软弱。

从众是一种心灵世界对外界的认知不够，是思想净化能力不够，是精神统治力不够。当人们从一件事中纠结时，并不能产生深刻认识，必然会走上从众的道路，主要表现在眼光的短浅，身心的不协调与思维的浅薄。因此，人们只有将社会性淡化，并植根于人的本能中，才能发现一种实用的精神，才能发现与众不同，才能领略仰慕之情，更能产生对自身的认识，以及对世界的理解。此时，从众往往是一种心理失知的表现。洞察力严重缺失，思维严重失衡。在今天的社会，人们渴望获得自由，身心解放，甚至是对本能爱情的认识与体验。

当世界已是平直发展时，人们对知识、讯息与人性的认识产生深刻变化，在此基础上深刻理解。人们为了生存，常常与群体接触，产生巨大的人类力量。在此之上，人们对社会存在与人性发展有着一套思维。两者相互结合，人们便产生真正的社会本能，进而走在一条自由平坦的道路上。盲目跟从是强大心理的杀手，若从心理学角度解释，它是一种随从症，往往在无主见与完全被动之情况下产生。在中国，盲目跟从是一种普遍现象。就社会而论，它更是独立与创造，享受与进步，超脱与自由之间的杀手。

一年一度的"中国海南七仙温泉嬉水节"保亭黎族苗族自治县七仙广场开幕。在嬉水狂欢开始后不久，有数十名女性被几十名男子按倒在地对其性侵，当众遭脱衣袭胸。27日，涉案嫌疑人已被警方刑拘。

阴影还未散去。这样一个原本纯真、旨趣、浪漫的活动还能不能再次呈现在人们面前？在心理学上，人们把这种缺乏分析，不做独立思考，不顾是非曲直的一概服从多数，随大流走的行为称之为"盲目从众心理"。类似事例当然还有很多，某模特走秀节目中，一些观众一拥而上去摸模特；著名养生专家张悟本在湖南卫视讲绿豆能治百病，结果引发绿豆抢购潮；日本地震引发核电站泄漏，有谣言称食用碘盐可以防辐射，于是多个地方出现了抢购、囤积碘盐热潮等等。

从众心理的可怕不仅仅在于可能制造出的闹剧和谣言，而且可能使人性泯灭，做出违背道德的极端行为，甚至于法律难容的犯罪行为。这种集体性的"癔症"就像一颗不定时的炸弹，威胁着公众安全和利益。我们可以谴责这些人道德低劣，但我们更应该反思，为什么这么多本是遵纪守法的公民，在一场嬉水活动的催化作用中，会迅速感性地展示出不法的"恶"？为什么在这种特殊场合会出现群体性的道德失守？

从众心理是人类的一个思维定式。盲目的从众行为告诉我们，许多时候，大家在明知一件事情是违法或犯罪的时候，一个人可能不会去做，但是如果一群人中有人已经做了，并且在当时只能看到得益而没有产生相应后果的时候，从众定式就会使人们产生非理性思维，法不责众的心理会充斥于胸。这在犯罪心理学上叫"越轨的集群行为"。比较典型的如聚众哄抢财物、集体盗墓、球迷闹事等等。这种集体行为是在相对自发的、无组织的和不稳定的情况下，通过人们之间的互动、模仿、感染而产生的。因此，"盲目从众心理"在特定的情形下会扮演人性恶的"帮凶"。

而且，参与这类行为的个体，往往自身的目标和期望比较模糊，甚至可能对周围的情况并不了解，或受人蛊惑，或受利益驱使，其心理和行为突出地表现为自发性、情绪性、无责任性。也许这就是为什么有第一只咸猪手伸出，接着又有第二只，第三只……

所以，摆在我们面前的问题是如何坚守在理性的阵地上，在盲目充斥的时候做一个智者，在顺从充斥的时候做一个勇者，在自利充斥的时候做一个仁者。而且，我们要从"法不责众"的误区中尽快地清醒过来。因为群体中的每一个行为人都有独立的思维、判断、选择和决策能力，《刑法》中规定群体犯罪的每个人都要根据所起的作用和社会危害大小负各自相应的刑事责任，而且在民事上行为人也要因自己的侵权行为而负相应的民事责任。

欣慰的是，关于海南七仙温泉嬉水节性侵一案有了结果，涉案疑犯已被保亭警方刑拘。但更重要的是，我们还是应当提醒公众防止或克服盲目从众心理的发作，无论什么时候，努力培养和提高自己独立思考和明辨是非的能力，遇事和看待问题的能力，做一个理性的、对自己行为负责的人。这既是公民道德建设中的重要内容，也是法制宣传的一项重任。

　　因此，从众往往是一种自由不足的表现。在中国，随着教育的发展与大学教育程度的不断提升，人们越来越有主见，而事实上，主见的拥有亦让人产生从众心理。其主要原因是人们未对此产生深刻认识，未对现实生活进行深刻分析。人们认为，知识就是知识，能力就是能力，俩人泾渭分明。而这一认识完全不正确。在人们生活中，"实用"往往是最能表现价值的一种。当人们整天为金钱而奔波时，当人们因获得大量资本而欣欣自喜时，知识就是一切发展的动力，产生动力之后，人们会发现，社会是一个大家庭。此时，从众会越来越淡化，心理显得越来越强大。一个人从众，往往就是碌碌无为之辈，一个人深刻认识社会，并产生无尽财富时，他往往就是精神独立，思维强大之人。社会存在于自然环境中，一个人生存在一个群体中，而此时，大部分人会产生盲目感，给生活带来诸多庸俗与平淡。

第二节
"坏事"也能成为一种传染病

今天,人们喜欢看待自己的生活为一种简单的社会因素相加,其中包括爱情、友情、亲情,还有地位、价值、意义与享受。在此基础上,人们开始思考种种社会问题。但有一点让人们常常忽视,那就是本能在人生中的作用。有时,人们为了金钱而盲目奔波,这是一种求生与享受的欲望。有时,人们为荣誉与地位苦苦寻索,这是一种发展与文明生活的标志。当世界已是一个价值系统时,人们认为本能就是一种互相作用、互相感染的过程,带有强烈的社会因素。今天,人们做一件事往往能带动所有人的敬仰。因此,本能发挥作用是一种必然。

在一个社会内,人们做坏事往往为人所不齿,但是,当一个人心灵世界丰富多彩时,他有一种真正的本能,并让自己始终思考做事的意义。由于人们意识上的自私,使得做坏事的人能成为仰视本能的一种必然。因此,做坏事能感染一群人,做大坏事能成为众人瞩目的焦点。因此,判断好与坏成为一种非常困难的事。当人们无法生存时，他往往会做坏事，形成社会效应，从而获得更高的生活享受。在此，做坏事一样能传染，甚至有强烈的复制性。

走在人生的道路上，旁人总是观望、竞价甚至是左右你的前程。在此，要获得绝美的人生，做好事与做坏事成为一种等同的生活。所谓好，即对人心理产生正面作用；所谓坏，即对人们心理产生负面作用。有人说："做事无论好坏，唯一的目标是获得利益。"在社会上，这两种人对生活、生存都有强烈的本能。在强烈的刺激下，人们可以从内心深入创造出一种激情，进而产生最本能的行为。只有这样，社会关系与自由成长才能保证。做坏事，往往是成长中最本能的部分，它不但能给人以强烈的刺激、思考与理解，更能看出一个人对社会的认识。因此，在社会中，追求与随从成为主旋律。那是美好人生的重要部分。

走在大街上，人们喜欢斜着眼睛看行人；站在楼顶上，人们喜欢抖动肩膀享受暖风；蹲在房间里，人们喜欢侧着脑袋用电脑……这些，都有一种"坏"的印记。事实上，它是生存与再生存于社会的本能，常常让人产生幸福与挑战。在此而论，人们的本能不但没失去，反而在一个社会内部形成更新、更美好的本能。只有让心灵发挥作用时，人们才能发现生存的意义与享受的意义。只有在自由到一切按部就班时，人们才能产生生活中的本能，并向着更高远的方向发展。在此，真正的人生意义产生于心灵，作用于生活，产生意义于社会与工作。综合起来，就是个人的发展，集体的进步与社会的繁荣。

那些只想着成功、收获与自由的人，只能是一种感情的发挥，那些追求一切美好事物的人们，总是能发现世界是两面的，甚至认为心灵是左右一切的事物。这就是本能，时时作用于一切现实。当人们做坏事时，有人会认为是好事；当人们做好事时，人们会认为是坏事。因此，做坏事是一种传染病，让越来越多的人产生意识，进而丰富人生。

《世说新语·贤媛篇》记载这样一则故事：有赵氏女人嫁女儿。女儿临走时，母亲嘱咐女儿，到了夫家勿为好事。女儿反问，那能不能做坏事。母亲严厉地说，好事都不能做，怎么能做坏事。

这故事困扰了我很久。不能做好事，不能做坏事，那么做什么呢？很多年后终于明白了赵氏女人的良苦用心。她是要女儿做好本分之事。一个女人嫁到夫家的本分之事大约是孝敬公婆，相夫教子，勤俭持家。这些都是本分之事，不是好事。一个女人能做到这些本分之事已经很好了，不必再超出这一标准做什么好事。

一来，本分之事都做不好，又谈何好事。比如医生不好好为患者服务，在某个特殊的日子到大街上为人们量血压，这就叫好事，而且要大张旗鼓地宣传。一个社会的好人好事，道德的榜样越多，可能恰好证明这个社会的不道德。

春秋战国时，各国都欲争霸天下。为了争霸天下就要增强国力，那时人口的多寡是衡量一个国家国力的重要标准。于是各国出台了许多增加人口的措施。鲁国有一条规定：无论谁在别国发现鲁国人做了奴隶，都可以花钱将他赎回来，鲁国政府再将所花费用补偿给当事人。

孔子的学生子贡是一个商人，他很富有。他在郑国发现了一个鲁国人沦为奴隶，就花钱将他赎回出来，带回了鲁国。他为鲁国做了一件好事，鲁国政府按照规定将他赎奴隶的钱补偿给子贡。子贡却表示，不要这笔赎金了，为国家做了贡献，这样他又为鲁国做了一件好事。

孔子听说这件事以后，严厉地批评了子贡的行为，也批评了政府的做法。孔子认为无论是子贡还是鲁国政府的做法都对鲁国有百害而无一利，是极端不道德的。

为什么孔子对这样一件看上去对国家很有益的事情却提出严厉批评呢？

当鲁国因为子贡的行为而将他树立为榜样之后，就会出现以下这些现象。

如果一个并不富裕的人在别的国家看见一个鲁国人沦为奴隶，本来他可以花钱将奴隶赎回来，再得到政府的补偿。他自己没有损失，对国家却是有利的。即便是一个贫穷的人，他也可以借钱先将人赎出来，回国以后得到政府的补偿，再将赎金还给人家就行了。他们这样做，即对国家有利，自己也没有损失什么。本来这是皆大欢喜的结果。可是，现在有了子贡这个榜样，事情就不同了。如果再发现鲁国人沦为奴隶，在赎还是不赎的问题上，他们可能要犹豫不决，最后很可能放弃行动，不再赎人了。因为，当他们付出了代价赎出了奴隶以后，回国向政府要赎金的时候，社会舆论或政府就会以子贡这个榜样来衡量要求他们。社会舆论也会说，你怎么不向子贡学习？人家都没要补偿，与子贡相比你的觉悟太低了。出人意料的结果是，他们做了对国家有益的事情，却被认为是没有觉悟的，甚至要遭到谴责。在这种要么金钱损失、要么道德谴责的两难选择和双重压力之下，他们就会放弃对国家有益的行为了。

那么很富有的人呢？就像子贡这样富有的人，本来钱财并不是问题，但他们也不一定赎人了。因为，即便他们很富有，可是人的天性都是自私的，他们不想白白损失一笔钱财。本来可以将人赎回来，再得到政府的补偿，自己没有损失，却对国家有利。现在他们却因为子贡这个榜样的存在，不敢贸然赎人了。可想而知，如果他们去向政府要赎金，社会舆论和政府自然又会用子贡来衡量他们的行为：你们跟子贡一样富有，本来就不缺这一点钱，人家都不要赎金，你们怎么还要呢？结果，他们也面临着金钱的损失和道德谴责的两难处境。既然如此，那就多一事不如少一事，为了避免麻烦和损失，放弃是最好的选择。

从以上分析可以看出，由于子贡这个道德的榜样，人们不再关心鲁国人是否沦为奴隶了，也不会再费劲地将他们赎回来了。就是看见了，也可能假装看不见。因为，在要么金钱损失，要么道德被谴责的情况下，放弃是最好的选择。子贡的行为，以及鲁国将他树为榜样，破坏了道德规则，混淆了道德观念，对鲁国有百害而无一利。所以孔子才严厉地批评这种做法。

鲁国政府出于功利的目的树立子贡这个榜样，本来就不是道德的。因为，道德不能有功利目的，有了功利目的就变为不道德了。鲁国这种树立榜样的作用是为了让人们都像子贡那样做出自我牺牲，损失个人的利益，而只对国家和政府有利。这种做法不但与道德实践相违背，也与国家存在的目的相违背。因为称霸和富强的目的是为国民谋利益的，现在却要从国民那里攫取利益。而且这种攫取是以树立道德榜样的形式进行，要求人们都要有自觉的殉道精神和高尚的自我牺牲精神。表面上看去十分正当，而且堂皇，摆出的是道德高尚正确的威严面孔。其结果却是将民众推入道德谴责和利益损失的两难境地，他们在心理上不免尴尬和猥琐，也使人们丧失了道德判断能力和道德的价值标准。

因此，从道德实践上来看，这样做对鲁国对民众有什么益处呢？可以说毫无益处。子贡该做的是本分之事，政府该做的也应该是本分之事。超出这个标准之后，就很有可能导致不道德。

另外，人们在道德上，更容易接受于己无损,于他人有利的行为。这本身就是道德的底线，也是高尚的道德，应该加以承认和尊重。道德与个人利益并不是矛盾的，而是统一的。个人利益得不到保障，个人就得不到尊重，这样的道德榜样，是最不道德的。

如果不尊重人们的个人利益，不承认人的最低道德标准，而要求人们只以殉道的精神和自我牺牲的精神来实践道德，这就违反了人的天性。其结果并不可能使人们趋向道德，而是使人们背离道德。人们就会放弃起码的道德标准和底线，人们可能只说道德的话，而不做道德的事。甚至相反，只说道德的话，也只做不道德的事。因为人们完全放弃了道德的可能性。这是最可怕的结果。

可见，做事是一种社会发展中的努力因素，在现实中，通过将事情做对，产生好坏两方面反应，就是一种对本能的发现与认识。

第三节
 一个人领导一群人：理想

生活中，人们总是喜欢用金钱享受；工作中，人们总是喜欢用价值衡量成败；事业上，人们总是喜欢用权威来评价功过。事实上，在社会中，人们最渴望获得的是"领导权"。所谓"领导权"，即对他人产生权威，对社会产生精神价值，对世界产生影响的现象。今天，人们可以通过实现领导权而使人生意义升华。当金钱、荣誉不再是人们首要考虑的问题时，他们必会产生一种至高无上的思维——领导他人。无论是集体还是庞大的组织，他们要想实现理想，就必然实现"领导权"。一个人能领导一群人，往往是一件非常奢侈的事。若一个人带领着一群人向着理想的道路前进，那就是无与伦比的享受，更是让社会产生尊敬的必要手段。

所谓的理想，即人们获得生存的方式，以及成就生存方式的载体。在此，人们努力、奋斗、收获，目的很简单，就是为了让人生意义升华，现实金钱与心灵上的享受。当人们获得生存权时，同时会产生另一种权利，那就是领导权。无论是政治行为，还是经济手段,甚至是文化发展,都需要一种最本能的心灵追求,实现领导权。有人问,生存是什么?其实,它就是一种对社会产生影响,让自身处于享受与自由状态。今天,人们的本能往往表现在对他们的领导上。一个人领导一群人,是一种很高尚的现象。在此,实现心理上的自由,获得充分竞争,享受无限的幸福,往往是一个人影响一群人的直接表现。

认真分析,我们能发现,理想人生是一种不断发挥,不断延伸的过程,甚至能从中获得利益与享受。因此,只有让人生充分扩大,才能实现理想人生。最需要生存的条件就是本能。当本能作用于社会时,它的性质不会变,而它的载体已不是自然,更非残酷的环境,而是一种追求自由与享受之上的人生追求。一个人能享受人生,往往是生存的升华,是一种自由生存,而最简单的人性已不能完全承载这一现象。实现社会的本能,就是群体生活;实现自然条件下的生存,就是自由奋斗;实现当下的生存能力,就是领导他人。从前,本能的人性往往表现在杀戮、惭愧与奋斗中,而今天的本能的人性,往往是追求美好,实现最大自由度,充分享受人性。

要想实现自由的人生,往往是本能自私的结果,往往是自由之上的快乐所决定。真正的美好人生,往往是本能在社会作用下渐渐升华的结果。在此,实现理想是一种本能反应,带有强烈的社会因素,如情感、知识与人性。只有表达出来的人生才是光明的人生,只有挣脱出来的人生才是美好的人生,只有奋斗的道路才是真正的人生道路。因此,追求是一种社会本能的集中体现。它带有强烈的排斥性,带有强烈的利好性,是生存之上的本能。

今天,领导权一直是一种本能追求的延伸,在现代公司管理中,亦能看到其强大的力量,甚至能表现出生存、文化、管理与领导之间的紧密关系。

初创公司的文化建设与成熟公司的文化建设是有区别的，30人的公司和3万人的公司管理机制肯定不同的。如果简单说，30人和3万人不变的一定是公司的愿景使命，但是文化，管理机制会变得越来越包容，进而变成体系。

先有制度带动企业文化发展，还是先有文化再设计制度。我们有句老话，制度越做越厚的话文化会越做越薄。文化是什么？说白了就是在这个公司做人做事的原则。公司创立之初，制度往往规范的只是底线、高压线，其他的大家其实都是效仿法律、道德、文化这三层就是一个人言行举止的判断。

说个小例子，好多年前，有阵子员工迟到现象很严重。但因为互联网公司工作模式很多人加班很多，单靠制度规范或打卡模式完全无法执行出勤制度。当时的两位高管做了一件事情，他们每天早上到公司门口迎接每一位上班的同事，问候他们。确实他们也非常心疼和感谢那些为了工作加班的员工。

但那些混在里面迟到的员工就感受不一样了，这事也就很好地解决了。其实这个背后的出发点就在于我们到底是靠制度去控制员工还是相信激发人性的善良和美好会产生巨大的能量。

但是要强调的是，这种招数上的复制肯定是无效的，如果是创始人、高管千万别去学招数，要想透背后出发点。招数可以有很多人有能力想，但当10个听上去都不错的招数放在你面前取舍时，要做判断的是你，这背后才是文化思想所在，这比想招数难多了。

传统的管理模式和互联网管理模式的本质区别在哪里？传统生产模式下标准化大规模生产追求的是效率最大化，人只是流水线上的螺丝钉。互联网化的现在追求的是激发每个人的创造力。

初创公司在团队扩张的过程中，是否要选择那些认同自己文化的人。其实文化除非是很怪异的，否则不太存在入职那刻就真的是否认同,是身体力行后去感知的。简单的一个诚信,难道会有人不认同?但是进来后你发现了这些行为背后的处理才是真正文化的体现。

公司是否真的坚持这些,尤其面临两难选择的时候,比如遇到合伙人出问题时,或者你很赏识的一个下属出问题时,所有的文化就体现在一个个具体的选择中。

大家讨论的时候,会提到90后甚至00后的问题,觉得他们的加入会与公司原本形成的一些文化氛围不同,那要怎么办呢?我说了,文化就在于"选择",别的形式的东西都是辅助。那是把文化理解得太狭隘了,那只是一个大家的工作或说话的习惯而已。90后与70后的很多习惯方式不同,不用上升到公司文化的高度,尤其是创始人,不该把这种错觉当作文化,因为不能把个人的思路和做事方式当作文化,太狭隘了。

公司文化形成其实不难,难在传承,没有终点。如何招一个人或者如何开一个人,背后就是传递一个文化,想清楚这点就不会局限在一个小局里了。

招聘应届生是否更容易宣传企业文化,更容易"洗脑"。招应届生目的是为了招听话的人,那我不认为他能招到好的应届生,应届生这个问题我们要认识到他的两面性。好的一面是可塑性强,获取成本相对较低,但绝不是因为容易灌输文化而思考的,那你永远招不到那些思考成熟有个性的高手。

应届生的另一面,他的培养周期长,1年内你就别太指望他有什么大产出,这就是你的投资。另外,一个好苗子没有好的高手去培养他们,没有好项目给他们,那好苗子也长不出来,就像一个神枪手必须要靠子弹喂出来一样。这样公司才会吸引到越来越多的优秀应届生。

你要是冲着廉价和听话去找的话，那应届生可能给你捅的娄子会让你抓狂，还不如招有工作经验的。

总结一下团队文化建设的核心环节就是大情和小情。大情就是员工觉得他工作创造的客户价值到底是什么，这是根本的驱动力。小情就是员工的感受氛围，比如严谨还是宽松等，他是否工作得开心。

这里面的陷阱在于很多公司往往关注了小情的打造，而忽略了大情的共识。那往往当危机、灾难或诱惑来临时，感觉团队不堪一击。两倍工资一开，核心员工就跑了这一类的问题就是没有大情的根基，很多员工最后干还是不干变成由某个人取决了（比如主管）等。

身处阿里多年，鹰王理解的"阿里味"是怎样的文化。阿里味没有标准答案，每个人答案也许都不同。关键是每个人都能找到一个自己喜欢的"味道"。比如我喜欢的理想主义、开放包容、激情活力。这是文化的精髓，一片好的土地是能让各种动植物都生长的。

湖畔大学是什么样子的。湖畔大学是培养真正具有企业家精神的创业者，学的不是如何成功，而是如何活下去。

湖畔大学入学要求非常严格，首先要考察企业家精神。企业家精神就是坚守底线和完善社会，湖畔大学第一届招生面试时自我介绍的命题就是"因为我，世界有何不同"，也就是这个公司创造的价值到底是什么。如果仅仅只是看到了某个商业机会而做，很可能就会把公司做没了，或者遇到危机或诱惑时就放弃了，那就是投机心态了。

实现领导权，往往是管理与文化的较量。就个人而论，它是自私的，就公司而论，它是社会性本能发挥到极点的一种表现。

第四节

一群人领导一个人：从众

从前，一个中学生，常常跟在别人后面。一天，班长买了一盘菜肴，打算请同学们吃饭。那同学看到，不说一句话，看着菜肴，一直跟着班长走到宿舍，然后呆呆地立在那里。此时，同学问："你在做什么？"他不紧不慢地回答："我没做什么。"同学听了，都哈哈大笑起来。

从这个故事中能看出，同学基本上没了判断能力，看到新奇事物就跟从，甚至不问理由，不求收获。这故事在同学中流传了很久，总是让人哈哈大笑。今天，人们认为从众的人没有主见，甚至有人认为，从众之人只能随波逐流。随着社会的发展，人们开始认识到，要想成为出类拔萃之人，就需要出众，出众的前提就是不从众。因此，一个人被左右一件事，往往是主见的作用，往往是知识与判断能力的驱使。在这个复杂的社会，人们总是渴望获得更多，奋斗更少。这即产生从众心理的源头。一个人能领导一群人，总是能看出他的能力与个人素养以及对知识观点的运用能力。当社会始终处于进步与改变中时，若人们缺少知识，往往就是从众的一群。在此情况下，更多的人选择封闭，甚至是对抗。而这种人是本能严重缺失之人，随着心理的成熟与人性的发挥，人们渐渐产生两种关于本能的认识，生存能力即本能和生存之生存至上即为本能。

生存之生存至上即是一种强烈社会内涵的事物。从前，人们为了生存，甚至愿意随波逐流，成为从众之一群。在此，人们认为心理不健康或心理不冲击的人总有从众的端倪。今天，有事业的人往往非从众；有工作的人依赖从众，无作为的人总是从众。事实上，这三种人有其根本特点。第一种人是完全独立的群体，独立就意味着对世界的本能认识，就意味着他对自然与一切人类行为的认识。第二种人是社会性人，他完全生存在社会内，享受一切社会给予的条件，甚至是政治对自身的影响，属中坚派。第三种人是本能自由，发挥人性的一群。在强烈的生活压力之下，他们发挥本能的机会比旁人多得多，但生活很糟糕。此种人属中下层，甚至是底层人群。今天，精英少于大众，而大众又是本能最健全的人群。它往往会出现一种心理疾病，那就是大众领导精英。所谓一群人领导一个人，主要就是时代发展与社会进步之间的矛盾。消除从众，是社会发展的一种高级形式。

看来"不从众"是伟人的必备特点，当然毛公和蒋公主要是在政治军事领域进行的战斗，距离今天的我们貌似有点遥远，商业领域的乔公则正在征服越来越多的人。苹果公司的创始人乔布斯职业性格中最广为人知的要素，也总是包含着固执己见这一点，而力排众议坚持下来的，也往往被证明是正确的。

从众的人不是第一种人，而第一种人往往能成就常人无法成就的事业。

生活中你总会发现这样的现象：在人流纵横的街面上，无论哪家店面，只要有成群结队的顾客光顾，那么这家店面的人就会越来越多；在繁华的商场里，只要人们争先恐后地抢购一种商品，那么便会有越来越多的人加入抢购者的行列；在濒临街面的草坪拐角处，如果有几个人踏出了几个印痕，那么便会有更多的人从这里穿行，进而走成一条小路；在同一个班级中，如果有几个孩子学英语，那么其他孩子的父母也会让自家的孩子开始学英语；在书店中，如果连着有一群人买同类的高考复习资料，那么该项复习资料会卖得越来越火……现代人们将这种行为或者与之相似的行为称为"趋势""大众化"或"流行"，心理学上将其解释为"从众效应"。如果你对这样的现象还存有异议，可以看一下最为经典的"阿希实验"。

1952年，美国著名的心理学家所罗门·阿希，为了了解人们是否会受到他人的影响，曾进行了一个实验。实验的具体内容如下。

他告诉前来参加实验的大学生们此次实验的目的是研究人的视觉。

在大学生们走进实验室前，他们事前安排好5个人装作等候做实验的人，这时来参加实验的一名大学生走进了实验室，当他发现已经有5个人先坐在那里时，他便坐在第六个位置上。

于是，实验正式开始，阿希拿出两张画有竖线的图片，一张图片上面有三条线段；另外一张图片中有一条线段，他要求参与实验的大学生比较线段的长度，并指出等长的线段。事实上这些线条的长短差异很明显，正常人是很容易做出正确判断的。

此次实验一共进行了18次，然而，在两次正常判断之后，当前5个参与实验的人，一致认为其中有两条线段是等长的时候，于是那些参与实验的大学生开始迷惑了，最终的结果是有33%的人受到了从众影响，有76%的人至少受了一次性的从众影响，只有

24%的人没有受到从众影响。而按照正常思维，人们判断错的可能性还不到1%。

阿希的实验让人们都感到吃惊，谁误导了那些参与实验的大学生？阿希，还是参与实验的人？图片还是线段？心理学上认为都不是，而是人们习惯性的从众心理。实验中前5位实验参与者用错误的答案，影响了第6个人最终做出的判断，进而引发出这种错误的认知。从影响力角度而言，这便能够让试图影响他人的人，利用这种心理来有效地影响他人。

对此，心理学家指出，当一个人在一种真实的或臆想的群体压力环境下，认知通常会以多数人的行为准则为标准，进而在行为上表现出努力与之趋向一致的现象，这是一种普遍的社会心理现象。从众本身没有好坏之分，却可以很好地被人们利用成为为自己服务的工具，也就是说它能够更好地用在影响人的环节中。对此可以用如下真实的故事，给大家以答案。

一个中国女孩出生在英国，长在英国，她所受到的教育以及生活方式都是英式的。女孩12岁的时候和妈妈回到中国生活。下了飞机后，女孩和母亲欲穿过马路。可在十字路口时，红灯亮了，路面上没有车辆行驶，她习惯性地站在原地等候，这时她看到周围的人全部没有注意红灯是否亮着，便横穿马路。她张望了一下，没等妈妈拦住她，便也跟着大家横穿了马路。当妈妈询问她为什么的时候，她低下头说："我以为这么多人都这么做，他们的做法是对的。"

后来她一直在中国长大，这件事情早已被她遗忘了。一个偶然的机会她又去了英国，也是在一个十字路口，红灯亮了起来，路面上没有车辆行驶，她按照中国人的习惯，要穿越马路。走到路中间的时候，她突然发现前后没人，回头望去，发现英国人全部秩序井然地站在原地等候，他们都诧异地看着她，她的脸"唰"地红了，赶紧退回到人群中。

在此，不去评论女孩前后的举动是否正确，也不去评论两个国家的秩序好坏，仅从女孩的心理活动，以及做出不同举动的行为来看，女孩受到了从众心理的影响。因为人们意识中会习惯性地认为，大家都坚持的想法以及都做的举动是正确的，否则这么多人中一定会有人发现这是错误的，进而拒绝做此事情。既然没有人提出这样的质疑，那么大家便可以继续着同样的行为。

歌德说："不管努力的目标是什么，不管他干什么，他单枪匹马总是没有力量的。合群永远是一切善良思想的人的最高需要。"正是这种心理，使越来越多的人投入同行为或者同一件事情中，即使这件事情是错误的，他们依然会毫不犹豫地继续。

心理学家认为："凑热闹和随波逐流是人性的弱点。"而该观点主要是从影响力的角度而言，因为这会被主动施加影响的一方利用，成为为自己服务的工具。例如，推销员在向顾客推销产品的时候，会习惯性地说："你的邻居们都买了该产品，你也买吧，没错的。"或者说："其他人都买了该产品，反响不错，你可以试一试。"于是，人们纷纷购买该产品。但事实上，他们的邻居是否真的买了该产品或者是否反响不错，只有等到他们购买了该产品之后才能得到最好的验证。

既然人人都有从众心理，所以当你试图影响对方接受你的观点、意见以及为你做事情时，便可以利用他人这样的心理，通过制造"随大流"的声势，创造权威性的从众效应，以及借助他人的力量，有效地影响对方为自己服务。

第五节
将个人放入群体中：追求顺从

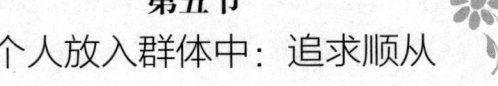

人们常说："孝贤天下。"这是中国人持家心声。就一个家庭而论，它是一个"男主外，女主内"的规矩。因此，人们在做一切事之前，总是追求顺从，尤其是女性，在家庭中扮演着重要角色。因此，一个家庭男女双方之事，往往是男人养家，女人持家。漫长的历史中，人们总是顺从天理，明白事理，遵从真理。今天，人们总是渴望在社会中发现自己的一切，对自然的有限认识与社会的无限认识，让人们对心理追求成为生活重要组成部分。追求只能表现在过程中，当结局慢慢降临时，人们发现，人生并非如此美好，它总是残忍的，甚至充满挑战。所以，今天的人们总是追求顺从。在本能的人性中，顺从占据的位置非常弱。

追求顺从往往表现在社会中，往往表现在对自由心身与健康享受之上。因此，当人们失去追求的理想时，唯一明智的选择即顺从。顺从能让人产生复杂的心理反应，能让人对一切事物产生深刻认识。因此，在自身修养方面，顺从带有强烈的社会性，甚至涵盖着人性与文明之间的妥协。在此，只有将人性深藏在内心，并在最困难、最痛苦处出现，才能让人生光辉闪现。只有追求顺从，人们才能发现身边的一切都是美好的，才能发现社会与自然之间的神秘和谐。当人性只能存在于独立人格中时，人们会渐渐产生成就感；当人性只能存在于血腥的本能与搏斗中时，人们会渐渐产生对自然的认识。

顺从，是对强者的妥协，是对弱者的同情，是对同类的爱怜。因此，当人们生活在群体中时，首先面对的问题就是适应，然后是发现问题，最后选择解决这些问题的方案。当问题多到无法解决时，人们要想成功，或许会选择斗争，或许会选择坚持，但最明智的选择，就是顺从。在一个强大的社会内部，若不顺从，只能给自己带来麻烦。在此，顺从是一种天生的秉性，作用于人们的心灵深处。当一切已按部就班地发展时，顺从往往是最具适应性的心灵与行为反应。在一个强大系统内，人们了解昨天，左右今天，发现明天，一切尽在掌握时，顺从是最好的选择，从而提升生活质量，赢得一个又一个成就，实现真实的价值。

经常听人们说："一失足成千古恨。"但我并不这样认为，人难免会经历失败，或者挫折，但这些都是成长中必经之事。谁也躲不开，谁也逃不了。不要用一次的失败去决定一个人的一生，反而要用长远的眼光去看待每一个人。古人不是都说了："浪子回头金不换。"这句话不正推翻了上面的话吗？

在这个世界上，没有什么定律，我自己的观念是，失败不代表什么，它只能证明我们曾经经历过那些事，我相信努力，我相信付出，我相信这个世界上存在的价值。对于学生时代来说，我已经是一个元老级别的人物了，但对于生活来说，我只是一个初出茅庐的后生，我虽有初生牛犊不畏虎的精神，但我觉得那样的人始终只是一个生活中的莽撞夫而已，即便是有那么一丁点小聪明，也不能改变什么。对处于现阶段的我来说,要的并不是一夜发达的机遇,而是生活给我磨炼的机会。假如人生没有了挫折与失败,那生活岂不是显得太单调了,这样的生活,难道你不觉得无聊吗?没有了成长的过程,那样的生活跟一杯白开水有什么区别呢?即便是安安稳稳地过一生,那又有什么意思呢?我想这样的生活,很少有人愿意过吧!在我看来,成长路上的失败并不可怕,可怕的是你不敢去尝试,不敢去试探,不敢去历练。如果你永远把自己装在保温瓶里,那你永远都只是一个生活中的懦夫。那样你失去的不只是自己,还有你身边的人,还有一些可遇而不可求的机遇。如果你不敢去尝试那些生活中的困难,那你就永远也不能理解困难之后的兴奋与感悟。失败不一定是可悲的,就如同有时候成功也不一定会是高兴的。

这个世界上没有绝对的东西,只有相对的。如果当初,越王因为一次失败而就此沉沦,那如今又怎会有卧薪尝胆的壮举呢?文天祥要不是因为受到层层打击,又怎会有"人生自古谁无死,留取丹心照汗青"这样的千古豪情呢?欧阳修要不是因为厌倦了官场上的尔虞我诈,又怎会有"醉翁之意不在酒,在乎山水之间也"这般的优美佳句呢?陶渊明要不是在官场上屡受打击,又怎会有"采菊东篱下,悠然见南山"如此的田园美景呢?例如这些先行者们,他们之前都失败过,那又能说明什么呢?或许他们也曾惶恐过,那又能代表什么呢?这些所有的经历,在他们功成名就之后,就已成了浮云,他们最终都战胜了困难。

在如今这个压力倍增的年代里,人更重要的是心理的承受能力,而非失败与成功之间的互转。假如你是旷世之才,但你的心理承受力很差,纵使你再有才,终究会沦为平庸。相反,如果你心理承受力强,即使你很平庸,也不会被生活击垮的。人活的就是个心情,心情好了,纵使再困难的事,你也会挺过去的。如果你整天都愁眉苦脸的，即使很小的一件事，也会让你觉得痛苦不堪。假如你的心情是阴霾的，那就算是你身处欢乐谷底，你也不会感到一丝快乐，如果你的心情是晴朗的，即使身在顽石之下，也会觉得是幸福的。其实想想，生活也没有什么可怕的，即使生活再艰难，我们不都是一天一天地过着，日子它不会因为你心情不好而加快脚步走，同时也不会因为你心情好，而放慢它的步伐。时间才不会理会你高不高兴，它始终不紧不慢地走着，我们与其一心求成，倒不如静下心来，享受每一次的失败，这样我们也不会老是怨天尤人，可能还会发现，原来快乐一直都在，只是被你忽略了。

我们的生活一直都在变，慢慢地成功的意义也被曲解了，很多人都用金钱去衡量一个人是否成功，慢慢地这种观念在我们脑海里根深缔固了，因此很多人为了金钱，就立马不择手段了。随着时间的流逝，慢慢地大多数人都在生活里丢了自己，太多人都迷失在了找寻金钱的路上，从而失去很多次遇见伯乐的机会。当你为了金钱而不择手段的时候，你会发现在你的世界里就只有钱了，你用金钱为自己装饰了一个虚幻的王国，可能你会很风光，但每个夜深人静的时候，也就是你最痛苦的时候。到那个时候，陪着你的只有你的钱。我不是说钱不好，只是你要只是为钱而活，那么钱对你来说或许是一种痛苦。我个人认为，对于我们这个年代的人来说，金钱或许并不是唯一的目地，相对来说，能找到一个可以体现自己价值的地方才是最终目的。

其实成功很简单，它可以很小很小，小到仅是给家人做一次饭，或者说陪爱人看场电影，陪爸妈吃顿饭，和朋友在一起谈谈过往，畅想一下未来。诸如此类很多很多事情都可以称之为成功。从这些细微的小事情中，你会发现自己在慢慢成长。做事的时间多了，抱怨的就会相对少了。成功不一定非得是个人的，它可以是一个团体，也可以是一家公司。总之，只要你觉得自己体现了价值，那就是成功。成功不是别人能给的，而是靠自己努力拼搏的。能给的成功那也只是一场悲剧，是只有结局，而没有过程的经历。一张白纸能有什么价值，不经历别人的打磨与蹂躏，它就始终一文不值。

选择逃避不是顺从，选择挑战更非顺从。在这个复杂的社会，选择往往是权利的表现，当选择让人们眼花缭乱时，放弃一切，踏实地生活，往往是超负荷运转之后的必然归宿。选择让人成就事业，奋斗让人实现理想，顺从让人一生幸福。

第六节
心理诉求：个人＋沉默＞社会

沉默是人们对社会认识的开始，思考是人们了解社会的先驱，发展是人们正确认识社会并实用的结果。因此，当人们开始享受生活时，总是因种种问题的出现而左右徘徊。今天，越来越多的人愿意思考，甚至愿意扩大精神，进而扩大现实世界。在此，获得大量知识，了解浩瀚的信息，成为个人理解社会、获得理想人生的标志。在强大的知识与信息面前，人们实现更大的自由度，使人性发挥成为可能。个人是社会的细胞，个人健康决定社会健康，同时，社会健康为个人健康带来有限作用。因此，只有将个人发展与健康放在第一位，才能实现一切身心与理想的健康。

20世纪70年代，"社会心理学危机"出现，莫斯科维奇指出主要原因在于主流社会心理学的个体取向忽略和遗忘了人类思想中社会的、集体的意义的特性。它既不研究作为一种个人与社会之间互动的社会行动，也不去研究社会中的个体，心理学已经变成一种私人生活的心理学。

社会表征理论有着浓厚的欧洲文化传统。莫斯科维奇当然也深受马克思、迪尔凯姆、韦伯、弗洛伊德、列为施特劳斯、福柯和皮亚杰等人的影响，尤其是迪尔凯姆提出的集体表征概念，对莫斯科维奇的影响尤为深远。但是莫斯科维奇用来研究个体与社会关系问题的方法是与迪尔凯姆完全相反的。在提出社会表征理论的过程中，莫斯科维奇主张密切关注人类生活根基中的紧张，即个体与社会、群体与社会、社会中个体之间难以捉摸的紧张。对这种紧张的研究应是社会科学研究的基本问题。在日常生活以及人类日常生活的形式中，这种紧张是通过交流和符号表征得以显现和起作用的。因此在莫斯科维奇看来，社会心理学应该将交流和社会表征作为其研究的核心现象。正如可以将社会构想为一个经济或政治的系统，也可将社会构想成一个思考的系统。所以社会心理学的主要任务是探讨社会表征的起源、结构、内在的动力以及社会表征对社会的影响，即探讨"思考社会"的本质。

莫斯科维奇认为回答个体与社会之间的这种难以捉摸的关系是社会心理学的最基本问题，而迪尔凯姆则为这一问题提供了解答的线索。当然，莫斯科维奇在原则上并不同意迪尔凯姆的观点。但是他赞同迪尔凯姆所提出的使社会生活得以可能的唯一因素是社会中的个体所共享的集体表征这一观点。也就是迪尔凯姆提出存在着一个共同意义领域，通过这个共同意义领域，个体之间的竞争得以调节、合作得以协商、愿望得以沟通、秩序得以维持。简而言之，正是通过这个共同意义领域，生活才是多姿多彩并充满着意义的。但是，莫斯科维奇并不同意尤其是在当前的社会情境中迪尔凯姆所界定的表征的本质。因此，他在吸取迪尔凯姆关于集体表征概念的丰富内涵的同时，也对其进行了修改——用"社会的"取代原来的"集体的"。

在迪尔凯姆眼中，社会生活本质上是由各种表征构成的。而表征既是指思维、想象、感知的模型，又是指思维、想象、感知的内容。迪尔凯姆将表征的概念与个体意识和集体意识之间的区别组合在一起。这样，人们就具有了个体表征与集体表征。他援引集体表征的概念来描述符号的系统，借此社会逐渐意识到自身。迪尔凯姆将宗教、法律、道德、习俗、政治制度等全部包括在此系统中，并由此产生个体的表征。由此看来，迪尔凯姆为个体与社会关系问题提供了一种以社会为终端的结果，即"一种社会事实的功能应该永远到它与某一社会目的的关系之中去寻找"。

莫斯科维奇指出这一规则认为在个体的或心理的水平上不可能对社会和文化产生因果关系的影响。社会是自己而不是其他方式产生其自身并对个体产生影响。社会与个体之间的关系是不对称的，社会具有主导甚至是决定的地位。

集体表征作为一种范畴，由于其包含的内容过于宽泛，已经变得毫无意义，甚至在其解释社会现象的可能性上亦是如此。而且集体表征在当代社会中更是对社会心理现象置之不理。迪尔凯姆的集体表征被用来指代大量知性形式、科学、宗教及神话的分类，却未能在细节上提供它们各自可认识的特性。而且会导致人们认为"表征就是与集体是相等的并且是与没有其他表征存在的群体相关联。这就导致表征的静态特点并与封闭的社会联系在一起"。并且"不论针对表征存在着哪些相互关系和交换，它本质上都是集体的。群体的每个成员都会发现表征是无须介入并且是预先建立的，这就导致了表征的强制特征，而群体成员只能对其无条件地服从"。

但是伴随当今社会对劳动划分的日益复杂，社会不再像上述社会那样运行，而是有了更加复杂的结构和类别。在这种背景下，不仅个体要对不同文化意识更加开放，而且这种文化集合本身也必须是流动的和可渗透的。因此迪尔凯姆的集体表征已经不能描述当代的社会和文化现象了。

对迪尔凯姆在个体和社会领域之间的区分，莫斯科维奇指出："当社会心理学形成这种区分时，就会阻止其去审视个体、集体与这二者的共同领域之间的关系。而这一点将会使我们摆脱二分的窘境，即那种我们不得不在二者之间做出选择：社会统一体大于它的各部分之和或者个体全部是由内在的心理属性构成并且对一套外部刺激做出反应。"

莫斯科维奇试图用社会表征的方法确认和识别这种社会的规范性力量与个体的变革和创造的弹性之间固有的紧张。社会表征这个术语目的是描述社会与个体之间的那种紧张所存在、显现、活动的共同领域。它并不是提供一个或偏向于社会或偏向于个体的最终结果，或者可以称之为那种最后的因果关系。更确切地说，这种社会表征是要指出社会文化与个体心理之间的一种对称的、辩证的关系。而这种紧张的结果就是这些社会心理现象的产生，因此，要彻底理解这些现象必须在现象背后对这种固有的紧张进行解释。一旦将个别性与集体性分离，将你的注意力从这两者的冲突上转移开，那么一切将会变得不同：你将自己或是限于认知心理学或是知识社会学。

社会表征理论提议将社会与文化重新纳入社会心理学中，而这种方法也确实是一条挽救正在被从存在中抹去的主体的途径或者是一条重构那种仅为某种其他特殊实在的副现象的途径。但是莫斯科维奇不是通过个体或主体的理论化，而是通过为社会提供能够确保属于个体空间的方法保留了个体的主体。所以莫斯科维奇宣布创造社会表征的观念不是为了解决心理的，而是要解决社会的问题：是什么将人们结合在一个建立了社会的群体中并且使他们共同行动。

社会心理学中的还原主义的趋势是社会表征理论最关注的问题

之一。在为社会心理学寻找一种具体人类现象作为其研究核心的过程中，莫斯科维奇极力反对目前心理学及社会科学中存在的那种一般意义上的理论和方法，也反对将人类生活还原为某种其他类型的现实。莫斯科维奇不赞同他所称之为"自我中心的理性主义"的观点，或者目前在心理学中存在着的"拒绝从社会的、意义的思考而去寻求一种形式的、孤立的计算的还原"的现象。当然也同时反对社会理论中的反心理学倾向，这种倾向将心理学的解释斥为"心理主义"。对于这一状况，莫斯科维奇认为缺乏对社会现象的心理方面的关注已经导致社会科学对现实缺乏关注，对社会现象是由人构成的这种简单事实缺乏关注。

　　莫斯科维奇在迪尔凯姆派的一些最重要的概念中证明了这种不可避免性。例如，对神圣与世俗这二者的区分就是以相同的基本心理过程为基础的。通过塔德和勒邦所论述的群体心理，莫斯科维奇指出在宗教仪式中个体的或心理的重要作用。他详尽地指出，即使严格地遵守迪尔凯姆的文本，我们仍将看到心理学似乎是他宗教、社会团结、道德等理论的有效润滑剂。出现这种情况的原因是为了社会共识的发展，需要一些基本社会心理过程，如从众、社会性约制的内化等。当然，迪尔凯姆自己最终也承认他的社会学距离心理学并不是很遥远，从一定意义上说它也是某种心理学，只不过是比心理学家构建的心理学更具体、更完全。

　　莫斯科维奇指出尽管上向还原倾向还很微弱，但在社会心理学中也已开始出现。他指的是这些对小群体的结构、个体通过角色和地位层次形成他的同一性和社会地位、大众沟通、参考框架及群体间关系的研究。他认为这些研究使社会心理机制隶属于行为的文化和社会情境、心理功能基础方面的社会框架或者文化的学习及社会化过程方面。这一评论明显是指一直广泛遭到批评的带有行为主义倾向的理论。

而导致下向还原主义的原因则是以下的三个推论。

社会与非社会基本过程之间的不同只有一个等级并且现象层次是按照从简单到复杂、从个体到集体的顺序建立起来的。那种社会过程不是指社会现象的存在由其自身具有的规则管理，而是指它们由心理的规则加以解释，而且同时这种规则是建立于生理学的假设规则。最后，社会与非社会行为在性质上没有区别，其他人只是作为一般环境的一部分介入其中。

接受这些推论意味着社会心理学将会成为普通心理学的一个专门分支，它的功能是揭示一般性的普遍过程，像知觉、判断、记忆等。这样"社会心理学能做的只能是在人类或动物行为中更详细阐述确定的变量，并在最后的分析中，将其还原为动物或个体心理学、心理物理学或心理生理学的规律"。

莫斯科维奇构建了"思考社会"的心理学。由于社会表征理论假定社会心理现实是社会力量与个体创造性二者之间动态的相互作用的结果。因此它既不能还原为社会，也不能还原为个体。换而言之，社会表征理论假定了文化与个体心理之间相互依赖，共同发展，即思维与语言之间的相互依赖。这当然不是遍及社会科学及社会心理学历史中的那种特异观点，但是它与米德的观点相符合。在莫斯科维奇对迪尔凯姆集体表征理论进行批评的同时，也主张一种思考的社会的心理学，在这种思考的社会中，个体与群体不再是消极地接受，而是自己去主动地思考、形成和不间断地交流他们自己独特的表征以及他们自己所设定问题的解答。

在如何进行社会心理学的研究方面，这些本体论的假设已经隐含地规定了某些结果。具体地说，它提出了社会心理学的研究领域、现象以及研究方法。

而莫斯科维奇认为社会心理学的研究领域，应该是前面已经提到的探讨那些和意识形态及沟通有关的议题，探讨其结构、发生、功能以及文化历程。如果我们赞同对该领域的这种描绘，那么社会心理学的主要挑战则是使符号现象成为它的核心，而这些符号现象也是所有文化进程的中心。正是通过符号现象，个体与社会文化之间的交换得以开展、进行以及嬗变。社会心理学的任务是"探索形成从主观向客观以及从客观向主观嬗变链条的原理"。这只能意味着社会心理学必须将最重要的归于心灵的内容，而它可以用词语及事物来表达和显示。莫斯科维奇认为没有独立于结构的内容，也没有脱离心理情境与社会设置的认知。

为了完成上述任务，实现社会心理学首先必须致力于提供能够识别、描述这种现象的一般理论，而这些现象等同于从个体、主观、心理要素到社会、客观、文化要素以及从社会、客观、文化要素到个体、主观、心理要素的嬗变。莫斯科维奇追问："如果没有这样的现象，一门科学如何能够希望做出有用的、普遍的、理论性的贡献？"因此他提出：社会表征或许可以为社会心理学承担这种任务。不只是因为它们处于集体记忆的核心，而且由于它们在一般意义上是行动的先决条件。

莫斯科维奇认为，就像社会学中韦伯的"魅力"、迪尔凯姆的"集体意识"等概念一样，他称之为"社会表征"的这种现象不可能被清晰地定义，进行操作性定义更是无从谈起。它是一个一般描述，目的在于把握作为两种对立力量之间动态关系结果的现象，即社会的规定性、习俗化力量与个体的自由、创造性。对于人们从不同研究中获得的对现象的不一致描述则是不可避免的，这是由不同研究将侧重点放在个体或社会这两个不同方面而形成的结果。而作为一种普遍的理解，或许可以将社会表征视为摩尔层面的意义复合体，可以作为个人的准则对人类行为进行调控。

由此，可以这样认为，第一，在任何给定的时间内个体都处于社会共享意义流的包围之中，并影响着个体对经验的理解以及目标的决定。这些意义是预先规定的，因为在人们开始思考之前它们就已经出现了，通过集体的力量，它们规定了人们应该思考什么。第二，个体并不仅仅是所有这些意义的被动接受者。他们能动地、实用地、知性地、激情地参与应对他们的独特问题。这样，他们可以扩大或修改现有的意义，在现有的意义基础上灵活地变通地行动，而不是完全与它们保持一致。正是这样的个体观念导致集体意义以及文化不断地变迁。从社会的角度看，社会表征是规定性和习俗化力量，但从个体的角度看，它们又是个体意愿的聚合。因此社会表征是一个矛盾：它是一个不断改变的永恒。

很显然莫斯科维奇所使用的社会表征含义并不是指人们在神圣的传统或古兰经、圣经、佛经等宗教典籍中所发现的那种文化遗产，尽管它们为社会表征的产生提供了丰富的资源。更重要的是，社会表征不是一种普遍的、抽象的、像迪尔凯姆意义上的宗教那样无所不包的普遍范畴，而是一种局部的具体的类别，只有处于特定时空位置中的特定人群才能够享有其功能。

因而，社会表征对心理现象的研究应该包括对认知系统中的社会文化元系统所开展的调控进行分析。强调在日常社会心理功能运行中承认社会文化元系统以及认知系统的存在是社会表征理论的一个非常重要的方面。而且由于社会表征研究的重点是描述这两个系统之间的关系，所以使这一研究独具特色的不在于普遍化与抽象的方法，而在于社会与历史的特定情境方法。

第八章
一种变形的思维定式：欺骗

第一节
现实失去口碑——欺骗行为

　　走在大街上，人们发现生存就是不断地发展，形成智慧，并不遗余力地实现目标时，人们总是认为，交往是一种奢侈行为，甚至有人认为，交往即获得一切感知与能力的深化与再表现。当交往成为一种普遍而高尚的行为之后，人们会发现，真正的交往只能存在于瞬间，交往让越来越多的人认为，社会已浮躁不堪，人生已盲目至极。因此，为了获得种种目的，人们不惜一切代价地竞争。在能力与知识不能平衡的状态下，人们总是渴望获得便捷的成功路径。在此，人们便产生种种诡辩的思维，甚至不惜一切代价获得未来的一切。

　　当交往成为一种社会行为的支点时，一切真正的行为都蒙上一层盲目的面纱。在盲目中，人们可以寻找一切可以寻找的事物。深入交往，往往让人产生不正确的思维，形成变形的人际关系。因此，当人们不断地交往时，他们会惊奇地发现，要想获得更多的人生享受与生活意义，欺骗往往是最有效的方式。欺骗是一种贪婪本质的追求。在此，欺骗往往是思想变形，甚至是认知发生严重偏差，寻找一切捷径，并获得成功的行为。当人们因在欺骗中获得他人认可，并将自己可怕的心思隐藏起来之后，他们会发现，这种生活非常有意思。

只有让人生存在思维与社会中时，欺骗往往带有很多善意的成分。当人们一次欺骗并成功之后，发现世界如此简单，人性如此深邃，道德如此不堪一击。在此，人们会失去社会赞誉，但一次又一次的欺骗能让人产生心中极度的享受，进而让一切变形，形成一种极度的自私自利，不惜一切代价地走捷径。此方式导致的最终结果，便是严重脱离实现，让自己处于无知与赤裸裸的功利中，失去人生方向，进而让生存产生一种变态的思维，最终使得自由与真诚毁于一旦。在此，现实会无情地压倒欺骗者的口碑。在强大与真诚面前，欺骗只能是一个孤立现象的本质表现。在此，人们可能会获得一定的自由与自我认同感，导致的结果则是"坐井观天"，一日不如一日。而就个人而论，欺骗直接导致人们欺骗自身，不断地背离现实，肯定自身。一种极度空虚与失衡、非和谐的局面根深蒂固。最终让人们绝望，产生生存危机。

欺骗，只能存在于反面的阴暗世界里，真诚与阳光是杀死它们的利器。欺骗只能存在于孤立之中，只能因真实而产生种种分辩，直接导致人性死亡，真正的人生意义被颠倒。

加的夫巨人骗局是最早的一个考古骗局。19世纪中叶，美国存在两种截然对立的观点：一种是达尔文的进化论，另一种是正统的基督教徒坚信的上帝造人说。1868年，无神论者乔治·赫尔和一名牧师展开争论。乔治问牧师："你是想告诉我，很久以前地球上就有巨人出没？"牧师说："当然了，只要《圣经》说了，就肯定没错。"为了愚弄牧师，也为了讽刺那些反对进化论的人，当天晚上，乔治用一大桶啤酒从采石场换回一块 5 吨重的石膏石，又花钱请了一位雕塑家，把它雕成一尊巨大的裸体巨人石膏像。为了让它显得年代久远一些，他在石膏像上浇上硫酸，然后把石膏镶嵌在一块又大又厚的石板里，埋在他堂弟纽维尔在纽约州加的夫地区的农场里。

一年后，按照计划，纽维尔从加的夫当地找来两个老农，在他指定的地方"挖井"。当两个挖井人挖到很深的地下，忽然发现地下露出一双 40 多厘米长的大脚。他们再挖下去，"巨人"的腿、躯干、腹部、上肢和巨大的头颅也露了出来。乔治兄弟宣称：他们发现了一具史前巨人的化石！当地报纸对此进行了大篇幅报道。不久，一个大帐篷支在了纽维尔农场的旷野中。每个专程来看"巨人"的人要付 50 美分入场费，才能进入帐篷一睹"巨人"的风采，因为收费低廉，成千上万的人来观看化石。乔治兄弟不仅捏造了这个骗局，还借此发了大财。在随后的两个月里，这尊雕像给他们带来了 10 万美元的收入。

也有一些人不买乔治的账，就在科学家开始质疑"加的夫巨人"时，乔治主动站出来承认造假。有趣的是，尽管乔治承认造假，来自各地的参观人群依然络绎不绝。人们认为那东西确实太有意思、太吸引人了。而乔治索性带上"巨人"四处巡展。乔治的这个伪造巨人引起了巡展承办人巴纳姆的兴趣。他向乔治提出以 6 万美元的高价租下"加的夫巨人" 3 个月，用于在美国各州巡展。乔治拒绝出让自己的摇钱树，而巴纳姆索性掏钱仿造了一个，还四处宣称自己手中的才是真品。而这个赝品的赝品，竟然给他带来了更多的收入。

1889 年，一座巨大的铁塔在巴黎拔地而起，它就是法国政府为纪念法国大革命 100 周年修建的埃菲尔铁塔。虽然自建造之日起，围绕铁塔的种种议论不绝于耳，但最为耸人听闻的是一个骗子把埃菲尔铁塔卖了两次。1925年,巴黎坊间有传闻说:由于法国政府无力承担这座铁塔,有意把埃菲尔铁塔拆除后,当作废铁卖掉。不论传闻是真是假,这个小道消息给了维克多·拉斯提格"施展才华"的机会。如果没有这个骗局,维克多也就是一个浪迹巴黎城中、靠打牌作弊骗几个小钱儿的小混混,而不会成为一个超级大骗子。

听到法国政府打算卖掉埃菲尔铁塔的传闻后,维克多计上心头:他将自己伪装成法国邮电部副总监,邀请5位废品收购商参与"竞标"埃菲尔铁塔的拆除项目。维克多带着商人们到埃菲尔铁塔上面转悠了一圈,信口说了一些什么"铁塔将要拆除、卖掉这些材料能赚一大笔钱"之类的鬼话,然后故意神秘地告诉他们:"政府不想让公众知道这件事。因为一旦民众听说心爱的埃菲尔铁塔要被拆除,定会引起轩然大波,故而必须保密……"收购商们对此深信不疑。为了拿到这笔大单,他们争先恐后向这位"大人物"行贿。等到他们发现这是场骗局时,维克多早已不知去向。有意思的是,其中出钱行贿最多的收购商叫鲍里森,而这个名字在法语里是"鱼儿上钩了"的意思。擅自买卖国有财产是个不小的罪名,受骗的商人既不敢报警,也不敢向报界披露。维克多在躲避了一段时间后,发现此事没有见诸报端,就重新潜回巴黎,如法炮制,居然把埃菲尔铁塔又卖了一次。

1983年4月25日,联邦德国最大的画刊《明星周刊》突然爆出一条惊人消息:发动第二次世界大战的元凶希特勒当政期间所写的60多本日记突然面世!《明星周刊》还披露:这些由希特勒亲笔撰写的日记起自1932年6月22日,终于1945年4月中下旬。就在全世界的二战史学者对这60多本希特勒日记唏嘘不已时,5月6日,联邦德国内政部长在记者招待会上宣布:所谓"希特勒日记"纯系伪造!这到底是怎么回事呢?

这要从《明星周刊》的资深记者杰丹·亨德曼说起。一次偶然的机会，亨德曼弄到一本名叫《墓穴》的书。该书记载：在希特勒自杀前9天，一架满载着希特勒私人文件的飞机，在从柏林飞往贝希特斯加登的途中失事，坠毁于德累斯顿附近。后来，有人从飞机残骸中取走一只完好的金属箱子，里面装着大批希特勒的私人文件。根据书中这些不靠谱的线索，亨德曼开始了追踪调查。从慕尼黑一位"收藏家"口中，亨德曼得知，一个叫"费舍尔"的人拥有大批未发表过的希特勒手稿。按照"指点"，亨德曼毫不费劲地找到了"费舍尔"。"费舍尔"告诉亨德曼，他确有《墓穴》一书中提到的那一箱子"希特勒的'私人文件'"。"费舍尔"的"收藏"令亨德曼大开眼界，《明星周刊》不惜花了930万马克（约合1000万美元），买下这些"希特勒日记"。拿到"希特勒日记"的《明星周刊》马上将日记连载刊登。可是，随着科学家对日记的纸张、墨水、笔迹、装订胶水等进行鉴定后，一个令人尴尬的结论出现了：所谓的"希特勒日记"其实是二战后问世的赝品！

实际上，这60多本"希特勒日记"的真正作者是一位制造赝品的天才康拉德·库肖。而库肖便是那个坑了《明星周刊》约1000万美元的"费舍尔"。

库肖早年在海军服役，1963年前后，库肖开始从事伪造行当。最初，他伪造一些午宴的付账单，后来开始伪造凡·高、伦勃朗、莫奈等西方艺术大师的油画和纳粹执政时期的物品。因为其"作品"每次都能顺利出手，所以，库肖大言不惭地自封为"20世纪最具才华的非原创艺术家"。

根据库肖后来供认，在伪造希特勒日记前，他用了数年时间模仿希特勒笔迹。1978年—1983年，库肖仿照希特勒笔迹，先后"制造"出63本"希特勒日记"。库肖伪造的"希特勒日记"，不仅在笔迹摹写方面达到炉火纯青的地步，而且在内容上也令人真假难辨。如1945年4月20日，这天是希特勒的56岁生日。库肖这样写道："我在这儿过56岁生日，如此的生日！苏联人离我们的碉堡只有500米远了。我要和埃娃·布劳恩结婚，然后立遗嘱。"为了提升日记的真实性，库肖在日记最后模仿希特勒秘书马丁·鲍曼的口吻写道："按照元首最后的指示，元首死于3点31分，万岁！"真相大白后，亨德曼被《明星周刊》开除，《明星周刊》总编辑也引咎辞职，杂志失去了7万订户。作为始作俑者，库肖被判入狱4年。

欺骗往往是自己信任自己，对自己产生高度认识，进而以自我的方式挑战世界。这是一种极为危险的行为，最终导致人们失败、被指责，甚至走上绝望之路。

第二节

人人都在谩骂的社会欺骗

存在于系统中时，人们常常会产生种种社会认识。在此，人们常常需要辨识他人，理解自己。当此关系顺从发展时，一切都十分和谐，当此关系颠倒发展时，人们便会产生种种另类心理。在此基础上，人们渐渐形成一种变形的、孤立的思维。长此而往，人们对世界的认识便产生根本性变化，并严重脱离现实，形成自身的、只有存在于自身内部的思维。就客观而论，他们无法发现整体中的变化，只能产生个人基础之上的认识，缺少实践，甚至是武断恣意，是一种对人性的扭曲。因此，人们常常以正确的认识，诠释一个不切合实际的现实。当人们总是认为自己是对的时，那他就已经犯错误了。因为，社会与整个世界是多变、融通的。只有不断地交涉，不断地发现问题，最后才能产生认识上的正确与精确。

当人们始终存在于错位现实中时，他们总是产生种种不正确的思维，甚至是生活与工作习惯。因此，真正的人生是现实，真正的思维是情感的表达，并反应于现实中。当这一切都不存在时，人们便会产生种种怪异想法,甚至产生对爱、情感与享受上的个人立场。当爱、情感与享受只能存在于孤立的个人身上时,他们的思维即会变形。就社会而论,越有知识越开明,而建立在孤立基础之上的这些,直接导致人们分过享受,立足自身。因此,人们的爱、感性与性产生强烈好奇,甚至是占有。社会上,因爱而让人们走上歧途的不计其数。人们开始不断地指责,不断地发现弊病。所谓"邪恶",即一种情感偏激,能力偏激,生活无方向。

今天,"爱"让人们直接产生"美","美"往往是最有诱惑力的性质。浮躁与萌动,轻狂与自私,善良与堕落,追求与享受,都是在浮躁的社会中失衡。因此,人们追求爱,甚至是性的体验,往往会产生种种轻浮的行为。因此,人们开始谩骂,开始情不自禁地对社会指指点点。在此,背离伦理,抛弃道德,不要能力之后,真正的爱与性就是一种灰色现象,在其内部,则是不择手段地获得,欺骗与哄骗,成为人们享受的主要方式。因此,色相与欺骗成为一对连体婴,充斥于社会内部。当爱、性、享受不再承载社会因素时,它就彻底堕落了,甚至不需要方向,不在乎一切与知识、能力有关的事物。

2013年1月21日,北京市朝阳区人民法院根据《侵权责任法》关于人格权的概括性规定,认定丁玉的男友李江恶意、长期隐瞒已婚事实,具有主观过错,李江的行为侵犯了丁玉的性自主权,判决李江赔偿丁玉精神损害赔偿金15万元,并向丁玉书面赔礼道歉。该案被称为"北京首起性权利赔偿案"。

出身军人和知识分子家庭的丁玉活泼美丽,于部队艺术院校毕业后成为一名优秀的部队文工团演员。这样一位各方面条件都很优秀的女孩儿,却成了"剩女"。2010年9月,在家人的催促下,32岁的丁玉在百合网上注册会员,发布了征婚信息。

3个月后，百合网上一位名叫李江的男士向丁玉发出了征婚邀请。李江的身份信息显示他出生于1953年，是一位私企老板，已离异。考虑到两个人间的年龄差距，丁玉婉言拒绝了李江。

或许是丁玉的照片和条件吸引了李江，李江并没有放弃，仍然频繁地向丁玉发出邀请。为了打消丁玉的顾虑，李江解释自己早年离异，子女都已成年独立，没有家庭负担，而且有经济实力，能够为丁玉提供稳定和谐的家庭生活，希望丁玉能提供机会见他一面。

通过网上聊天，丁玉感觉李江是一个细心、体贴的男人，有着成熟男人独有的闪光点。几天后，丁玉答应了李江的邀请，两人在北京蓝色港湾见面。

在这次见面中，李江再次向丁玉重申，他离异多年，期盼身边有一位女人关心照顾他，子女也不会干涉两个人的交往，他们结婚以后还可以要孩子。

丁玉听着李江的告白，觉得李江是个坦诚直白的人。而丁玉也渴望过结婚生子的家庭生活。这次面对面地交谈使丁玉和李江一拍即合。

约会一周之后，李江借着圣诞节的名义，邀请丁玉到沈阳和他的朋友们一起聚会过节。接踵而至的2011年元旦，李江又带着丁玉到上海、三亚旅游。两个人很快发展为恋人关系。

2011年春节，李江带着丁玉回到了他的老家——黑龙江省黑河市过年。丁玉拜访了李江的母亲，并与李江的子女、兄弟姐妹度过了一个和睦、喜庆的春节。在黑河的这段时间，李江多次在朋友和邻居面前公开两个人的恋人关系，丁玉也被大家称为"嫂子""弟妹"。

不久后，丁玉转业到了北京，拥有一份稳定、喜爱的工作。考虑到李江的公司经营需要帮手，"既然都是工作，为什么不给未来的老公干呢？况且，干出来的成绩还是自己家的"。抱着这样的想法，丁玉辞去了自己的工作，将大量的时间和精力都投入李江公司的经营中。

丁玉一心一意地辅佐李江，对此，她还感到一丝欣慰：李江几乎毫无保留地让自己介入公司运营也说明他对自己的信任，把她当成了自家人。随着两个人的关系愈加亲密，丁玉与李江开始了同居生活。

2011年9月，丁玉发现自己怀孕了。她既惊喜又意外，享受着"将为人母"兴奋的同时，丁玉更想借此机会将期待已久的婚姻大事提上日程。考虑到李江家中子女、母亲的感受，她询问李江是否要生下这个孩子。李江表示虽然他会尊重丁玉的选择，但是，最近公司业务很多，要孩子会不方便，婚期也没法儿确定。两个人协商后还是决定放弃这个孩子，李江以丈夫的名义在丁玉的流产手术提示书上签下了自己的名字。休养期间，丁玉仍然支撑着和李江一起拓展公司业务。

人工流产后，丁玉开始着急办理与李江登记结婚的事，她要李江尽快从老家带来结婚需要的手续材料。

2011年年底，李江回老家参加朋友孩子的婚礼返回时，并没有带回户口本和离婚证。在丁玉的再次强烈要求下，李江专程回老家取证件，但回来时依然两手空空。

"拿个户口本和离婚证怎么就这么难呢？"丁玉开始怀疑和困惑。就在此时，丁玉了解到李江还有一个并非他前妻所生的儿子小舟。

2012年春节，在丁玉的反复逼问下，李江终于承认自己并没有离婚。但他解释自己和妻子分居20多年，婚姻已名存实亡，并继续对丁玉承诺自己会尽快办理离婚手续，一旦拿到离婚证就和她结婚。

丁玉听到这番解释后又气又恨,她不相信20多年都没离成婚的李江会在几天内将事情办成,丁玉干脆搬回了自己家。

一天,丁玉无意间听到李江的女儿大声指责父亲,"对丁玉有什么好留恋的?凭你的经济实力,上哪儿找不到比丁玉更强的女孩儿。要是离婚,多么对不起母亲"。

听到这番话后,丁玉气愤不已,没想到自己竟然被当作破坏李江家庭的"小三"。可是,在与李江交往的这一年多中,竟没有一位李江的亲戚或者朋友告诉她李江还有妻室,这无异于一场集体欺骗。

丁玉下定决心和李江断绝来往。之后,她收到李江的短信,"分手是为了你的未来,不再耽误你了"。但对于欺骗自己的感情,李江毫无歉意,他甚至还对丁玉说:"要不你到法院告我吧!"

遭遇情感打击后,丁玉一度绝望。这件事让她在家人面前抬不起头来,又担心自己被朋友误认为"小三",丁玉为此把自己关在家里。

两个月后,精神恍惚的丁玉被医院诊断为精神抑郁状态。在足不出户的日子里,丁玉依然暗暗留意着李江的动态。

丁玉发现,在多家征婚网站均能看到李江新的征婚信息,身份一栏里均写着"单身离异"甚至"丧偶"。她发现自己内心所有的痛苦和伤害都是李江的欺骗导致的,自己不能吃这个哑巴亏。想到平时在电视中看到的一些法制类节目,她找到了律师,决定放手一搏,在这场不公平的感情中为自己找回公道。

2012年7月,丁玉将李江起诉到北京市朝阳区人民法院,要求李江向她赔礼道歉,赔偿医疗费1770元,误工损失18688元,精神损害抚慰金30万元。

丁玉起诉称，李江的一系列行为已经侵害了她的健康权和一般人格权，李江隐瞒已婚状况导致她为了结婚与其一起生活，致使她对自己性方面做出处分，李江的行为侵犯了她的贞操权和性自主选择权；李江的欺骗导致丁玉精神受损害，出现抑郁倾向，侵犯了她的健康权；丁玉相信李江的谎言而放弃工作，后处于精神抑郁状态无法工作，没有正常生活来源，对她造成了经济损失。

2012年10月，北京市朝阳区人民法院开庭审理了此案，李江本人没有露面，代理律师出庭参加了诉讼。

对于丁玉的指责，李江的代理律师辩称，李江与丁玉接触期间没有欺骗她。丁玉作为成年人应有基本的洞察力，并预见自己行为的后果。李江在感情上并没有勉强丁玉，同居及流产也是丁玉自愿、综合考虑的结果。因此，李江不存在过错。丁玉的抑郁状态并非抑郁症，由于诊断证明并不是司法鉴定，不足以确定事实。由于丁玉是聘用人员，不在编，因而丁玉辞职根本没有发生现实的误工损失，丁玉也没有因为这场感情失去劳动能力，所以，谈不上误工赔偿。最后，律师提出两个人分手的直接原因是丁玉酒后对李江实施暴力所致，根源在丁玉。

法院就丁玉所述双方交往经过、李江婚史等情况征询李江的意见，但两次开庭李江都未出庭答辩，代理律师表示自己并不知情。

两次开庭后，丁玉和李江一方曾达成调解意向，李江提出赔偿丁玉6万元，但前提是丁玉向其邮寄撤诉书并提供银行账户，他在收到撤诉书后再向指定账户汇款。丁玉协商同意后，邮寄了撤诉书并告知李江银行账户，但李江却称情况有变拒绝付款，要求丁玉办理撤诉手续后再付款。丁玉难以接受李江的新提议，最终双方未能达成调解。

2013年1月21日，北京市朝阳区人民法院对这起案件进行了公开宣判，李江依然没有到庭。

法院经过审理后认为，我国《婚姻法》明确规定实行一夫一妻制的婚姻制度，禁止重婚，禁止有配偶者与他人同居。李江在婚姻关系存续期间于征婚网站交友征婚，在明知丁玉以婚姻为目的交友且自身并不具备建立婚姻关系的情况下，长期恶意隐瞒其已婚事实，并以构建婚姻为承诺积极促成双方同居生活。此行为明显有悖于社会公德及公序良俗，亦有失诚实信用及道德准则，应当认定主观过错。

我国《侵权责任法》及相关司法解释对于人格权做出列举加概括的规定，在该案中适宜对人格权做广义的理解。李江恶意隐瞒已婚事实，积极展开攻势骗取丁玉的信任致使其对自己的性权利做出处分，同居生活并发生怀孕及流产等相关事实。丁玉对其性权利所做处分是因李江有意蒙蔽及恶意欺骗所致，且由此造成身心的严重伤害。因此，李江的过错行为侵害了丁玉的人格权利，应当承担侵权责任。

鉴于李江较大的过错和损害程度，并考虑到李江经济实力较强，判赔金额过低难以起到惩戒作用，故法院最终做出李江书面赔礼道歉并赔偿丁玉精神损害抚慰金15万元的判决。

针对百合网会员信息审核不严的问题，法院也将向网站发送司法建议。

听到判决结果后，丁玉向记者坦言："对于这个判决结果，我非常满意。婚姻中可以有善意的谎言，但不能有欺骗。如今，社会面临着信任危机，我的遭遇可能不是个案，法院的判决彰显了法律的权威。"最后，丁玉也提醒单身女性要提高防范意识，先调查清楚对方身份再谈感情，以免被骗。

第三节
个人感知＞能力＋知识

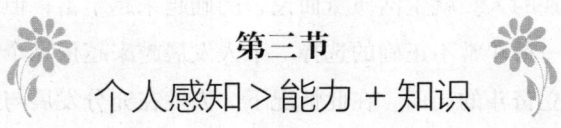

能力能让人发展，知识能让人进步。在社会中，存在的自然性是真实的存在，发挥的社会性是无限存在。当人类形成组织化生活与进步时，能力与知识就是两个不变的进步话题。当社会进步时，人们总能发挥自己的能力，掌握更多知识；反之，人们只能通过知识迎接知识，只能存在于能力中寻找能力。当人们从外界或是自然界获得知识，产生能力时，才是真正的社会进步，但此不存在于国家与管理层面。社会的进步，是个人能力与知识的整体进步，在此基础上，获得权利与控制，这才是真正的文明进步。

今天，世界已是一个小小的村落，人们可畅游这个世界的文化与知识海洋。随着互联网的成功普及，人们的生活已发生质的变化。一台电脑便可以了解世界，可以完成一生的价值。能力成为一种附加品，知识成为丰富生活的工具。因此，人们只有不断地发现，并找出身边的问题，发现社会的所有变化，才能成为一个真正的人才。在强大的能力提升与知识储备的方式变更下，人们总是认为感知大于一切，甚至认为获得能力与知识的方式是最重要的。因此，个人主义成为一种必然现象。只有成为社会的主人，人们才能享受一切，只有成为生活的主宰，人们才能形成享受。因此，个人感知的强弱直接决定一个人的未来。由此，个人主义有了一片天地。

当人们一味强调自身价值，并控制一切行为与思想后，他将是一个很孤独的人。就生活质量而论，的确越来越丰富；但就社会而论，它是一种非常不正确的选择。个人发展越来越依靠个人，社会呈现出独立奋斗的局面。在此情况下，人性在充分发展与进步之后在此彰显，让这个社会充满不和谐因素。个人能力的过分强大，使人生质量提升，却使社会发展成为一种诟病。盲目、自私、孤立、个人欲望等，成为社会发展面临的巨大问题。

有人说，社会是一个复杂的系统，但发展与理想之间的错位，让越来越多的人走向无方向的环境。在此，个人发挥作用时，得不到社会的充分包容，甚至不能与国家产生理性关系。因此，若国家现象，轻人性本质，淡思想真实，等等，都是个人失去方向而不愿归来的诱因。中国人常常抱怨，自己常常遭受欺骗，上层社会群体对下层群体冷漠，下层群体不择手段地迎合与挑战上层社会者，成为一种社会诟病。

华远地产股份有限公司董事长任志强在一次演讲中强调"言而有信"对于企业家、对于社会都极为关键。而"实际上契约精神简单说就是来自于诚信，比如说中国有很多话叫一言九鼎，一言既出驷马难追，这是立人立言也是立社会之本。我们教育子女的时候永远都说你要说真话，不能骗我。但这个社会中目前是充满了欺骗"，自己感到很无奈。

任志强认为，如果现有的法律不以私有产权保护为主，权力可以任意干预就变成了没有契约精神；如果政府不能严格地遵守法律，行政可以对市场规则进行任意地破坏，比如说中央电视台可以花大量的电视篇幅讨论星巴克的咖啡价格，也就是说政府可以动用权力干涉市场的自由定价权。即当政府成为一个商人的时候，就失去了公共权力服务和公共权力分配的一个前提，它当然不会有契约精神，因为它既是裁判员又是运动员。而中国在于我们没有权力的制衡，因此不会对政府既当裁判员又当运动员进行统一规则管理。

"它不断地利用市场经济的规则把很多行为变成了自己赚钱的产品，加到市场规则中去，所以就破坏了市场的契约精神。比如说他们可以任意把土地作为财产进行买卖，而买卖的过程中告诉你我的利益越高越好，所以价高者得，于是就产生了我们大家所争论的房价的高低问题。"任志强如是解释。

所以对私有产权的保护以及对市场契约精神的保护就失去了基础。"当没有这样一个基础的时候，商人们在拼命地想、企业家们在拼命地想我们要呼吁有企业家精神，要有契约精神，可背后有人拿刀捅你的后腰说我不听你的契约精神，你必须要服从我的规则，这样永远不可能建立一个真正的市场经济。如果没有市场经济做基础，没有这些必要的契约精神作为市场经济的保护和条件，那么中国就永远可能在高喊着让别人让欧盟让美国承认我们是市场经济的地位，但我们自己永远不会实现市场经济的地位。"任志强说。

企业家的契约精神不是来自于企业家，没有企业家的时候，也有契约精神。在部落社会的时候，我们可以看到也得有契约，所以契约不是来自于企业家，而是生活的本身。

比如说一个部落会说打野兽的时候谁在前面获得收获的时候你多分块好肉，这就是契约，如果这个契约不被执行就没有人出卖拳头了，因为野兽会吃人。所以从部落的时候就开始有。那么家族生产有没有？也有，否则家族生产就没法儿组织了。所以契约精神是在组织社会形成的过程中必然存在的东西。

人们可以用一句话说契约精神是言而有信,当一个部落的头领说你如果言而无信底下就该反了,因此最严格的是黑社会,所有的黑社会都必须做到言而有信。当父亲的可以因为言而无信把儿子的手指头剁了,但我们很少看到非黑社会的时候有这样的,儿子犯错的时候总原谅,他最后就不成器,没有契约精神。

契约精神不断扩大的时候,更多是来自于市场的行为,因为市场要交易。如果我们最早的交易产生于部落之间或者是村落之间,那时候可以没有契约精神,他有担保,因为如果我会把你的家砸了,把你的老婆强奸了,所以他必须要严守契约精神。历史上有一个族长把这个人轰出村子,是因为他没有契约精神或者是破坏了规矩,这段历史实际上也有很多很多的证明。

市场中的陌生人与陌生人的交易,如果没有契约精神就没法儿进行交易了,哪怕交易的契约是口头的。那时候可能没有文字,可是开价看货、定价到讨价还价,讨价还价是什么?

也许讨价还价完了之后,也许这个交易不是当时完成的,但是因为有契约在,尽管是一个口头契约,但是这个交易是可以成功的。所以市场中没有了契约精神的时候交易就没有办法进行了。因此,当陌生人与陌生人之间进行交易,它和村落之间进行交易是不一样的,就更需要有一种契约精神。我们也可以说它是一个交易的基本条件或者是社会的基本保障,否则这个社会就形成不了了。

有很多人说是西方现有的契约精神然后才传到中国来,这个说法不太正确,其实有中国文字以来就开始有了文字描述的契约精神,我们最早的甲骨文中就有契约,这种契约精神在中国是有悠久历史的,而不是说西方现有的契约精神。我们的《易经》上有后世圣人易之以书器,这是比较早的关于书面契约的一个记录。在《韩非子》

里有言语应则持共器，实际上说的就是契约精神，虽然是口头的但是有契约，很重要的是言而有信。这种言而有信实际上就是一种契约的过程和契约的精神。

契约精神在我们的生活中无所不在。从国外可以看到更多的是骑士精神和贵族精神，这不是在交易过程中出现的，但是它同样也是一种契约精神。比如说贵族里面最典型的是决斗，我们著名的诗人决斗就死了，年纪轻轻就死了，为什么要决斗？是因为贵族精神里不是个贵族或者是个平民就不能决斗，它是一个平等的社会关系中的规则。

当一个游戏规则统一的时候，就形成了一种非交易行为中的契约，契约不是一定要在交易过程中，在生活的任何一个细节中都有。所以，两个人身份可能不平等，但为了某一件事情可以决斗。通过决斗也许赌了命的就是你死了我活着，或者是我死了你活着，这在18世纪的欧洲非常常见。它是把规则契约化了，我们在生活中有很多东西是无法选择的，当无法选择的时候怎么办？

社会需要有一种契约精神，才有可能让这个陌生人与陌生人之间进行交易，陌生人与陌生人的交易越来越多了，从一个地方发展到一个国家，从一个国家发展到数个国家或者是国与国之间交叉进行交易。这时候可能就有了规模化生产的问题和规模化交易的过程，就有了企业化。当然企业化出现的时候更需要一种契约精神。就是人与人交往的时候毁掉契约的是一个个人精神，但是在规模化生产的过程中就变成了一个整体行为和群体行为。

所以当群体社会和群体行为产生的时候，契约精神越来越重要，被提到人们不得不重视的一个地步。比如说，企业的治理需要契约，如果没有契约谁管谁啊？谁服从谁啊？按什么办法来进行权力的制衡啊？所以都依赖于契约。

因此在企业家这个组织过程中,强调契约比其他的东西更重要。比如说企业的规模化生产,你得有契约,没有契约就不会有统一的行动,因此要制定一个统一的规则,这个规则告诉大家你必须这么办,他必须那么办。比如说8点钟必须上班,有一部分人不上班,流水线开不起来。所以每一个流水线里每一个人做每一个部分的工作,必须认真地做好工作,要不然下一个工作就做不成了。所以规模化生产的时候统一的规则就变成了每一个人行动的契约过程。

比如说产品的质量,如果没有统一的标准,没有统一的质量,怎么进行大规模的交易呢?大家说定一个A型号的或者B型号的,你要把这两者混在一起的话,这个交易是形不成的,因为有可能型号不同的时候价格也不一样。所以契约就变得更为重要了。

我们也可以看到产品销售的时候,交易过程中的广告是一种契约,定价也是一种契约,保修还是一种契约,整个交易过程中都要有一种契约的保护,我今天交货还是明天交货,我付钱的时候必须要交货,等等。当企业产生的时候契约就更复杂了,那么在企业背后还有很多契约的东西,比如说资本市场股权分配,没有股权分配的契约的话,资本市场怎么进入呢?你不能进入资本市场,资本市场也不能进入企业。

更重要的是财产权利,界定契约的时候首先要保护的是财产权,如果不能保护财产权,所有的契约都变成了假的,因此在财产保护上这个契约就变得更为重要了。

实际上契约精神简单说就是来自于诚信,比如说中国有很多话叫一言九鼎,一言既出驷马难追,这是立人立言也是立社会之本。我们教育子女的时候永远都说"你要说真话,不能骗我"。但这个社会中是充满了欺骗,大家在今天要开这么大的会,集合这么多的人,请这么多人来讲契约精神和法制,实际上是告诉大家我们这个社会已经糟得不行了，四处都是欺骗的东西，所以大家才不得不来共同讨论如何让这个被欺骗的社会变成一个诚信的社会。

作为企业来说，你要在共识的法律和社会诚信之外，有额外的保障，这个额外的保障是促使你不得不诚信的另外一个方面，也是一种社会契约。开发商从来是被大家骂得不可开交的，所有的脏水都倒在开发商头上，可能有很多开发商并不诚信，如何解决这个问题？比如说华远就出台了业权制度，因为有了业权法以后国家才有了物权法，才有按比例分摊面积。就不会有哪一个部分是开发商偷偷占了，哪一部分是业主的权利没有给业主。

当企业承担了契约的社会精神的时候，更要做的是有法律之外的契约精神给社会一种担保，这种担保不但要解决诚信问题，而且要解决老百姓的实际收益问题和财产权利的保护问题。

目前我们要强调的法制，不仅仅是企业的契约精神，因为契约是市场经济的基础，也许这个社会里更需要强调的是如何保障市场经济是个完整的东西，如果市场经济不能完整，这个契约精神一定是不完整的，比如说国家首先要有契约精神，你要有严格的法律，这个法律是国家与社会和公民之间制定的契约，如果国家不遵守这个法律的契约的话，公民也就不可能去遵守社会的契约和市场中的契约。我们现在面临的问题恰恰是中国为什么会缺少契约精神，就像刚才说的，为什么大家会讨论诚信的问题。

因为中国的契约虽然在文字上早就有记录，但是中国历史上的皇权是受法律保护的，皇权在中国古代的三千年过程中大部分是重农轻商，一定是以政法为主。这个契约是你必须遵守的，但市场交易是什么？是自由契约。它可以不遵守政令，但是在自我规范的条件下，能被市场所信任。其实你不用担心他不遵守法律，因为他不遵守法律，常常是交易不成功的。比如说自由市场中，我们拿鸡蛋换白薯粮食，老百姓在交易的时候可以不考虑法律问题，所以我们在三字一包出现的时候是违法的，但农民依然会进行自由市场的贸易和交易。

中国的革命是什么？中国革命是以撕毁契约为开始的。比如说彭湃（音）组织的农会提出的口号是加入农会不还钱，所以彭湃在革命的时候有3000会员，那时候这个数量算是非常多的，因为我们闹革命的基础是拿土豪分田地，所以最火热的场面是把地主的契约烧了，一盆大火把所有地主的契约烧了，地主没有契约了就不拥有土地了，于是我们就可以痛痛快快地打土豪分田地了。

计划经济是种指令性经济，没有市场的自由交易。什么叫强制性的？一个人只有26斤粮食，你就只能吃26斤粮食，然后告诉你你可以一个月领三张工业券，给你一个副食本，说你一个月可以买半斤油和二两猪肉，因为拿到凭证的时候不管这个凭证被偷或抢了，落在谁手里都有效。但如果没有这个凭证，到饭馆里吃饭花再多的钱不卖给你，所以不需要契约。

改革是再一次撕毁所有的契约，比如说小岗村，所有的小岗村人按手印都知道自己是违法的，要违反当时的契约，就是我们的法律。然后每个人都把脑袋拴在裤腰带上，用按手印的方法宣布我们要承包责任制，改革的最后是让所有的法律修改了。

因为，在理和法之间我们存在一个差异，过去我们的法是不合理的，要生存下去这个法要发挥作用，否则这个法一定会被小岗村的农民用按手印的方式推翻了。这就是一个改革的过程，因此改革实际上要修改过去的法律，因为过去的法律是建立在撕毁契约的基础上，这就是革命和反革命的过程。有时候需要的是革命，有时候需要的是反革命。

这样一个反革命的过程是把原来错误的约定和法律推翻，形成一种新的革命，或者说我们叫作改革。那么恰恰是现有的法律不能满足社会的需求才需要去修改法律。早期1954年中国的《宪法》，我们是私有制的，到了第四部宪法的时候才改成了公有制，比如说土地。

市场经济中，最重要的就是价格的自由定价权，自由定价权也是契约精神中的一部分。在我们国家，有《价格法》，将定价权分为三类，一类是政府定价权，一类是指导价格，一类是市场定价权。但实际上政府这只手已经深入了市场定价权的身上，所以李克强总理上台的时候，第一天的新闻发布会上首先说要把政府那只乱摸的手砍掉，我觉得非常好。

如果政府不能严格地遵守法律，缺少契约精神的时候一定会把责任退给市场，比如说我们的政府官员会说是开发商没有道德，是企业家没有道德，把所有的道德责任推给了市场。为什么市场出现没有道德的争论呢？是因为政府首先把自己定为一个商人，在国家对政府的定义中本来它是为公共权力服务的再分配过程。它的职能是对公共财产进行再分配，它用强制税收的权力获得财富，然后进行财富的再分配。

但政府似乎不是，它不断地利用市场经济的规则把很多行为变成了自己赚钱的产品，加入市场规则中去，所以就破坏了市场的契约精神。

真实的人性，就是让社会正确地向前发展，而挫折的发展逻辑，只能说明社会的不和谐。当它成为一种现象时，种种诟病就会出现，甚至产生人身欺骗、行业欺骗与知识、能力欺骗。

第四节
人性最无意的部分：欺骗性行为

　　欺骗，人类最痛苦的社会行为，常常能给人带来绝望与挣扎。因此，当人们前途出现种种问题时，首先思考的是战胜一切，包括与自身无关的事物。最终，再回到原点，解决问题，实现人生理想。在此，人走向曲折的道路，遇到更大困难时，总是产生诡异的念头，甚至以欺骗的名义绕过困难，解决问题。社会上存在一种普遍现象，那就是欺骗性本能。当人们自身或周围出现问题而让自己产生心理阻碍与失衡时，总会发生欺骗性行为，无论是真实存在，还是缥缈不定，人们都会转移自己的视线，将困难消除，将问题解决。在此，人们常常存在善良的本性，无意识地转移视角，发现益处，让事情在欺骗性行为中走向更完美。

　　人们常常说，欺骗是一种堕落行为，而欺骗总会产生恶性循环，致使人生毁灭，人性消失。在此，赤裸裸的欺骗是一种变态的社会行为，与个人发展、历史、社会风气产生关系。而在一个思想、知识与能力健全的人心中，问题是可怕的，结局是自私的，因此，在大背景之下，人们总是渴望以行为的正确、意识的叛离与路径的和谐来让一件事情从欺骗中走来，从欺骗中结束，最终实现一个完整而有意义的结果。

本能，反应在每件事中，不可能一帆风顺，当人们存在于美好环境中时，困难也会出现，问题一样尖锐，因此，在这些事物面前实施欺骗性行为往往是最必然的，甚至是最有效、最能适应性地转化。当人们存在于一种问题的集合与苦难的发展时，欺骗性行为会是普遍现象。在此，真正的能力只能适应工作、事业与获得成就，而实现人生中的社会荣誉感，则是不断地妥协，不断地解决，不断地适应，最终形成良性的人生，进而走向更光明的未来。

只要生存是淘汰的过程，那人性就会发挥作用；当人性仅仅能适应社会时，人们总是产生对问题的认识，当问题复杂到无法想象时，欺骗性往往是正面的，并深刻存在于内心，指导行为，并做出正确的判断。因此，人们只有让行为支配思维，在思维的内在变化基础上，形成思维能动性，主观认识绝对正确，实行思维欺骗行为，并善良、正义、和谐作用于一切问题的解决行为中。

欺骗性行为，是一种人类普遍存在的生存行为。那是问题与心理的作用，产生与行为与心理之间的现实。因此，人们只有将盲目放在一边，有意识地控制盲目思维，形成正确的判断，完成问题的一次性解决。

第五节
心理变形——失去真实一面的失败

　　从前，有人说，生活就是不断妥协、不断求进的过程。因此，当人们存在于一种环境中时，总是能产生种种自满情绪，甚至是完美的人生；当人们进入另一种环境，并发现其另类之处时，总是对事物产生新鲜感，并形成与同一环境中同样的思维。在此情况下，种种不适应与挣扎左右他。因此，人们最渴望获得完美人性，但现实很残酷，人性本身就是完美的，而适应只是人性之上的事，与本能人性发挥无关。因此，心理变形往往是适应环境的必然。在此，人们选择时，带有强烈的本能诉求，以最适合自己的一个来完成。因此，只有将人性发挥到极点，才能真正完成人们的理想。

　　存在于社会，反应自然，形成发展，这是一切环境的必然走向。因此，人们对人生的理解，会形成多面，并认为人性在多面中会形成各种变形。就自然而论，变形的人性不会失去一丝生命力，而强大的生命力变形的过程往往会加深人性的存在，深深植根于生命的本质中。当人们因人性的改变而存在时，他们总是十分盲目，甚至失去真实的一面。在此，人性只能生存于自然性中，自然性妥协于社会性，社会性遵从心理与之上的文化。

　　心理变形，是一种普遍现象。社会是一个复杂群体，遇到种种问题，克服一个又一个困难，让人不断产生新鲜感，本能不断变形，却越来越加深，认为本能失去，事实上，本能自始至终存在，并为生命的存在带来长久的动力。因此，人们心理变形往往是生命发展的必然，往往是生存得以延续的直接动力。在此，人们最需要实现目标来完成一切本能意义的强化。只有成就事业，推动社会发展，才是本能存在的意义。就社会而论，这是一种进步力量，并不断地肯定，从表面的心理而论，它在现实作用下，不断变化，但本质未变化。本能一旦失去，人即失去存在的必要，甚至给人类带来毁灭。失去本能，后果不堪设想。

　　一次审讯时，犯罪嫌疑人若是受到诱导性审问，其思维和记忆很有可能受到干扰，最终连自己都相信自己犯下了某件（事实上不存在的）罪行，酿成冤假错案。最近一项实验室研究证实了这种现象。实验中，研究人员仅仅花了几个小时，就成功地使已经是成年人的被试者相信，自己在青少年时期曾经犯下过持枪袭击他人的罪行（事实上这段经历子虚乌有）。这项研究发表在最新一期《心理科学》期刊上，显示人们会将听到过的、关于自己的故事"内化"，（把虚构的故事）当成是真正发生过的事情，甚至还能够提供具体的细节描述。

　　"我们的研究显示，想要让一个人产生虚假记忆，出乎意料的容易。而且，关于这段虚假记忆的所有细节都栩栩如生，简直跟真的一样！"主要研究者、英国贝德福德大学心理学家Julia Shaw表示，"在为时三个钟头的、气氛友好的面谈中，采访人（研究人员假扮的）采用一系列技巧，成功地令受访者相信自己曾经干了些蠢事。"

Shaw 和来自加拿大英属哥伦比亚大学的同事 Stephen Porter 一起开展了实验。首先，她们与被试者的监护人取得联系，让每个监护人填写一份问卷，以了解在 11~14 岁时的少年被试者可能干过些什么事儿，细节越具体越好，并要求监护人不要让被试者知道这份问卷的事。

接着，Shaw 和 Porter 从所有人当中挑选了 60 名学生作为正式实验的被试者——这 60 个人此前没有过任何犯罪记录，满足实验条件。研究者要求这些被试者每隔一周过来实验室参加约 40 分钟的面谈，总共来 3 次。

第一次面谈时，采访者告诉了受访者两件事，其中一件是真实发生过的，另一件是虚构的。一部分被试听到的虚构故事是犯罪性的，比如年少时候的自己曾经持枪袭击他人、盗窃财物之类，还惊动了警方。另一部分被试听到的虚构故事则是情感性的，比如年少时候的自己曾经受过伤、被狗咬、丢过钱之类。

值得注意的是，采访者在讲述虚构故事的时候，故意添加了一些真实的细节进去，这些细节是从对被试者监护人的问卷调查中得知的，发生时间恰巧在被试的少年期。

采访者说完以后，要求被试者解释"那天到底发生了什么"，当被试者解释虚构事件遇到困难的时候，采访者会循循善诱，鼓励被试者"无论如何，试一试呗"，"想起多少细节，就先说多少细节""通过特别的记忆策略，一定能够想起来更多细节的"。

第二次和第三次面谈时，采访者继续要求被试者回忆那两件事（真实发生过的事，虚构的事），并要求被试评价自己对那两件事回忆的质量，比如对"直到今天，那件事仍然历历在目""我很有把握那件事情发生过"之类的陈述句打分。

三次面谈结束后，实验结果令人大跌眼镜。

得知自己年少时候"犯过罪"的被试者当中，有71%的人产生了关于那次犯罪的虚假记忆——换句话说，30人里面有21人相信自己真的犯过罪。

得知自己年少时候"袭击了他人"的被试者当中，有55%的人甚至能够清晰地回忆出来当时与警方交涉的具体细节（事实上他们根本没犯过罪，更谈不上与警方交涉了）——换句话说，20人里面有11人为自己不存在的记忆增添了丰富的细节。

得知自己年少时候经历过"情绪性事件"的被试者当中，有76.67%的人信以为真。这样看来，无论虚构事件是"犯罪性"还是"情绪性"，被试者都一样容易产生虚假记忆。

Shaw和Porter推测，在虚构事件当中添加真实信息，比如好朋友的名字，能够使虚构事件显得更加"接地气"，进而增强其可信度。

"这样一来，人类不靠谱的、易于重构的记忆机制，便会生成新的、事实上不存在的虚假记忆。"Shaw表示，"在我们的实验中，对于根本没有发生过的犯罪事件，被试者甚至都能够想得出来清晰具体的细节！"

尽管如此，在对真实事件和虚构事件的回忆上，被试者的表现还是有区别的。相比虚构事件，在回忆真实事件时，被试者想起来的细节更清楚，并且更有把握。

总体而言，这项研究显示，人们很容易将虚假记忆"内化"，把本不存在的事件当作是发生过的事件，这表明了我们的记忆是多么不可靠！

"想要让人们产生情绪性，甚至是犯罪性的虚假记忆是一件很容易的事。"Shaw表示，"这项研究发现在司法领域意义重大，无论是在审讯犯罪嫌疑人、询问目击者，还是在警察执法、法庭审判之类的场合，虚假记忆都有可能干扰司法程序和结果。此外，在其他领域，诸如心理治疗、工作面试等，虚假记忆的影响也不容小觑。"

"承认'虚假记忆'现象的存在，理解正常人也会产生'虚假记忆'，是消除'虚假记忆'可能带来影响的第一步，"Shaw说，"我们希望，通过向人们展示'不恰当'的谈话技巧可能造成的危害，能够令采访者在今后的工作当中避免再犯类似错误，并转而采用更'恰当'的谈话技巧。"

事实上，内心产生变化，往往让人失去真实的一面，最终，本能发挥作用，让人完成一项工作，形成一个有意义的成功。

第九章
自信胜过一切的权利：求胜

第一节
自我表现心理：释放与人性

人的心理主要存在两种情绪，即自尊与自卑。人们常说，自尊的人能赢得更多的认同，能获得更高的成就；而自卑的人，往往是堕落、无知与矛盾的集合。因此，成功人士大部分是前者，而后者多数默默无闻。自尊的人士有全天候的热度，能在他人面前尽情地挥洒热情，甚至是汗水，始终保持亢奋状态。而自卑的人，往往是通过失败中的调整，与失败后的总结，那发现下一个目标，并努力奋斗。因此，关于表现，自尊者与自卑者身上都存在。而且，两者都是表现出热情时才会成功。

今天，人们总是通过寻找问题、发现问题与接受问题来完成一项工作。在他人面前表现自己，将自己完美的部分展示在他人面前，往往是一切成功的条件。在此，只有保持高度的人性精神，才能实现此目标。当人们因简单的自尊而盲从时，他们总是苦苦挣扎；当人们因残酷的现实而哭泣时，他们总是上下求索。只有让人性发挥到极点，才能形成自尊，并将自卑打败，实现理想人生。这是一切生活与事业发展的根基。为了存在于有意义的环境中，人们只有让心理自尊起来，才能实现一切目标，努力是知识积累与运用的结果，成功是判断正确与发现规律。现实生活中，只有将自卑打败，才能获得自尊；只有将心理充分作用于现实，才能产生一种美好的人生态度。

　　自卑往往是少数人的心理。在这个强大而痛苦的世界，人们总是失去更多，获得更少。当人们为金钱与地位奔波时，一种最简单的反应，即是自尊与自卑交加。过去，人们常常认为，只有自卑能让人上进，只有自尊能让人生获得持久的进步。事实上，随着社会的发展，自尊者越来越成功，自卑者越来越被社会冷落。所谓的"时代完人"，不过就是一些储存大量知识，实践与思考并用的人们。他们能建立伟大的业绩，而心灵世界却一片糟糕。在此情况下，人们常常对高大身影产生仰慕，甚至是崇拜。就事实而论，它是一种号召力，是一种强大的精神力量。因此，人们会产生怀恋情节，产生悲愤的生活态度。越来越多的人认为，只有存在于内心的事物才是完美的，但今天，人们认为，存在于历史中的事物才是真实与完美的。因此，人们不再仰视当下，而是发现历史的本能，存在人性的优点，找出今天人所必需的人性与本能。因此，只有让人们深入思考，才能让人们产生新认识，才能提升生活中质量，甚至是时代发展。

　　自卑的面具恰恰是"自尊"，但这种"自尊"所表现的往往是孤僻、冷漠、敌视，因为他内心深处是深深的自卑，所以他认为自己是不受人欢迎的，因此他孤僻，偏居一隅，忍受孤独；他认为别人都看不起他，因此，他冷漠，拒人于千里之外；他认为别人都会蔑视他，因此他敌视一切人。

　　由此可知，以自卑为基础的"自尊"，与以自尊为基础的自尊，是截然不同的，后者所表现的恰恰是合群、宽容、善良。

　　戴着一副"自尊"面具的人，外表似乎十分坦然，安详快乐、信心十足，但在他的面具底下，并没有坚如磐石的自尊和深如大海的平静，只存在着困惑、恐惧和孤独，这才是他真实的自我。其实，每当他一想到自己的软弱，充满他内心的总是自轻自贱、失意自卑。

　　为了掩饰极度的自卑，他便堂而皇之地制造面具，把自己深藏在一副冷漠、孤傲或清高的外表后面，借此挡住那友爱的目光。虽然他也知道这样的目光正是帮他超越自卑的救星，而且是唯一的救星。

　　他也深知自己对爱的渴望，可是，他更畏惧受到伤害，致使自己躲开了那友爱的目光。

　　正是因为担心被人拒绝，才使我们不敢向人表示爱；正是因为害怕自尊心受伤害，才使我们不敢接受别人的爱。

　　为什么我们会恐惧？因为我们自卑。如何摆脱恐惧？要靠我们克服自卑。从自卑中超越的方法就是找出"自卑"生长的地方，用"爱"去松动它四周的土壤；然后播下"自尊"的种子，让它在心中生根发芽，让它在事业中开花结果，让它在社会中茁壮成长，然后，你就会长成顶天立地的自尊、自强、自立、自在的大写的人。

　　爱别人，正是你自尊的表现；被人爱，则会助长你的自尊。总之，爱既是自尊之花，它绽放在你的笑脸上，也是自尊之果，它成熟在你的心房。

　　普拉格曼是美国当代著名的小说家，但他连高中都没念完。当他的长篇小说获奖后，在颁奖典礼上，有记者问他："你认为自己身上最优秀的品质是什么？"普拉格曼坚定而自豪地说："自尊，与生俱来的自尊！我拥有颠扑不破的自尊心。如果将我这一生比喻成一顶王冠，那自尊就是点缀在这王冠上最珍贵、最璀璨的一颗钻石。"

有记者问他："你毕生成功最关键的转折点在何时何地？"普拉格曼回答道："第二次世界大战期间，我在海军服役的那段生活，是我人生受教育最多的日子。至于我迈向成功最关键的转折点，恰是我的生死关头……"

他讲述了那次难忘的经历。事情发生在1944年8月的一天午夜。两天前我在一次战役中受了伤，双腿暂时瘫痪了。为了挽救我的生命和双腿，舰长下令让一位海军下士驾一艘小船，趁着夜色把我送上岸去战地医院治疗。不幸的是，小船在漆黑的茫茫大海上迷失了方向。那名掌舵的下士惊慌失措，面对无边的黑夜，绝望得差点拔枪自杀。

我当时很冷静，镇定自若地安慰他说："你别开枪，我有一种神秘的预感，我们肯定会抵达成功的彼岸！"下士听我这样一说，犹疑地放下了对准太阳穴的枪。

我接着说："如果你开枪自杀，你必死无疑，我也难逃一死。如果我们坚信自己会成功，绝不放弃，总会有希望逃脱。"

"其实，我们已在危机四伏的黑暗中飘荡了4个多小时，孤立无援，而且我的伤口还在淌血……不过，我认为即使注定失败也要有耐性，要耐心等待那失败的最后一刻到来，绝不让自己提前堕入绝望的深渊。正这样想的时候，突然前方岸上射向敌机的高射炮火闪亮了起来，我们欣喜地发现，原来我们的小船离码头还不到3里。"

这次脱险经历，使普拉格曼悟出了一个道理——天无绝人之路。后来，普拉格曼在回忆中写道："自从那夜之后，此番经历一直留存在我心中。这个戏剧性事件竟包容了对生活真谛认识的整个过程。

因为我有不可征服的信心,坚忍不拔,绝不失望!即使在最黑暗最危险的时刻,我相信命运还是能把我召向一个陌生而又神秘的目的地……"

"尽管每天我总有某方面的失败,但当我掉进自己弱点的陷阱时,我总是提醒自己,重要的是要了解失败的原因,这更接近认识自我的一种日常生活的严峻考验。无论如何,当我相信自己还能梦想一个比现在更美好的生活时,我就找到了慰藉,就找到了工作过程中的深深快乐。"

英国诗人雪莱有句名言:"冬天来了,春天还会远吗?"中国有几句这样的古谚:山高自有客行路,水深自有渡船人。

人生总是有苦有甜。甜的尽头肯定是苦,苦的尽头一定是甜。苦时要想着那甜,甜时记得那苦,只有这样,苦时才不沮丧,甜时才不放荡,人生就一定充满回味、享受和希望。

法国伟大作家巴尔扎克曾说:"挫折就像一块石头,对于弱者来说是绊脚石,让你却步不前;而对于强者来说却是垫脚石,使你站得更高。"

假如林肯做生意旗开得胜、一帆风顺,那么结局很可能是美国的芸芸众生中只不过多了一个比较成功的商人,而且也许是一个名不见经传的商人而已,岂会有叱咤风云、改变了许多美国人的命运并青史留名的林肯大总统?

因此,经商的挫折对林肯是小幸运,对美国人是大幸运。正是这种挫折,使林肯知道了自己的短处,明白了自己的长处,使他扬长避短,校准人生的大目标,朝着更明确、更伟大的方向前进。

再假如林肯转战官场后经受不了多次挫折的打击,轻言放弃,那不仅将是林肯个人的小损失,更是美国人的大损失;在美国历史上将会多一个无足轻重的小政客,少一个大名鼎鼎的好总统。

其实，在林肯登上总统宝座之前的那些挫折，正意味着林肯还有这样或那样的种种不足，还须经过不断地锤炼品格、不断地充实心灵、不断地增长智慧，才堪肩负天降重任。

第二节
自信的最高表现：求胜

生活中，常常有人认为世界太疯狂，怎么努力都实现不了自己的目标。可能，努力真的能让人产生发展动力，但一味地努力，往往是事情越来越复杂的结果。因此，人们只有坚持自信，并进步，才能实现人生的目标。今天，越来越多的人认为，自信满满可以事半功倍。在此情况下，真正的人生在自信中渐渐发挥能量。长期自信的人，往往能获得生活与事业的享受。在一个目标诞生之时，人们即对它产生充分认识，进而发现规律，寻找乐趣，最后，必然会形成一种求胜之心。求胜是自信的必然结果，自信是求胜的先决条件。因此，人们走向成功时，总是渴望心理足够强大，并产生强烈的求胜意识。

在此情况下，人们心理渐渐变化，并向着可行走的方向发展。只有让求胜之心存在于一切发展与进步中，人们才能产生种种新认识，并成为一个问题的主宰，真正消融主体，让问题迎刃而解。自信是人心灵处于高度认识、深刻理解与完全正确的情况下，产生的事物。当自信成为人们心灵世界的动力时,自然一切努力与奋斗都是一个归宿,那就是走向成功,实现人生意义。在此,自信能再生求胜心理。这是取得成功的关键。当心理强大到足够让社会产生反应或身边的人产生变化时,求胜之心便会产生,并根深蒂固于心灵上。

　　自信分为自由与充分发展。两者相互作用。在此,自由之上的自信是绝对存在的,而充分发展是自由空间的再开拓,形成一种极具震撼力的发展空间。因此,自信是人们本能的追求,是一种对心理产生强烈推动力的部分。求胜产生于自信中。在此,它主要是树立目标、分析形势、产生自信,推动事件发展,最后解决并完成任务。在此,人们可通过知识与能力完成一次求胜之心的发展。在此基础上,人们才可能产生人生意义的追求,才能产生求胜之下的社会意义。因此,人们发现生活如此自由时,依然未发现自信的存在,是不可能的。事实上,生活中人人心中存在自信,并产生求胜心理,这是社会发展进步的表现。在此,人们通过种种方式,或劳动,或思考,或用财富,自信满满地实现目标。

　　2009年3月4日,记者在北京市毕业生就业市场举办的女大学生专场招聘会上,有5000多名女大学生争聘600余个岗位。针对部分单位打出的"外貌"牌,女生们自信能力强胜过容貌好。

　　当天上午9时许,招聘会门前已排起了"长龙"。由于是女大学生专场招聘会,主办单位对入场人员的性别进行了严格限制。在会场入口处有保安把守,年轻小伙儿一经发现,立即请出场。

　　这是北京市连续第5年举办女大学生专场招聘会。会场内有近50家企事业单位参展,全部岗位针对女大学生设立。现场参展单位提供的多为会计、销售、文员、前台等基础性岗位。不少用人单位对应聘者外貌条件做了"苛刻"要求,展厅接待、服务台礼仪、收银员等岗位大多要求应聘者"容貌姣好，身材高挑"。

北京经贸职业学院应届毕业生马苹学会计专业，她在现场投了3份简历，没有投有外貌要求的职位。她认为，女生求职时有学历和资格证更"硬气"。为提升学历，她还报考了自考本科学习，以提高就业竞争力。

在中华女子学院展台前，学国际关系的硕士生小郑正在咨询。小郑打扮得体，穿着正式，容貌姣好。她认为女生外貌好求职有优势，但她并不会仅凭外貌去求职，毕竟工作中还是要靠能力说话。北方工业大学硕士生小吴说，她应聘的建筑设计行业并没对容貌有要求，单位更看重学业成绩和个人能力。

据统计，2009年北京地区将有高校毕业生21万余人，北京生源毕业生达到9万多，其中女大学生比例超过五成。在以往的招聘会上，女生求职会遇上性别、外貌等门槛。在大学生就业难的当下，女大学生就业就显得"难上加难"。

对此，北京佳之兴商业有限公司负责招聘的朱先生认为，女大学生求职时，只要保持平和心态，确定好职业方向，还是有自身优势的。比如，他们公司当天要招聘10名销售员，而女性做销售会有更强的沟通能力和亲和力。北京市机械施工有限公司负责招聘的王先生说，他们企业欢迎女性员工，不会对外貌有要求，因为建筑行业男性偏多，多招女员工有利于企业文化建设。

北京市毕业生就业服务中心相关负责人介绍，为进一步帮助女大学生早日就业和高质量就业，现场邀请专家举办了"女性职业礼仪与形象设计""面试技巧"等讲座，建议女大学生求职时要扬长避短，增加求职成功概率。

对于女性而论，自信往往能表现在外面。端庄秀气的女性，往往是自信、坚定的。因此，自信是一种人性本能，深深作用于女性心灵之上。对于男性而论，自信更能看出一个人的气质，甚至自信能给一个人带来种种求胜与修养的积淀。因此，通过自信，我们可以寻找到男子的求胜魅力。

拥有自信和风度。开始学着用心去经营自己，它体现在自己的思想与涵养上。自信是一个男人最重要的品质，自信的男人就像一只在暴风雨中战斗的海鸥。海鸥所要说的只有一句话"让暴风雨来得更猛烈些吧"，只因为它无所畏惧。一个自信的男人，总是能够感染别人，无论这些人是朋友还是敌人。要使别人对你有信心，就必须要先对自己充满信心。自信的男人可以战胜一切困难。

一个有风度的男人就像一片大海，不拒点滴，又包容江河。有风度使男人得到更多的青睐，不争眼前才能够放眼世界，给予别人才能够受益无穷。正所谓"宰相肚里能撑船"，一个心如大海的男人，肚中不知能撑多少船呀！风度翩翩让男人看上去潇洒万千。

自信能让人发现生活里的真、善、美。要学会如何去面对生活。什么是"真"，现在的男人越来越不懂，那是因为现在的男人都很浮躁，他们不懂什么才是"真心"地去生活。"真"，就是对自己实事求是，不要骗自己，也不要骗别人。"真"，就是诚实做人，诚实做事，诚实的男人最可爱。"善"，自然是善良的意思。善待别人，就是在善待自己的生活。"善"其实就在我们每一个人的身边，不要为难别人，不要挖苦别人，不要侮辱别人，就是善良的行为。有时你的一点点善意就能结出一个善果，使你的生活因此而变得幸福。

哲人说，"生活中本不缺少美，缺少的是发现美的眼睛"。是的，生活也的确如此。不要总惦记着自己的不幸，这样做只能使你生活得更加不幸。你觉得"不幸"是因为你无法乐观地面对生活，生活总是充满希望的。只要你常常抬抬头，看看阳光，你就能感受到温暖。在温暖中乐观地去追美好的人生，你自然能够发现美。

　　自信能让人与有思想的人交朋友。要开始有目的性地去选择朋友。社会中的人脉关系是非常重要的，你的朋友圈子将对你的人生起着很大的影响。男人要广交朋友，多交诤友，不交损友。所谓诤友，就是那些对你有帮助的朋友，而这些人往往自身也很优秀。多交诤友对一个人的生活、工作都是非常有益的。但真正的诤友也不易结交，因为这种朋友需要你付出极大的真诚，发自内心的真诚。

　　有思想的朋友，他很清楚你有没有把他当作朋友。如果你只是在利用他，他在心中是不会把你当作朋友来看待的。交朋友有时并没有什么目的性，你只是觉得这个人很有思想，值得你与之相交。但往往就是这些有思想的朋友，在你最困难的时候向你伸出他的手。朋友，是一个男人生命中最重要的元素之一。一个男人要想使自己像一人真正的男人那样活着，就一定要广交朋友，多交诤友。

　　自信能改掉自身的不良习惯。不良的习惯是养成的，良好的习惯也是养成。培养自己拥有良好的习惯，就是在改掉自身的不良习惯。如果一个男人到了二十几岁后，身上还有这样那样的不良习惯，那就是一件非常糟糕的事情了。这些不良的习惯会阻碍你人生的发展，生活会因此而失去不少光彩，事业也会因此难以取得更大的成功。

　　自信能学会忍耐与宽容。在社会中常有许多你无法接受的事情，但这些事情你又不得不接受时，这就需要你的忍耐。忍耐别人其实也是在宽容别人，一个能够宽容别人的男人会显得很大度。成功的男人往往也是一个能够忍辱负重的男人。耐得住寂寞的男人从不甘寂寞，男人的忍耐是为了更好地爆发。

　　对那些说我们是傻瓜的人，说一句"我就是傻瓜"，使他们不知所措吧！对于那些无故指责我们的人，不要与他们争论，因为这样只会使自己变得愤怒。与其去伤害别人，不如去宽容别人，宽容是治疗他人伤口最好的灵丹圣药。

自信，保持良好的心态，重视自己的身体。要学会调节自己的心态，重视自己的身体。身体是革命的本钱，心态是验钞机。男人要想获取更多的财富就要拥有一副强健的体魄，男人要想长久地做首富，就要拥有一种积极乐观的心态。注意饮食，经常锻炼，充足的睡眠，是健康身体的保证。不要患得患失，勤奋拼搏，让心态决定一切。

你可以不用天天去晨跑，其实那也不会占用你多长的时间，需要的只是恒心和毅力。但你一定要时常去运动一下你的身体，散步是一种不错的选择，这样做会使你充满力量。你在冬天可以不用冷水洗澡，其实那也没有什么大不了的，因为我也曾坚持过一个冬天。但你在冬天一定要经常用冷水洗洗脸，这样做不仅可以防止感冒，还能保持一个清醒的头脑。你可以失败，但你永远要保持一种求胜的心态，战胜自己你就没有敌人。

自信让人时刻保持你的微笑，让礼貌成为你的名片。笑脸迎人，说明你是一个善良的人，所有的人都愿意与善良的人打交道。不要把苦闷写在你的脸上，这样只会使别人远离你。你是什么样的人，别人通过你是否微笑着与他打招呼来判断。而这种判断对你在人家心中的印象起着很重要的作用。

人们常说"细节决定成败"，而这细节往往就反应在你是不是一个有礼貌的人。有礼貌的人，知道关心别人。别人也会因为你的礼貌与关心，而给你走向成功的机会。男人的名片是微笑与礼貌，它是男人成就事业的通行证。

自信为了自己的事业付出一切。要为了自己的事业去努力拼搏。男人最重要的就是事业，没有事业的男人不能算真正的男人。男人的事业不定要轰轰烈烈，但一定要有所成就，能使自己感到骄傲和自豪。一个事业心强的男人，也是一个求胜心与责任心同样强的男人。求胜心强的男人，从不甘平庸。责任心强的男人，从不惧困难。男人因自己成功的事业而变得高大，从而获得别人的尊重和信任。

作为一个男人，就要为了自己的事业付出一切。要想成功你必须付出，而付出就意味着你要失去一些东西。如果你不想为事业付出任何代价，那么你只能失去更多的东西，而且最后还一无所获。

自信的人爱情跟事业是可以共同拥有的。努力做到爱情跟事业的双丰收。人们常说一个男人如果选择了爱情就会失去事业，如果选择了事业就得不到爱情。我却偏偏不这样认为，我反而觉得爱情越甜蜜的男人，事业越成功。其实爱情和事业本就是两回事，爱得轰轰烈烈的男人，一点也不会妨碍其获得成功的事业。一个有爱情滋润的男人一定比一个不知爱情是什么味道的男人更成熟，更有魅力，更有干一番事业的决心。

二十几岁的男人们，千万不要相信那些偏激的人所说的话。就像人们常说的"婚姻是爱情的坟墓"，这种说法太偏激了。婚姻与爱情的区别只是多了一些"柴米油盐"，可以说婚姻才是一种完整的爱情，之前的爱情只是处在一种恋爱的阶段。只有通过婚姻才能使男人和女人彻底地认识什么是爱情。爱情就是相互理解，相互鼓励，相互支持。在生活上彼此帮助，在事业上彼此帮助，让爱情跟事业可以双丰收。

自信让人学会勇敢一些，去承担起自己肩上的责任。要学会勇敢一些，用自己的肩膀去承担起属于自己的那份义不容辞的责任。孝顺父母是一个男人的责任，疼爱妻儿是一个男人的责任，成就事业也是一个男人的责任。男人的责任不外乎家庭和事业。这些责任的确比较沉重，但作为一个男人你必须用自己的肩膀去承担。没有什么原因，只因为你是一个男人。

可见，人人都在寻找自信，因为自信给人们带来的益处实在太多。在此基础上，人们产生高度求胜之心。只有让心理强大起来，自信即随之而来。同时，一个个成功就是人们收获人生，享受人生的真谛。

第三节
 战胜他人最强大的本能

生存空间越来越大时，人们就会对生活产生更深刻的认识。在此情况下，人们渐渐形成一种全局观。当人们为生活而忙碌时，首先想到的就是财富，其次是价值，最后是意义。而人们对这一切淡化时，首先想到的是对自然的依靠。在此，人们总是渴望获得心灵上的归宿，寻找一种对生活的热情，进而产生更高远的人生目标。今天商场如战场，人们始终准备着战斗。此时，没有硝烟的战争已在整个社会蔓延开来。有人认为，商业战是今天最普遍的现象，当人们不再实战迎接残酷时，商业竞争中的残酷渐渐产生。在一个系统内部，人们总是渴望形成主动与优势地位，进而形成一种战斗力。

当生活中充满竞争时，人们亦时时准备战斗，一场胜利就是一次人生享受。当国家处于平稳中时，当社会处于繁荣中时，人们更需要一种本能，那就是迎接争斗。无论是现实还是精神世界，战斗都是存在的。而今天，它更多地存在于精神层面。因此，只有让生活丰富起来，人们才能形成有效的战场，为本能的发挥提供一个真实的空间。

　　有人认为，战胜他人是一种极度享受的过程。因此，人们将他人击倒，并展示自身的知识与能力，这才是人生的真谛，才是形成有效、有价值人生的直接方式，也是最本能、最有意义的方式。只有让人们出于高度自由，产生强大心理空间时，人们才是生活的主人，才能形成对一切外界反应、理解与掌控的方法。战胜他人，是生存的主要部分，带有强烈的人性色彩。尤其是今天，人们对人性认识已成熟，而作为个人，人们无法超越人性，始终在认识与控制中发展。最终，还是发现人性，并作用于自身。在此，人性往往带有强烈的美感，成为一种人性艺术，并还原于现实，呈现出一种更文明的人性认识。

　　这个世界，只有让人们时时保持战斗力，并树立目标，战胜对手，实现目标，必是人们生存权的延伸，进而产生心理与生理的深刻变化。在此，人们可通过知识与能力将自身的人性外化出，处理过的人性依然带有强烈的战斗本能。这就是人性给社会带来的生命力。只有存在于自然中的本能才是支配社会的本能。社会本能是一种对个人认识的升华，并作用于群体上。今天，群体已是一个个组织，组织之上是政府。因此，自然本能只能存在，而不能充分发挥作用。事实上，充分发挥本能往往是一件危险的事，而作用于社会之后，即处理后的本能，往往带有强烈伦理、道德、思想与理解等因素。因此，从社会层面而论，社会本能是一种复杂的现象，而自然本能是人性中的核心部分，带有强烈的战斗、掠夺与侵略性。

　　几天前的一个夜晚，瓢泼大雨中，上海普陀东港海滨公园发生了惊心动魄的一幕。一对因家庭琐事闹矛盾的外地民工夫妻，妻子想不开跳了海，丈夫跳海去救却水性不佳，眼看都要丧生大海，千钧一发之际，在公园散步的杜磊舟跃入大海，拼尽全力救起了这对夫妻。"太险了,这一跳,差点把自己的命搭上了。"杜磊舟事后说,那一晚他彻夜失眠,想想就后怕。如此英雄壮举,如此朴实地告白,不禁让人肃然起敬。

谁都怕死,英雄亦然。那晚是大潮汛,雨又大得让人睁不开眼,漆黑的海面着实令人恐惧。杜磊舟不仅事后怕,事先也怕,下海救人前他就犹豫过3秒钟,但这并不妨碍他成为英雄。随着时代的进步和人们认知水平的提高,英雄早已不被神化,现在想想,董存瑞托起炸药包、黄继光堵向枪眼时也可能害怕过,因为趋利避害才是人与生俱来的本能,否则人类就不可能躲过无数灾祸繁衍至今。正因如此,那些战胜本能舍生忘死的英雄才更让人敬仰。

生在大海边的舟山人历经风浪,也最懂得生命的宝贵。这种对生命的敬畏一旦成为理念和文化,必然超越狭隘的惜命,使他人的生命同样受到尊重。长期以来,在大海中舍己救人的英雄层出不穷,普陀朱家尖渔民丁红武为了抢救一名骑电动车翻落海里的村民,义无反顾地跃入冰冷的海水中,与风浪搏斗20分钟,最终力不从心与落水者一起消失在海面,成为人们永远缅怀的平民英雄。现在,杜磊舟用同样的英雄壮举告诉人们,丁红武虽然走了,但他的精神仍然活着,永远活着。

有机会害怕的杜磊舟是幸运的英雄,但不可能人人都能如此幸运。这几年,因事故落水的人少了,因心病跳海的人却多了,在一次次见义勇为的抢救中也出现过这样的讨论:冒险去救轻生者,值不值?其实,这种讨论本身就已背离了人类精神所追求的目标。因为,危急关头抢救人命往往是不计得失、义无反顾的果敢选择,不可能进行价值算计和利害权衡,而哪怕轻生者自己不珍惜生命,他(她)的生命依然是宝贵的,理当受到无条件地尊重。

市场经济大潮难免泥沙俱下,在价值观念多元化的今天,道德滑坡已成为令人担忧的社会问题，一些地方出现的倒地老人无人扶、车祸伤员无人救等消极现象不时叩问社会良知。相比之下，在我们舟山，该出手时就出手的见义勇为行为屡见不鲜，这种良好的风气与敬畏生命的海洋文化应该是一脉相承的。全社会正在千呼万唤正能量，我们应该大力挖掘深藏民间的精神宝库，更好地善待英雄、热捧英雄，让更多的平民英雄成为群岛新区的道德标杆。

英雄不但是战胜他人的强者，更是战胜罪恶的使者。在残酷的现实面前，人们总是渴望英雄出现，而他，往往是以正义打败邪恶，以无私战胜有私，甚至，在赤裸裸的战场上，人们依然能看到强大的力量，更能看到胜利之后给世界带来的和睦与快乐。

宋金之战，自北宋末年即已开始。由于南宋统治者腐败无能，妥协投降，于绍兴十一年（1141年）十一月同金签订了丧权辱国的"绍兴和议"，紧接着又以"莫须有"的罪名杀害抗金名将岳飞。然而金并不以宋割地称臣、贡纳银绢为满足，仍积极备战，企图消灭偏安东南一隅的南宋王朝。当时的金朝皇帝完颜亮，是金太祖完颜阿骨打之孙，绍兴十九年（1149年）杀死金熙宗自立为帝。为满足其强烈的占有欲，同时转移内部的不满情绪，自即位后，便处心积虑地准备发动消灭南宋的战争。绍兴二十三年（1153年），完颜亮迁都燕京（今北京），不久，又下令营建南京（今开封），同时修造战船，大规模强征男丁为兵。待一切准备就绪之后，完颜亮派人向南宋强行索取淮汉地区广大土地，寻机挑衅，进一步制造事端，在广大军民一致要求抗金的浪潮中，宋高宗被迫下令抵抗。八月，完颜亮见恫吓威胁不成，正式出兵南侵。金朝60万水陆大军，在东起海上，西到陕西的千里正面战场上全面推进。其具体部署是陆上分西、中、东三路。西路由徒单合喜、张中彦率领自凤翔攻大散关，取四川作战略配合，以牵制宋军；中路由刘萼、仆散乌者率领，自蔡州（今河南汝南）进攻荆襄，控制长江中游的战略要地，从侧翼掩护主力作战；完颜亮则亲率东路主力出寿春（今安徽寿县），企图抢渡淮河，横渡长江，进窥临安。海路则由苏保衡、完颜郑家奴率领一支拥有战船600艘，水兵7万人的舰队沿海南下，直捣临安，配合主力对南宋形成四路并举、海陆夹击的钳形攻势，企图一举灭亡南宋。完颜亮狂妄地宣称：多则百日，少则一个月，定能灭掉南宋。

面对严峻的形势，南宋政府任命吴璘为四川宣抚使，负责川陕防务；命令成闵率军3万前往武昌，防守长江中游；任命老将刘锜担负起江淮地区抗击金主力的重任。在大敌当前的紧急关头，时任两浙西路马步军副总管、兼率舰队守卫海防的李宝，主动请缨率领一支只有战船120艘、水兵3000人的舰队沿海北上迎击金军。李宝早年曾在岳飞部下统率义军，同金军作战屡立战功。他率领舰队从平江（今江苏苏州）出发，沿东海北上长途奔袭金舰队。

金朝女真贵族对中国北部地区的残酷统治，不断激起各族人民的反抗。绍兴三十一年（1161年）八月，宿迁人魏胜趁金军即将南侵之机，起兵收复了海州（今江苏连云港西南）。完颜亮为解除后顾之忧，分兵数万围攻海州。这时，李宝舰队正锚泊东海（今江苏连云港市东南），得知这一消息，即指挥军队登陆支援，大败金军，解了海州之围。

然后，李宝率领舰队继续北上。十月下旬，李宝的舰队驶抵石臼山（今山东日照附近），巧遇几百名前来投诚的金朝汉族水兵，从他们那里获得可靠情报，得知金舰队已驶出海口，正停泊于唐岛（又名陈家岛，在今山东灵山卫附近）。距离石臼山只有15公里，李宝根据这一情报，决定采取先发制人，出其不意，火攻破敌的战法，以弱小的舰队袭击强大的敌人。于是，李宝率领舰队迅速向唐岛进发，水军将士个个摩拳擦掌，士气高昂。

十月二十七日清晨，北风转南风，南宋军队乘风向前疾驶。金军不习惯海上风浪，都睡在船舱里，充当水手的多是被迫征来的汉族人民。当他们远远望见李宝舰队时，便把金兵骗至舱中，因此，当李宝舰队迫近敌舰时，金人尚未发觉。李宝紧紧抓住战机，命令舰队全面出击。刹那间"鼓声震荡，海波腾跃"。金军遭到突袭，惊慌失措，赶紧起锚张帆，仓促应战，舰船挤成一堆，乱成一团。李宝旋即下令向金舰发射火药箭，由于金船帆是用油布做成，见火即燃，霎时间金舰队烟焰冲天，几百艘战舰一下子陷入火海之中。一些幸免火箭攻击的敌舰，仍想负隅顽抗。李宝指挥舰队插入敌阵命令士兵跳上敌舰，与金兵展开激烈的白刃战。这时，受尽压迫的金舰队汉族水兵，纷纷倒戈起义。结果，金舰队除苏保衡只身逃脱外，全军覆没。在海上失败的同时，金在陆上各路也相继失败。军事上的节节失利，进一步加剧了金统治阶级内部的矛盾，完颜亮终于死在内部争权夺利的斗争中，其四路并举，一举吞灭南宋的计划，遂告彻底失败。

　　战斗中，人性的一面总是能充分发挥。在一般人眼中，这种人性不可能淋漓尽致地发挥。因此，除军事战场之外，人们揭示出种种战争概念，通过普通人的努力、奋斗，一样能享受一场惊心动魄的战斗，获得人生意义，产生一切人性基础之上的美感与快乐。

第四节
竞争将知识与思维发挥出来

　　战争是一种最能展现人更强一面的事情。当人们完成一场战斗，并获得胜利时，人们心中总能产生兴奋、快乐。那种喜悦是一般人无法想象的。因此，人们开发出种种社会内部战斗模式，最成功的即商业战场。今天，人们称此为"竞争"，即一种商业战争。在这个无尽范围内，人们通过商业行为实现人性之下的战争，即商业竞争。从前，人们认为竞争只是一种人性发挥的低级形式；今天，随着竞争强度的加大，随着政治与文明的进步，商战已能承载人性的部分，并使人性与社会在它的改造下自由发展。因此，商业竞争是一种极度奢侈的事，而今天的人们，却无时无刻不在享受这一事物。

　　关于人性的一面，竞争的工具是金钱与利益，而它直接导致生活与思维的变化。当生活是一种价值时，人们便产生种种金钱思维，进而让生活成为一种社会行为。当人们能运用知识，形成能力，驾驭知识时，最直接的反应便是与他人竞争。当竞争无处不在时，人们的本能便会产生作用,并为人生的意义带来前所未有的提升。一个人成功,往往带有强烈的个人色彩,带有深刻的个人背景,带有强大的本能作用。若此三点都不具备,就算成功,人们亦不能发现生命的意义与存在的意义。因此,当人们能发现,并观察研究一切事物时,总是带有强烈的主观性,从主观中出发,进入客观,再回归主观。

因此,人们常常以"天意"的名义,将这一切剔除,形成一种顺从与自安。但知识始终是一种社会性因素,它可以让人从一切消极情绪中走出来。社会是一个生存与发展,发展与再生存的系统。完成这一过程,只有通过竞争,不断地竞争,才能让产生价值与享受,并为社会创造出大量财富。传统的竞争是现实竞争,而且今天的竞争,带有强烈的文化性,即存在于思维中,并外化于外界的竞争。因此,人们只要拥有知识、强大的思维能力,便可实现竞争目的一切价值、利益、享受与荣誉尊严。外化于外界的思维与知识,往往是人们理想生活与梦想地带的真实。因此,只要拥有知识,必定会产生思维与现实之间的联系。当它发展成熟时,人们便会发现,世界如此美好,一切未来与存在的事物触手可及。

2015年电商又要进行价格大战。这一次是国美在线约架京东,国美在线近日启动了"决战32天"的战略,推出32亿现金券免费送的活动,扬言"比京东贵就赔差价"。之前,京东宣布将在"6·18"发放价值10亿元京东红包,搞店庆大促销。

从某种意义上来说,商家的价格战总是有利于消费者的,最起码在价格战期间消费者能够得到实惠。简单地把价格战归结于商家要以低价谋取垄断地位以取得垄断利润,只是推理的假想。因为在充分竞争的市场上通过低价销售取得垄断,并不容易。

国美之所以约架京东,据他自己所说是"京东所售家电比重最大，家电占其70%的比重……下棋要与水平高的对决，老跟水平不好的人对决，自己的水平也会下降"。

实际的原因更加现实。国美曾经是实体店销售家电的翘楚。据中国电子商务研究中心监测数据显示，截至2013年12月中国网络零售市场交易规模达18851亿元，较2012年的13205亿元同比增长42.8%，预计2014年有望达到27861亿。在这样的形势下，国美也迅速转变自己的核心销售模式，加强并宣传自己的电商业务便成了国美的要务。

而国美这一次推出32亿的免费现金券，就是摆出这样大促销的阵势。况且，国美原有的物流仓储能力，仍然能够在电商业务竞争中发扬优势。更重要的是，国美在线不是与京东全面大战，仅仅盯着电商业务中的家电一块。而国美在线下销售家电的品牌效应在线上业务中仍有影响。所以，国美在线拼命约架京东，不是没有可能取胜的，不是没有可能在电商业务中也树立自己销售家电翘楚地位。要知道，根据电商发展的规律，未来排名靠前的两家会占市场80%的份额，而目前国美在线的市场份额有时只排到前十。

京东似乎对国美在线的约架很淡定，表示"京东更加关注成本、效率、用户体验"。的确，现代商业销售越来越讲究用户体验，线上业务似乎也越来越方便，成本也越来越低。

我们知道，商业销售中三要素：价格、质量和客户体验，或者也可以把商业消费分成这么三个阶段。虽然这三个要素是可以同时存在的，但是在商业不发达刚刚起步的阶段，大部分顾客更加看重的是商品价格低廉。中国目前处于第一阶段、第二阶段之间，消费者更加注重的是价廉物优，相对来说重视体验式消费的还是少数。

所以，京东仅以"用户体验"恐怕是难以抵挡国美在线32亿的免费现金券的。然而国美在线对京东不是那么容易取胜的。京东的优势不在于在美上市能够融资多少，京东的优势在于与腾讯股权合作，京东拿到了微信及手机QQ的一级入口。未来的电商业务竞争，不仅体现在价格、物流、成本、效率、支付、服务、体验等方面，观其发展，电商竞争可能更体现在移动终端的流量上。而这正是腾讯和京东的强项，要撼动其地位绝非易事。

在此，市场竞争越来越激烈。随着竞争难度的增加，以及宣传工具的强大，交流方式的长足发展，市场竞争带有强烈的预测性与先发性。在此情况下，人们不能洞察市场，不能直面竞争压力，往往很难打一场漂亮的商业战。凡此种种，只能说明一个道理，知识、能力、分析，压力之下的动力都是竞争条件。因此，竞争过程已是一种享受，更不必谈结果。

2015年3月，三大运营商的4G竞争已经全面开启，4G网络速度的提升为虚拟运营商的业务拓展创造了有利条件，使其能更好地进行差异化经营。与此同时，国家鼓励虚拟运营商发展的相关政策也在不断完善。业内专家表示，虚拟运营商应借此契机将通信与自身业务更加紧密地结合，改变去年一味比拼价格的营销战策略，回归到业务创新的本质，如布局智能家居市场、启动走出去战略等，与运营商、互联网公司一道共同做大4G市场，为广大消费者和各行业带来更加便捷、更加精彩的移动互联网服务。

随着FDD-LTE牌照正式下发，三大运营商加快了向虚拟运营商开放4G转售的步伐。日前，中移动表示已全面向虚拟运营商优化4G业务资费，针对语音、短彩信、流量、WLAN等业务全面提供模组、单价批发模式，降低语音模组、流量模组基准价格，预计将于本月完成资费、结算等内部系统改造，随后正式向虚拟运营商推出，全力支持虚拟运营商的市场发展。

中联通监管事务部总经理周仁杰此前曾表示，一旦中联通获发

FDD牌照，将第一时间对与之合作的虚拟运营商开放4G转售业务。

中电信也将积极响应。据中电信总经理杨杰透露，去年，中电信移动业务转售试点合作虚拟运营商26家，开放渠道份额提升2.5个百分点。

4G时代为虚拟运营商的发展提供了重要机遇。4G网络的互动性和娱乐性得以全面提升，4G业务的开放无疑为虚拟运营商探索商业模式增加了更多的可能性，有助于虚拟运营商更好地将主营业务和虚拟运营商业务进行结合，尤其是在视频、游戏等领域。依托基础运营商网络开展移动转售业务的虚商将借此逐步开启4G转售业务。

消息显示，与中移动合作的虚拟运营商如分享通信、三五互联、苏宁互联已实现商用，其余像爱施德、国美、中邮、天音等企业已全面完成系统联调并启动业务拨打测试等工作，预计近期将有多家虚商陆续放号。而早在FDD牌照发放前夕，苏宁互联就正式发布了其首款支持TD–LTE的4G套餐产品，此举也标志着其成为国内首家、也是目前唯一一家"三网全运营"运营商。

据预测，到2015年底，虚拟运营商用户数将达到2000万；未来5年，虚拟运营商市场占有率有望超过8%。此外，国家政策也在不断释放鼓励扶持虚拟运营商发展的积极信号，如基础运营商批发价下调的优惠可以让虚拟运营商给用户提供更多的让利空间，在发展模式的探索上减少后顾之忧。

4G时代催生市场竞争新格局。4G时代，更具创新价值的应用和业务将获得发展良机，云计算、大数据等新兴技术的规模商用正逐步瓦解企业的传统商业模式。电信、IT、互联网等产业加速融合，界线日益模糊，使运营商面临越来越多来自其他领域的竞争对手。

在政策红利的推动下，电信业民资准入作为中国经济市场化改革的样板将被持续推进，将成为推动市场均衡发展的重要手段。如今，随着国内 4G 市场即将全面开放，三大运营商之间、基础运营商与虚拟运营商之间的竞合将成为市场格局演变的重要看点。

4G 时代，跨界竞争下的基础运营商将在内部竞争已十分激烈的背景下，直面虚拟运营商和互联网公司等跨界竞争对手的市场冲击。这些新的竞争对手将部分甚至是直接涉足移动通信网络和运营，如某民资背景公司正试图整合移动通信和宽带业务，完善通信服务能力。

移动互联网使运营商、互联网企业和产业链之间出现了新型的产业关系，这也倒逼着运营商进行一场从内向外的互联网改革。同时，民资准入、宽带接入网业务、携号转网等领域的政策松动，也使各方势力摩拳擦掌，酝酿着新的行业变局。

随着 4G 市场在今年全面放开，以细分市场资源和数据业务见长的虚拟运营商发挥的鲶鱼效应或将真正显现。对于虚拟运营商而言，2014 年是其发展元年，2015 年则是关键之年，一场市场洗牌在所难免。目前，42 家企业拿到的并非虚拟运营商正式牌照，仅是试点资格，在今年年底"试运营"阶段结束之前，未能完成相关指标的企业还将被取消虚拟运营商资格。正因如此，零月租、无门槛、可共享、余额不清零等优惠政策不断出现，虚拟运营商为争夺用户已无所不用其极。

做大市场亟须回归业务创新。在信息通信融合时代，面临激烈的竞争环境，基础运营商需要回归业务创新的本质。运营商内部人士直言，通信技术的更新换代无法再带来电信运营商收入的海量增长，运营商急需开拓新的领域，寻求新的业务增长点，提升自身竞争优势。

在资费优势不明显、差异化业务不突出、退出机制不明确等背景下，用户对虚拟运营商并不十分买账。业内专家表示，虚拟运营商应改变去年一味比拼价格的营销战策略，回归业务创新的本质，结合4G时代业务特点和利用国家优惠政策，将通信与自身业务更加紧密地结合，为用户提供有特色的服务并借此黏住用户。同时，应积极布局智能家居市场、云计算等新兴市场。有实力的虚拟运营商可积极响应走出去战略。包括运营商、虚拟运营商在内的市场参与者，应不断做出各种尝试来争夺新出现的商业机会。车联网、云计算、大数据已成为当下的投资热点，这些竞争也将在4G时代继续深入演绎，留给IT业一个没人可预料的大变局。

业内专家表示，虚拟运营商与传统运营商可以合作，但显然不会毫无间隙，其间少不了政策引导和行业监管。但是，双方努力的方向都是为了共同做大4G市场，加速中国4G发展规模，而整体市场健康有序充分竞合的最终受益者必将是用户。

今天，竞争已是一种文明的行为，赤裸裸地吞并不会出现，相反，是强强对抗，是合纵连横的局面。发展已是一个虚无缥缈的概念，成熟已到来，自由正在扩大。那是人性的追求，是社会走向成熟、自由与文明的脚步。

第五节

流出鲜血般的残酷竞争

在中国，互联网竞争已进入白热化，处于自由竞争高峰期。大公司与大公司之间，小公司挑战大公司，小公司与小公司之间，都产生激烈竞争的态势。在此情况下，一浪高过一浪的商业大战此起彼伏。新浪、腾讯、阿里巴巴等大型网络运营商与企业主之间的竞争，让整个市场呈现火红的局面。2014年年底的红包大战，到2015年电商争夺战，为中国市场留下了更广阔的竞争空间。2012年，中国互联网市场掀起一股微博大战热潮。在新浪与腾讯、搜狐等公司的强大运作攻势下，微博在竞争战中实现了普及之后的再提升，成为市场热门话题。

新浪新任董事长曹国伟的办公室位于北四环路边的理想国际大厦20层，但这位刚成为公司史上首位集董事长和CEO于一身的高管，有望实现新浪和自己理想的重要资产却并不在这座大厦，而在隔街相望的朔黄发展大厦中——那里是新浪微博业务所在地。

2012年9月的一个下午，孙疏朗（化名）走进朔黄发展大厦9

层新浪微博的办公室，进入了办公区旁的一个大房间，坐在一台电脑前。电脑桌旁是一面深灰色的单向透视玻璃镜面墙，相邻房间中的工作人员可以借此观察孙疏朗的一举一动。这时，一位新浪微博工作人员启动了电脑上方的摄像头，并把一只录音笔放在桌面。被询问一些互联网使用习惯后，孙疏朗被特别问到百度贴吧的使用情况。随后工作人员让她试着用一下新浪微博中新开发的"微吧"产品。不过孙疏朗如何在微博网站中找到微吧，如何进一步使用等，工作人员都没有引导或干预，只是不停地记录着她的操作过程。

在尝试微吧的过程中，孙疏朗会被问到很多细节问题。例如，如何找到返回微吧主页的按钮，没有去点击某个按钮的原因等，最重要的问题是比较微吧和百度贴吧两个产品的感受及其原因。整个过程结束后，访谈者可得到100元答谢费，或新浪玩偶。最终，孙疏朗抱着一个大玩偶离开了朔黄发展大厦。

这是新浪微博用户研究部门一次常规的用户使用习惯调研。这个只有5名正式员工的部门负责新浪微博几乎所有新产品的用户体验调研工作。每个新产品都会随机挑选10位左右新浪微博用户进行类似的访谈。工作人员会根据这些访谈提交调研报告，产品部门会据此对微博中的各种产品进行改进。目前，微吧已经被放在新浪微博页面最显眼的位置——浮动在网页最顶端的导航工具栏中。

据新浪微博一位中层经理透露，这款意图与百度贴吧直接竞争的产品，正是曹国伟本人的想法。围绕新浪微博，这家公司正在努力开发出更多像微吧、微刊这样的新产品，希望吸引更多新用户、提升现有用户的活跃程度，缓解新浪微博面临的压力。

这段时间，关于新浪及其微博业务的新闻可不少，除了刚刚更换了公司董事长外，微博还去掉了"beta"这个测试版标志。公司的业务架构正在进行调整，还有多名区域广告销售负责人离职。在此之前，外界对于新浪微博的态度，也从交口称赞，转变为开始质疑其发展前景。越来越多的人觉得新浪微博已不再创新，过早和过多的商业化打破了外界之前对该项业务的美妙幻想。停止幻想本身不一定是件坏事，但问题在于微博的高估值和公司股价与这种幻想紧密联系在一起。作为一家老牌互联网公司，新浪不能像一些创业公司那样毫无顾忌地投入其核心业务发展，它的股东们可不喜欢公司财报上的亏损数字。

今天，商业竞争已能闻到腥味的味道。当人们开始为商业竞争而热血沸腾时，人们的生活正在深刻变化，甚至让人对未来充满幻想。竞争，本是人类最文明的战争，打到白热化时，血腥味渐浓，人性不但表现在个人身体与思想中，更升华成一种企业精神。在企业老板与管理层的运作下，人性已超越个人概念，成为一种社会性极强的本能。

第十章
进步意识的反面：懒惰

第一节

动物性与人性的反面

今天，人们总是以人性的本能来要求自己，并获得成功。这是一种非常有意义的行为，深刻作用于社会。长期努力会导致人们对事物认识深刻，甚至产生根本性思想转变。因此，只有让人们常常保持努力状态，才能获得梦寐以求的成功。当人们保持努力的同时，反面的一种现象同样产生，那就是懒惰。在人类本能中，懒惰是一种极普遍的现象。它不是一种追求，更不是一种发展，而是一种负面的社会本能。只有让社会存在于健康中时，人们才能发现成功。同样，懒惰的一面如影随行，只有将心灵发展放在进步的意义中，人们才能放弃懒惰，当人们思想与知识、能力不能进步时，懒惰随时会产生。

懒惰是一种本能社会性，存在于最本能的人性中。因此，当人们成为真正的社会部分时，他总是渴望收获，并表现出一种自然倾向。在此过程中，人们不断地追求，不断地进步，最终享受一切努力成就。而这些完成之后，人们会渐渐放松警惕，甚至开始追求一种奢侈而堕落的生活。成功往往让人激动,但在成功背后,是人们不断地妥协,不断地解决问题。因此,只有让人们对外界产生强烈反应时,懒惰才会消失,相反,懒惰会时时作用于人们心灵与行为之中。小小的动物,除吃饭之外,最大的乐趣就是睡觉。表现在环境中,就是一种懒惰本能。它们整天睡觉,不想走动,除非饥饿难忍时,才出去寻找食物,逼迫自己勇敢起来。因此,在一切接近完美时,生命很容易产生懒惰行为。就人而论,偷懒往往是每个人无法克制的毛病。在此,人们不断地追求之后,不断地妥协,最终让人们在竞争的环境中失去自我。

只有让懒惰成为一种被控制的对象,人们才能实现一种理想人生。当社会不需要懒惰者时,人们总是努力克服,最终的结果出现时,导致心灵两极分化,懒惰的人越来越懒惰,勤快的人越来越勤快。无论是动物性,还是人性,生命都渴望努力、勤快。在此情况下,生命反面的本能就是懒惰,与一切积极美好的事物对立。只有让懒惰成为一种负面社会现象,人们才能产生对世界的积极态度,才能实现更光明的未来,走向美好人生。

有条小河边,住着个编席子的小伙子。他每天清早起来,就把芦苇放在家门前的一块青石板上捶,然后劈成篾片,编芦席,整天不闲。这块青石板不知被他捶了多少次,光滑得像镜子一样。

一天早上,他又在青石板上捶芦苇,有个老道人走到他跟前,指着那块青石板说:"小伙子,你这块青石板卖给我吧!我给你二百两银子。"小伙子看了看道人,心想:这块石头一定是件宝贝,要不,他怎么一开口就出这么多钱呢?就问道人说:"大师父,我这石头是个宝,给我五百两吧!"

道人说:"好吧,五百两就五百两,不过我身边没带这么多银子,我回去取,你可不能再卖给别人啊!"小伙子连连点头,道人急急忙忙地走了。小伙子高兴坏了，从此他再也不想捶芦编席了。他想，我有这些银子，可享一辈子清福了。第二天，他把家里的芦苇和席子全卖了，买了许多好吃的东西，又把那块青石板搬进家里，藏在床底下，单等老道来取。

谁知，过了二十多天，老道还没来。起初，青石板上还冒出了许多水珠，后来，水珠也没有了。小伙子急得整天咕叽着："道人怎么还不来呢？"一个月后，他家所有的粮食都吃光了。

这天，小伙子正饿得发晕，道人来了，他急忙搬出那块青石板，道人看了，连声喊："坏了！坏了！"小伙子忙问："怎么回事？"道人叹口气说："好好的一件宝贝死了，它死前还哭呢！"

小伙子不明白，忙问："到底是怎么回事？"老道说："这青石板是块宝玉，里边藏着一匹小青马，价值连城，可惜你一个月没有喂它，把它饿死了，成了一块死玉，分文不值了。"小伙子问："它是石板，又不会吃，我怎么喂它啊？"老道说："你这一个月没在石板上捶过芦苇了吧？不捶，它还有吃的吗？"

小伙子这才明白，是自己贪图享受，饿死了小青马。只得哭着求道人："你买下吧！我家中连一粒米也没有了。"道人上前拍拍小伙子说："小伙子，今后你一定要勤劳过日子，不能只图享受啊！"说完，掏出几个散碎银子给了他，就走了。小伙子又把那块青石板搬到原来的地方，和从前一样，每天不停地捶芦苇编席子，再也不偷懒了。

懒惰会让人失去理智的一面，会让人彻底失去人生方向。因此，只有让懒惰存在于心灵最底层，才能让人们于现实中规避危险，并将它压制下去。这种表现，往往能让人产生生命力，底层的懒惰行为将人们带入一个更有意义的世界。因此，懒惰不出现，却存在于心灵深处。当它表现并产生作用时，人们总是产生不和谐与无知，甚至是失去一切意义。

　　从前，有一个懒汉，在家里横草不拈、竖草不拿，吃了饭就晒太阳、睡大觉，像一条死蛇一样，动也懒得动一下。懒汉的妻子嫌他太懒，有一天赌气回娘家去了。这天，懒汉睡到日上三竿才慢慢从床上爬起来，觉得肚子饿，就摸到厨房里，见没有现成的吃的，也懒得生火做饭，又感到身上冷，就慢慢挪到门口，坐在门槛上靠着晒太阳。

　　这时，一个剃头匠走过来，看见懒汉头发长，胡子深，就问："老人家，你剃不剃头？"懒汉只是把眼睛睁开一条缝看看剃头匠，动也不动，连腔也懒得开。剃头匠想，这个人莫非是个瘫子，或是哑巴？他就把懒汉的头剃了，胡子刮了。见懒汉仍然不动不开腔，就自己进屋去拿了些粮食抵剃头钱。出门时，他又顺手拿了懒汉妻子的一条花帕子给懒汉包在头上，免得他才剃的光头被太阳晒痛了。

　　脸上光光、头上包着花帕子的懒汉，还是坐在门口晒太阳。这时，又来了个卖胭脂扑粉的妇人。她看到懒汉，以为是个女人，就问："大嫂，你买扑粉、买胭脂吗？"懒汉照样懒得开腔懒得动。妇人说："今天就在这里开个张，发发利市吧！"于是，她就给懒汉脸上扑了粉，搽上胭脂。懒汉眼睛也懒得睁开，任她摆布。妇人给懒汉打扮完了，就自己进屋去拿了些粮食走了。

　　一会儿，又来了个小偷。小偷见这家只有个女人在门口，就上前试探着问："大嫂，我是远方来的过路人，给口水喝吧！"懒汉听到了，仍然垮着眼皮懒得说话，动也懒得动。小偷一见，以为这个大嫂睡着了，心想，这真是下手的最好机会！于是，他进屋去把懒汉家所有值钱的东西装进一条大口袋，扛着从懒汉身边大模大样地走了。

　　下午，懒汉的妻子回家来了，她先是看见门口坐着一个打扮得花里胡哨的女子，仔细一看竟是自己的丈夫，不禁笑起来。进屋一看，她又哭起来。原来屋里乱糟糟的，值钱的东西都没有了。她问懒汉，懒汉过了好一阵才慢慢说："被小偷偷走了，反正他要偷，我也懒得说。"妻子一听，哭着又回娘家去了。再也没有回来。

　　从故事中能看出，懒惰是一种庸俗的表现，只有让人们时时刻刻警惕，并发现懒惰的本质，人们才能形成消除懒惰的方法。生命因懒惰而失去光辉。因此，生命发展的反面与倒退，表现在个人身上，就只一种懒惰。

第二节
拖延时间——对失败的另一种妥协

失败往往表现在三个方面，即拖延，感性，懒惰。当人们身上具备这三点时，他总会失败。因为，人生就是一种不断进步的过程，反面的作用出现时，它就是失败。工作中，人们因能力问题，或精准性问题，完成任务显得乏力时，总是拖延，导致组织群体工作效率下降，甚至让人产生失望与绝望情绪。因此，人们常常对自己说：一定要成功。事实上，这是一种表象对世界作用的结果。只有让人们存在于一切动能中，并不断地进步，收获才会出现。当人们因种种时间问题，或工作环境问题，而不能深入发展时，人们总是拖延。这就是一种懒惰，存在于心灵深处。表现出时，它是一种对未来发展的妥协，对思维习惯的改变，对生活与工作方式的重新审视。

拖延时间，往往能让人行为出现偏差，是一种本能懒惰的初级表现。在人们心中，拖延是一种极不正常的现象，它作用于社会的正面与反面。因此，人们失去自信时，或存在于失望中时，他总带有强烈的拖延与退让色彩。工作中，拖延时间即一种怪癖，又是一种成功心理的疾病。只有存在于一切真实与自由中，人们才能发现懒惰，并将它控制，形成一种内动力，渐渐减少社会与现实，理想与真实之间的摩擦。此时，人们认为拖延是一种失败的初端，再继续发展，必导致失败。在此情况下，人们常常以严格要求自身，以理想放眼未来，以真诚表现于现实。失败的力量无穷，但人们成功的机会很少。这主要表现在人们对懒惰的克服程度上。因此，只有让人存在于真实的实现，并将一切落后与自私抛弃，人们才能实现一种接近完美的成功，甚至产生强大的人生与社会意义。

  拖延往往是失败之前最可怕的斗争。在人生中，只有让生命发光发热，才能产生本能与人性上的认识。当一切都有意义时，价值便会产生，进而作用于个人与社会。在此，人生的真谛淋漓尽致地表现出来，社会的意义在本能的作用下，显得格外有生命力。拖延时间，堕落歧途，是生命永远存在的话题。只有拯救失败，发现反面的生存方式，并深深作用于意识上，才能改变一切阴暗面，形成积极向上的氛围，甚至是获取光明。

  在现实生活里，每一个人几乎都有过拖延的困扰，但是大多数人的拖延都停留在平均水平线上，就是偶尔地在某些事情上拖延几次，或者在一些不重要的生活方面有拖延。比如一个工作勤奋的白领，偶尔因为情绪不舒适，而在工作上拖延几次，或者因为工作忙，懒得及时缴纳水电费之类的，这些绝对是正常的，毕竟我们不能对生活中的自己，要求百分百的完美。允许自己有瑕疵的存在。现在我们谈的是，另外一种拖延的人，这类人，经常性的拖延，他们经常在自己生活的重要方面拖延，比如，一个即将参加高考的学生，他在脑海里给自己制定了无数的复习学习计划，却无一能做到，基本上都保持三分钟的热度，习惯性地拖拉自己的复习学习计划。再比如，一个自己经商的商人，他给自己制定了无数"伟大的计划"。

在他本人看来这些计划,或许能震惊世界,或许能让他一鸣惊人,一飞冲天。但是在现实里,他却很少去做他计划中的事,或者只做浅浅的尝试就放弃了。

在后者的拖延人群中,他们最紧要的问题,不是由于经常拖延而带来的工作学习生活上的裹足不前,而是习惯性的拖延给他们的自信和自尊带来的烦恼。可以预见的是,如果一个人在自己认为重要的问题上总是拖延,那么伴随他的必然有焦虑恐惧抑郁的情绪和心态,他们也经常饱受这些情绪的煎熬和困扰。由于经常性地背叛自己的承诺,所以他们对自己的评价很低,进而造成了他们的自卑自怜,做事缩手缩脚的风格。尽管他们在内心深处,认为自己是前途无限的,却被眼前的拖延阻碍,给外人造成眼高手低的形象,谈起理想,他们总是滔滔不绝,谈到具体的执行时,他们也总是计划一大堆,听起来似乎非常有可行性,但是在实际行动中,一再地拖延,最终造成了计划的流产。

我们在这里谈到的拖延,也大多是涉及个人的拖延行为。因为涉及工作上的拖延,自然会有人督促矫正你,尽管你很不情愿这么做,但最后你还是不得不这么做,带给你的虽然有各种情绪上的不舒适,但你毕竟还是去完成了,只要是完成了,或多或少的都会有成就感。这点成就感可以维持保护你的自尊。我们说的拖延,是你的个人问题的拖延,比如,制定了许多的个人成长计划,却没有做到,几年过去了,还在原地踏步。

在大多数人的印象里,解决拖延的办法,似乎就是一个时间管理的问题,或者是一个压力的问题。这个理论背后的逻辑是,如果一个人具备高超的时间管理技巧,或者在面对高强度的压力时,一切问题都迎刃而解。所以解决拖延,就是学习时间管理技巧,或者挑战自己,让自己面对高压力。激发自己的潜力。不幸的是,尽管市面上有很多时间管理技巧的书，但是真正用这个方法解决自己拖延问题的人少之又少。尽管某些杂志报纸中写的励志故事里面，有许多挑战自己最终获取成功的例子，但是当我们自己采用这些方法的时候，无一例外的以失败收场，或者只是暂时地压制拖延，过不了多久，拖延仿佛有生命意识一般，又会自动成长壮大，又会把我们带回到以前的状态。

在多年的失败和受挫后，我总结出，一个习惯性的拖延者，他拖延的问题，绝不是一个时间管理技巧，或者一个高强度压力可以解决的。拖延在更多时候涉及了我们的态度信念模式、情感情绪模式、行为行动模式，以及我们的压力、自我怀疑、目标期望，等等。拖延已经成为我们性格组成的一部分，不可或缺的一部分，改变拖延，先从改变自己的性格开始。这才是真正的根除拖延的办法。

拖延时间往往是最可怕的失败。当失败即将降临时，拖延是最能说明失败原因的。因此，只有让失败与进步彻底分离，人们才能获得满足与幸福。生活与工作中，人们时时反省，时时辩驳，最终形成自己的一套知识与思维。只有这样，人们才能获得成功，才能获得成功之上的意义与价值，以此来影响他人、组织与社会。当生存已是一种生活，存在已是一种表面现象时，人们最多想的，就是成就。它包括种种人性与社会因素。从个性而论，这是一种本能发挥，是拼搏的因素；就社会而论，它是一种人生再创造，发现未知、形成思维的因素。当人们渴望拯救失败时，本能的一面即会产生，并实现一种更高远的人生、社会与精神价值。

第三节

进步＋懒惰＋恐惧＝反面的社会艺术

　　进步只能存在于勤奋、追求与自由中，当人们因种种社会进步而变得越来越懒惰时，我们会惊奇地发现，人生越来越简单，甚至认为越来越美好。在此，人们思想境界不断地突破，产生对世界的全方位认为。只有让自己存在于理想中，才能实现真正的人生。但眼前，一种怪异的现象出现了，当人们发现世界如此美好时，却失去了奋斗与努力的激情，导致人们思想脱离现实，生存只是一种游戏，甚至有人认为，生存就是享受。事实上，这是不正确的。只有让人们充分融入社会，并产生种种理解与认识，才能形成自己的知识与思维。

　　今天，进步已是一种普遍现象。在此背后，人们不断地寻找享受，直接导致人们产生懒惰情绪，甚至认为懒惰是一种能力的表现。在此，真正的人生意义已偏离方向，像大海上的行舟失去方向舵与罗盘针一般，四处漂泊。在此，人们常常将人性与本能放在一边，过分强调集体，过分依赖社会，导致人们本能严重缺失，最终结果就是懒惰的出现。当人们处处以慵懒的方式看问题时，首先出现的便是失败，最终是抛弃一切价值、利益与能力。

事实上，进步与懒惰开始寻找某种契合关系。当它成为一种社会现象时，本能将再次分变，让更多的人盲目、失望，甚至是绝望。社会形成一种反面现实，越懒惰，越不努力，越能获得成功。而此成功的意义与本能成功有着巨大差别。懒惰中走出来的成功，往往是赤裸裸的，缺乏生命力的成功，带有强烈的个人主义与自利倾向，只能存在于个人中，使得个人充分享受快乐与幸福。因此，懒惰之下的成功是社会进步造就的，并非与个人能力、知识有关。今天，人们渴望获得更大意义的成功，但成功让人更默默无闻时，它是一种可怕的现象，甚至能泯灭真正的人性，让人们永远失去本能。若无本能，人们的生存只是一种空中楼阁，随时有坍塌的危险。在此，人们只有将懒惰剔除，才能对人生产生憧憬，寻找一切美好事物，社会发展处于一种极为正常与光明之中。

"历史：名词，指一种往往虚假的记录，记录的大多是无关紧要的事情。这些事情由统治者和军人引起，这些统治者大多是无赖，而军人往往是傻子。"安布罗斯·比尔斯关于历史的这条风趣的定义，有时你不得不赞同：看起来历史似乎仅仅是一件讨厌的事情接着另一件，是天才和傻子、暴君和浪漫派、诗人和盗贼混杂在一起的一团乱麻，或创造非凡之举，或在堕落边缘挣扎。

理所当然地，这些人将在接下来的内容中扮演重要角色。毕竟，正是血肉之躯的个人，而不是宏大的非人为因素，在这个世界上生存、死亡、创造和斗争。但是，在所有的喧哗和愤怒背后，还是有明显的模式可循的，历史学家们可以使用恰当的工具辨明这些模式，甚至解释它们。我将使用其中的三种工具。

生物学告诉我们，真实的人类是什么——聪明的猿猴。我们是动物王国的一部分，而动物王国又是从大猿到变形虫的更为广袤的生命帝国的一部分。这一明显的事实带来了三个重要结果。第一个结果是，和所有生命形式一样，我们之所以能够生存是因为我们从环境中摄取能量，并且用此能量繁衍生息。第二个结果是，像所有有智慧的动物一样，我们有好奇心。我们总是在修修补补，思索着哪些东西能吃，哪些东西能玩，哪些东西能加以改进。

我们只是在修修补补方面比其他动物要强，因为我们拥有硕大、敏捷、有许多褶皱的大脑来思考问题，有柔软、灵巧的声带来谈论问题，还有可对掌的拇指来解决问题。

即便如此，同其他动物一样，人类显然也不是完全相同的。有的人从环境中摄入更多的能量，有的人生育更多的后代，有的人更好奇、更有创造力、更聪明，或者更为实际。而我们作为动物的第三个结果是，与个体的人相对的群体的人，大致是相同的。如果从一群人中随机地挑出两个，可以想象，他们可能迥然不同；可是如果召集起两群人，他们很可能颇为相似。如果比较有百万之众的群体，他们很可能拥有同样多充满活力、繁殖力、好奇心、创造力和智力的人们。

这三条非常符合常识的观察结论解释了大多数历史的进程。数千年来，由于我们的修修补补，社会总是在发展，并且是日益加速地发展。奇思妙想越来越多，并且一旦产生就难以忘却。但是，就像我们将要看到的，生物学并不能解释整个人类社会发展的进程。有时，社会发展长期停滞不前；有时，社会甚至会倒退。所以，仅仅知道我们是聪明的猿猴是不够的。

社会学同时告诉我们，什么导致了社会变化，社会变化又带来了什么。聪明的猿猴围坐在一起修修补补是一回事儿，他们的奇思妙想流行开来改变社会又是另一回事儿。看来，这需要某种催化剂。

罗伯特·海因莱因曾提出一条定理："懒人想寻找更简单的方法解决问题，于是就有了进步。"这条海因莱因定理只是部分正确，因为懒惰的女人与懒惰的男人一样重要，懒惰不是唯一的发明之母，对于所发生的事情，"进步"通常是个听来颇为乐观的字眼。但是如果我们再充实一下内容，我认为海因莱因的见解是对社会变化的原因不错的总结。事实上，还有一个莫里斯定理，这个版本较为复杂："导致变化的原因是懒惰、贪婪、恐惧的人们寻求更为简便易行、获利丰厚、安全可靠的做事方法。他们对自己正在做的事情知之甚少。"历史告诉我们，一旦施加压力，就会产生变化。

懒惰以及贪婪、恐惧的人们在保持舒适、尽可能少工作和获得安全之间寻求自己满意的平衡。但事情并没有到此结束，因为人们繁衍生息和摄取能量将不可避免地使他们所能获取的资源（这里既包括物质资源，也包括智力资源和社会资源）承受压力。在社会的不断发展之中，也潜藏着阻止社会进一步发展的力量。我把这称为发展的悖论。成功带来新的问题，解决这些问题后，更多的新问题又会产生。正如人们说的那样，生活是条眼泪之谷。

发展的悖论一直在起作用，迫使人们面临艰难的抉择。人们经常无力应对发展带来的挑战，于是，社会发展陷于停滞甚至倒退。但是，也有时候，懒惰、恐惧和贪婪推动着一些人去冒险、创新，改变游戏的规则。如果有些人成功了，并且大多数人接受了成功的革新，社会便有可能突破资源瓶颈，继续向前发展。

人们每天都在面对和解决这些问题，这就是为什么自上个冰河时期末期以来，社会发展总体呈现上升趋势。但正如我们将要看到的，在有些节点上，发展悖论仍然制造了坚固的"天花板"，只有真正翻天覆地的变化才能将之突破。社会发展在这些"天花板"面前徘徊不前，走得艰难而绝望。在一个又一个案例中，我们可以看到，当社会无力应对遇到的问题，大量弊病——饥荒、瘟疫、不可控制的移民以及国家灭亡——接踵而至，社会由发展停滞转为衰落。而如果在饥荒、瘟疫、移民和国家灭亡之外，又有其他破坏性力量，如气候变化，则雪上加霜，衰落可能会转变为长达数个世纪的灾难性的崩溃与黑暗时代。

在此之间，生物学和社会学解释了大部分的历史形态——为何社会有时候会发展，为何有时发展得快，有时发展得慢，为何社会有时会崩溃。但这些生物学和社会学定律是放之四海而皆准的，它们告诉我们人类这个整体是什么样的，却没有告诉我们，为何一处之人与别处之人行事如此不同。

从历史角度而论，懒惰与一种正面的倒退。在历史长河中，恐惧与懒惰是一对连体婴。就今天而论，懒惰更是一种微弱的进步，带有强烈的反面色彩，内涵与意义，发展与真实之间存在极大区别。

第四节
 物极必反——进步的极端

发展，人类永恒的话题；进步，人类最崇高的理想；目标，人类向前走的脚步。但社会是一种高度机械化的系统，人们总是产生种种光明的憧憬。在此，只有让生存上升一个层次，才能让人类文明的脚步不停地向前。今天，每个社会都已发展到鼎盛。当人们追求享受，并从享受中获得人生价值与意义时，一切都是伸张的，一切都是接近完整的，包括个人在内。

当个人已成为一种系统性生存状态时，人们总是渴望获得更多的成就，包括个人价值与社会意义。因此，只有存在于现实中，延伸于精神世界，人们才是真实的存在。个人发展到极点时，社会又繁荣到高级层面，社会发展必会产生反向运动。所谓"物极必反"，便是此道理。只有让人的存在发展到社会高度，并时时作用与影响社会，人们才能产生一个真正的人，才能成为社会的一分子。在此，进步是个人为主题，社会为背景。所谓的"自由"，即一种充分满足、充分享受的局面。因此，只有发展个人，并实现一种社会作用，才是真正的成熟社会。在此，存在已是一种文明，生存更是一种生存意义的表现。

当人们为生活而不断索取时，享受就是一种个人行为。在此，享受不负载任何精神内涵时，它必然是一种堕落，甚至滋生懒惰。从良性竞争到追求享受，由追求享受退化为懒惰无知，此即一种变态的社会现象。因此，真正的发展因个人发展而产生变化时，人们只有将享受放入社会，形成种种价值与意义，并为心理健康与经济发展带来无穷益处，此即一种社会人的享受，带有强烈的进步性。而今天，社会性享受亦让社会处于盲目中，进而形成思想停滞、人性缺失、生命失去本真，等等。因此，个人发展即将完整并完成所有意义与价值时，社会发展即一种"物极必反"的现象。

一个社会就像一个人的肌体，一个健康的社会让人感到和谐、舒适。一个病态的社会各方面都会出现不协调现象。我们作为社会中的人试图积攒知识，了解一个社会为什么由健康进入病态，更重要的是我们希望知道如何从病态恢复到健康。可惜，和了解人的肌体、大脑一样，我们的知识还远不够理解所有社会不健康的原因，更不知道在某些特定病态下任何恢复健康。但人并没有因为不知道如何恢复健康而从地球上死绝了。社会也一样，它不会因为我们对它无知而走向不可逆转的深渊。

这是因为我们人及社会都有一种物极必反的天然恢复机制。当我们人类的知识不足以使得我们在人为作用下恢复健康时，我们指望的是这个上帝制造的天然机制。这个天然机制可能很残酷，但它如此强大，可以使得我们从极端病态下恢复过来。古时候的瘟疫，它看上去如此猛烈，大有扫灭整个人类的气势，但它杀的人越多，它的自身力量（传染能力）越弱，最终瘟疫自己把自己干掉了。反过来，如果人类繁殖得太厉害，超出地球能够承受的数量成为肥胖病人，要么战争，要么一种不可治愈的疾病将使得人类恢复到健康状态。

　　由于人的自利性，人衍生出一个酷爱竞争的特性。竞争使得人的创造力全面爆发，这个创造力为我们人类的发展提供了原动力，它为我们增添知识。所以我们不能打击人的自利性，更不能伤害人的竞争特性，否则我们必然伤害人类发展的原动力，造成社会停滞不前。但竞争的目的是为了赢，而输赢必然造成两极分化，而极度两极分化的社会造成人类财产的极大浪费，是一种病态。这就造成我们人类社会处于进退两难的局面。鼓励竞争，将一步步走向病态（两极分化），打击竞争我们立即走向另一种更加猛烈的病态（懒惰）。这个进退两难的局面就造成了我们社会时而健康，时而生病的飘忽不定状态。

　　从前，人们总是渴望获得理想生活，只能追求，不能收获。今天，人们追求本能人生，少有收获。一个健康而成熟的社会，需要每个人发挥本能，并为社会发展带来进步，实现个人人生理想。在此基础上，人们形成人生的意义，即个人发展、社会进步、荣誉感，三者互相作用，互相渗透。

第十一章
别人眼中的神话：模仿

第一节
对自由的心理追求：模仿

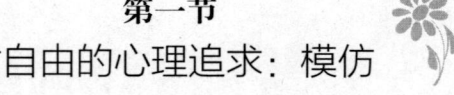

　　人类生存环境中，存在种种困难，甚至是绝境。当人们面对它时，总是渴望克服，而克服的一个重要环节，就是模仿。人们通过模仿，让自身产生新认识，并取得进步。在此情况下，人们渐渐走向整体进步，最终形成一种美好现象。此时，模仿存在于最天真、最完美的部分。尤其是缺乏生存能力时，人们更是自觉地模仿，实现能力沉淀，进而产生强大的生命力。当人们不再因生存而苦苦追求时，模仿存在于理想环境中，并驾驭理想，形成人们生存与发展中必不可少的重要部分。从前，人们总是用真实来解释人生与世界，今天，人们缺乏本能。从孩子小的时候起，人们即开始扼杀本能，并让人们处于一种空虚之中。

　　当人们还是婴儿时，自然即赋予他们模仿的本能，形成一种生存本能。因此，只有在模仿的前提下，人们才能谈得上知识、能力与进步。今天，人们失去一切感情时，常常自甘堕落。因此，人们生存本能告诉人们，只有保持一种纯真的本能，才能生存。在此，人们不断地学习，不断地追求，让人生意义一再扩大。就此，人们模仿一件事物时，往往能凌驾于一件事物之上，并产生新认识，总览一件事物的方方面面。因此，人们思考问题时，带有强烈的模仿意味。真正的模仿，带有强烈的主观性，并深深作用于现实，实现一种更科学的本能塑造。在此，人们以为人生是进步与发展，并不断地获得真实享受。当它发展到尽头时，只能通过模仿来实现人生价值与意义，进而形成一种更科学的生存能力。

当模仿是一种天真行为时，它并没有色彩，甚至不能产生新认识。因而，人们在模仿的过程中，常常不自觉地提升自己的能力与认识，对生存产生决定性影响。

2013年5月24日，河南济源市宣化街西关小学门口，"本田女"毕娇开车撞倒一名学生，下车非但不道歉，还辱骂并殴打孩子的母亲，甚至口出狂言"我后台硬着呢"。这个镜头是不是太熟悉了？不错，它就是现在大大小小的富贵人家，及他们的二代、二奶们在碰到平民百姓时的经典演出。毫无疑问，毕娇被现场，以及网络上的平民们当成是官、富二代，或是他们的二奶了。而且，平民们肯定也特别想知道：她的后台是谁，有多硬？

官方对老百姓的那点小心思，是很清楚的。于是，镜头切换，他们以迅雷不及掩耳之势，把毕娇先拘留、罚款，继而，把毕娇亲属的职业一一公布，包括她车子的来源也不放过。于是，网民傻眼了。还钱多后台硬呢，亲属不是务农的就是普通工人，甚至无业。

我观察到，网络上很多人对官方的公布根本不相信，还坚持认为毕娇有后台。有人还信誓旦旦，说她有个姐姐叫毕娟，是副市长的儿媳妇。尽管官方已澄清，这位"副市长"其实是市委书记，其子正在读中学。

有一个成语叫"狐假虎威"，有一种本能叫"模仿"。我们知道，处在社会价值排序位置比较低的食草动物，在价值排序较高的食肉动物面前，总是处于心理劣势。这是一条利益——心理的食物链：权贵、富人可以剥夺穷人，在心理上，他们也可以吃掉穷人。食草动物怎么办？一方面当然是恨，恨食肉动物，恨自己没出息。但另一方面，处于心理劣势的他们，要在心理上活下去，其实也愿意去模仿食肉动物，以便让自己看起来高档一些，至少和别的食草动物比，不那么低估。最典型的模仿大概是穿着打扮和说话的语气了。所以我们看到，一种东西一旦在食肉动物们那儿流行，很快就会被食草动物群起效尤。在利益上，他们是不同的物种，但在心理上，是一类人。

因为食肉动物们的优势地位，而导致食草动物对他们的模仿，会瓦解他们精心建构起来的秩序。食草动物对食肉动物的模仿，会强化那个把人分为食肉动物和食草动物的制度、社会结构。

今天，模仿能让人们产生对外界的绝对了解。在此，人们认为，收获即是一种心理满足与社会价值提升。当人们需要模仿时，无论是天真的孩子，还是成熟的人群，都能获得或多或少的人生意义与价值。

第二节
他人口中的"好"——一种模仿本能

生存没有目标,而生存之上的生活却有种种目标,人们一个个地实现,才能形成一种理想的生存状态。在本能中,人们能惊奇地发现,模仿是人类生存与发展中最基本的一种本能。利用它,人们可以获得成功,可以赢得发展,甚至能产生一切价值之上的人生意义。因此,模仿往往是最让人接受的一种本能,它带有强烈的自发性,甚至是自由、和谐与进步。就本质而论,模仿是一种自然环境之下产生的行为,是生存必需的人生组成,并带有进步性。因为,它存在于天真与自发之中。但随着社会的发展,今天的人们发现,模仿也带有强烈的进步意义。因为,模仿不但能让人获得更高的认识,更能让人产生心灵与理解地深入。

当别人超越你时,你无法形成超越,最简单的方式,即模仿。在此过程中,模仿更让人产生对对手的全方位认为,并使自身进步,最终抛弃模仿中的消极因素,形成超越之后的自身特征。因此,人们总是从孩子般的模仿中获得种种进步。就此而论,今天的模仿带有强烈的进步性,并随社会一起发展,实现真正的存在与发展动力。在此,模仿成为一种大众行为。就本质的本能而论,模仿一开始是存在于无知与天真中。因此,人们还不曾拥有一丝认识与能力时,最有效的存在方式即模仿。因此,说到模仿,我们依然要从源头说起,即孩子的模仿行为与存在到底是什么样的。

模仿大人是孩子的本能。"教",到东汉时,《说文解字》中的解释是"上所施,下所效"也。而心理学则说:孩子7岁前是在他看见的"环境"中成长的。两种说法,均符合孩子大脑的发育特点。科学家在人的相关脑区发现了"镜像神经元"。此神经元把人类几万年来文明进化的成果,压缩成具有内在化模仿机制的特定的文化编码,如同电脑里的内存"芯片",储存于人的神经细胞里,让人在观察对象的行为动作时,可在瞬间辨认和领悟,不假思索地迅速理解,即"顿悟"。

镜像神经元的存在,使得每一个孩子天生就有个"顿悟机制",一旦与外部事物接触,此机制就会自动"启动"。因此心理学家会说:孩子在7岁前实际上是一个观察者,他会本能地去模仿大人,模仿他所看到的一切。"身教重于言教""榜样力量无穷",在萧百佑的家里有很好地体现。萧百佑说:"我是孩子心中的百科全书。"他喜欢音乐,喜欢写诗,还送给了妻子一本诗集。萧百佑的助理说:"他是一个满脸堆笑、幽默风趣的人,他从来不会训斥员工和孩子,他只是用严格的标准和制度来规范大家。"

孩子们绝不仅仅是成绩优秀,溜冰、琴棋书画,孩子们样样都会。放假时,孩子们还到亲戚的酒店打工。班主任老师说萧尧:"他给人的感觉是有思想,有性格,还有帅气。高中时,萧尧就具有普通高中生所没有的独立思辨能力。"班主任老师说萧箫:"她对学习时间的管理十分到位。好像都没有看到她有过不开心的时候。她友善，人缘好，和每个同学关系都不错。"

萧百佑说，孩子上了小学4年级后，就不能惩罚和重骂，他们的性格已经定型，再打也没用了。研究表明，人脑在10岁之前发育速度最快，12岁左右脑重已经与成人相当。随着大脑发育的成熟，具体的形象思维逐渐向抽象的逻辑思维过渡。

一位初一的学生喜欢游泳。有一天，他的父亲看到一条消息：一个孩子游泳不慎被淹死了。立即给儿子打电话："下午不要去游泳！"儿子问："为什么？"父亲生气地说："不让去就是不让去！"待父亲下班回家，看到一张纸条："爸爸，我游泳去了。不是我不想听您的话，而是想以此告诉您，我已经是大人了。"

4年级后，孩子进入了"自律时代"。这时童年时代的百依百顺已不复存在，原因就是他的"逻辑思维"已渐成一种重要思维形式，他的自主意识已逐渐形成，他开始有自己的独立见解了。这时的孩子需要"羊爸爸"。

萧百佑是这样当"羊爸"的。他说："孩子们长大了，就像天宫一号进入了轨道，火箭总是要脱落的。不过，中控台还会对飞行器进行微调。我也一样，我只会监督他们往好的方向发展，在具体的选择上，他们已经独立了。"

心理学说，"超越"或"落后"于孩子心理和生理发育水平的教育，都会妨碍孩子的身心发展。

在社会中，模仿是开始发挥作用的原始思维。只有让模仿成为一种普遍现象时，社会形成之前，才有一种叫"人类"的说法。因此，人们只有通过模仿，才能实现再创造，形成一种初级阶段的社会与人性的社会性。因此，当模仿带有强烈的自私自利，并始终为自身服务，形成知识与独立思维时，人们即渴望一种社会的出现。

人的本能是模仿他人，模仿有别于自己的其他事物。人类行为学的基础，也是模仿。生活中，有的时候看到别人打哈欠，我们即使不困，但是也想打个哈欠，所以说哈欠是可以传染的。这是多年前某国科学家研究出来的成果。有的时候，我们听到别人唱歌，如果是我们也听过并且也会唱的歌，就也有一种冲动去唱，不一定是和别人进行比较，是为了让自己获得快感而唱，并且为了更加完善地把自己表现出来。还有的时候，在路上听到有的店里在放一些节奏很清晰的歌曲我们也会有冲动去改变自己的步伐而去配合节奏。以上这些实例，都包含了模仿的因素在里面。

在工作学习中，有的人看到这个人买股票赚钱了，就也想跟着买。有的人看房产赚钱了，就也想跟着做。有的人看到这个人学英语又快又好，也想学习人家的方法。这些都是"羊群效应"，但归根结底，我觉得是出自人的本能——模仿。

而人的大部分创意，比如火车、汽车、飞机，甚至电脑、手机、航天飞机，都是在模仿的过程中一步步改进而来的产物。从最基础的开始，因为圆形的东西跑得快，所以人早时候就模仿圆而造出了轮子，进而有了车。看到鸟在天空飞，也模仿鸟的形态和结构，造出了飞机。人现在的创意，如广告创意、游乐场主题、公园结构，等等，皆是由模仿而来。

低级的模仿会模仿同类，高级的模仿联想的范围更大更周全。所以低级的模仿就是我们狭义的模仿，而高级的模仿就成就了创意。这样说或许不太客观，不全面，但本质是这样的。

关于情感，别人在开怀大笑的时候，我们也会情不自禁地受到感染，也莫名其妙地开心起来；在别人愤怒和焦虑的时候，我们也莫名其妙地烦心起来。这说明情绪会传染，而在这个层面上，我觉得情绪的传染本身也是一种模仿。

这些都是我们的机体本身受到外界环境刺激而产生的与环境相

适应的反射，就像变色龙一样，趋利避害地去调节自己身体的颜色与外界环境相匹配。这是自然赋予我们的，虽然并不像变色龙一样表现在身体颜色上，但表现在行为、情感和思想上。我们也在调整自己去适应外界，这就是模仿。

这些模仿都是出于人的本能，但为什么有的人做出了一些事，而有的人就偏偏不喜欢呢？有的人受到消极影响却很乐观，有的人受到积极影响却反而消极起来？我想这跟个人价值观的取舍是密不可分的。价值观决定行为。喜好决定价值观。属性决定喜好。成长环境和先天条件决定属性。除了成长环境和先天条件，其他这些属性、喜好、价值观，都是事情正在进行时的状态。

但是，在生活中，常常是我们可以决定自己的行为，并且也清晰地知道自己的行为意味着什么。但也同样有很多时候，莫名其妙的就去模仿了，这就是本能的作用。在生活中看清自己的行为很重要，如果能够利用的合理，模仿的本能会很有益处。

第三节
鹦鹉学舌——生命缺陷的弥补

生命中是在缺陷中求生，漫长的历史长河中，因缺陷而取得发展、进步的时代处处可见。当人们认为缺陷不存在时，其实它已经存在。认识上的局限、片面与肤浅，导致人们对世界产生感性的认识。在此情况下，感性是人生中稀缺的部分。而从历史看来，感性充斥人们的思维，感性能创造初级社会的模型，感性能形成由表及里的有限伸张，长期发展，必会导致庸俗、堕落与丑恶现象的蔓延。因此，只有让感性成为一种稀缺的事物，真正健康的心理与社会才会形成。因此，享受只是偶尔之事，感性迸发出一切发展与实现目标之后的发泄，才是人生最理想的现象。当人们还是孩子时，他们没有能力、没有思维，因此，若不能模仿，必然会产生一个有缺陷的人。而模仿的对象至关重要，只有让人不断地接触，不断地发现全局，起码，在思维中形成全局观，才能成为一个进步的人。

因此，模仿过程即一种对缺陷的弥补，对未知的体会，对无知的争斗。因此，模仿是对外界产生初步好奇，并以最简单、最有效的改变方式。因此,人们发现缺陷时,总是有意识地模仿,发现其中的道理,并解决问题。当人们模仿到深入程度时,它便是一种思维,并脱离模仿本身,形成一种独立意识,进而创造更多的财富与价值。人生就是一种模仿、发现、理解、思维与完成结果的阶段。只有让人们时刻保持模仿之心,才能使心灵获得本能的存在。这一本能发挥作用时,人们便可形成初步的人生。在强大的心理作用下,模仿渐渐产生本质变化,并上升为学习。

学习是模仿基础之上的事物。它带有强烈的独立思维与自我认识。当人们心理存在缺陷时,好奇心必然会产生,掌握知识之后,人们开始审视自身,发现心灵世界的一切。在此,缺陷往往会被发现问题的直觉冲刷,最终形成对自身的认识,将缺陷消除。自身认识自身,带有强烈的主观性,并发挥能动性,使内部问题迎刃而解。当缺陷成为一种人生诟病时,本能会发生至关重要的作用。模仿其实就是模拟自身行为,并借鉴外界内化的过程。此时,人们通过发现外界、内部思维,很容易便将模仿本能地代入一种学习状态。模仿即失去真正的作用,但就存在而论,模仿依然是存在于人性中最核心的部分。

从前,有部关于十种最聪明动物排行榜的纪录片,其排名前几位依次是鹦鹉、猩猩、海豚、乌鸦、章鱼、猴子(日本)、马、猪、狗等。在这场智商比赛中,人是裁判。采用测试的方式,也非常的科学。种种对以上动物的测试和观察,一方面引发我的惊奇,另一方面,我又实在忍不住在夜深人静之时,纵声大笑:原来所谓的科学,就是以好奇的满足,来对抗无聊。当然,这一切实际都归之为,探索。对于大多数人而言,比如我,诸如此类探索的成果最终如何给人类带来了实用和幸福,是不会去计较的。更多的,人们只是将之作为一种不流于常规的谈资,来打发一下时间,以省得无所事事。

鹦鹉的聪明，自不待言，众所周知。鹦鹉能夺得动物智商（始终注意，人除外）排行榜第一名，多半也不在意料之外。既然鹦鹉夺得了动物智商排行榜冠军，那么就不妨来谈谈鹦鹉吧，谈谈可爱的鹦鹉，会说话的鹦鹉。

在人面前，鹦鹉的学习能力，或者说模仿的能力，可谓出类拔萃。纪录片中的资料显示，鹦鹉只观看一遍，就能用它灵巧的喙，顺利打开七道精心设计的小机关，然后把食物弄到嘴。它让人惊叹，在基本的生理本能的驱使下，鹦鹉竟然具有如此高效的过目不忘的学习能力。不仅如此，鹦鹉也绝不会满足于马斯洛最低生存需要的层次上。鹦鹉会说话、唱歌、谈论天气、喊"红豆妹妹"，甚至吟诵"侬今葬花人笑痴，他年葬侬知是谁"。鹦鹉还能够模仿不屑权威。据说，一只作为丘吉尔伙伴的鹦鹉，骂起人来雷厉风行，很有总统风范。有小道消息说，英国海军舰队上的一只鹦鹉，公然找了个借口拒绝英国女王的接见。"安能摧眉折腰事权贵，使我不得开心颜"，这个道理，稍微聪明一点的鹦鹉，不仅知道，而且力行——在政治哲学的主张上，鹦鹉是一位关在笼子而仿佛不在笼子中的自由主义者。

考虑到爱情的弱势群体想向自己的爱人表白心迹却苦于口拙所产生的欲言又止的焦虑，如果恰巧身边的鹦鹉将此番心事有意无意地公之于众，那么就应该感谢鹦鹉的学人长短，而不必斤斤计较于它所说的一切毫无创见和见地。鹦鹉有时能够在根本以不换位思考的方式，做到遵循道德黄金律才能做到的一切——它只是说说而已；而它这样说的时候，仿佛被一只看不见的手所引导，最终虽然它不是有意地促进了什么他们的共同利益，但其实际促进的效果，常常是意想不到的。为此，站在鹦鹉的角度之外来批评聪明的鹦鹉，就未必见得明智。

生命中，存在即一种自然发展的必然，而存在本身，即一种缺陷与再创造的过程。因此,生命的缺陷能给人无穷的力量。而今,缺陷已越来越少,当人们发现缺陷时,其实它更显得完美。因此,模仿将是一种全新的意义,带有强烈的初期化精神与原始基础。

第四节
本真与本能——人性的意义

　　生存是人类永无尽头的课题。在生存只是一种简单的存在时，人们总是渴望模仿他人，渴望获得种种借鉴。因此，模仿式生活不能形成社会，只能是一种自然分配、自然调节、自然生存。模仿者有一种最纯洁的本真，本真带有强烈的自然性，甚至让人产生种种敬仰、追求与希望。而本能，往往是一种直线上升的发展基础，带有暴力、人性与自由的一面。发现本能，是一切心理与生活意义的创造。本真是一种纯洁的现象。随着社会的发展，本真不断地渗透于本能，并形成相互交织的局面。因此，本真即本能的存在部分，又是本能发挥作用的基础。今天，人们欲保存本能，并实现理想生活。在此，本真必须存在，时时作用于人心中。人生意义在不断地扩大。当人们发现，存在即一种意义时，一种更美好的现象就会产生，那就是本真与本能相互作用，形成整体意识，深深作用于心灵之上。因此，人们发现生存是一种对一切自然产生认识，对一切社会现象产生理解时，人们总是认为人性即包含此两种因素。种种现象的结合,即一种真实,真实存在是自然现象,是社会承载的精神价值。

如此怎么做才能回归真实,回到一般人可以接受的真实,可以让中国的文化文本牢固,使中国精华文化在快速现代化的经济形势下传承传播?我觉得可从以下几个方面考虑:从个人自身出发,加强自身精神方面的修养,修身养性,在经济利益至上的现实中,凡事还是要做本然的自己,保持自己的本性。

做一个真实的自己,提高自己的精神追求,做一个高素质、高道德的人。人是社会的一员,而国家是这个社会的组织者,那么这个组织者就要有组织者的领导艺术,在中国自己的文化精华传承方面,在中国传统文化精粹继承和发展方面,应该做好相关的组织工作,为社会大众营造一个良好的文化氛围、文化语境。

加强与其他国家间的文化交流和合作,取其精华,去其糟粕,为中华文化的发展注入新的活力。如果一个人做到了本然的自己,真实就会自然而然地充满他的生活,对于他自己,内心由于追求的是本然,那就会充满纯真、真诚的爱,在精神上也会是自由自在的,不会为物质等所迷惑,困扰,成为古时候所谓的"真人""圣人""至人",在一个人的一生里,你也会感觉内心的自在,畅怀自由、生活舒适。在外,为人处事,凭自己的真诚本性,凭自己的心待人接物,也就自然会赢得他人的真诚以待,令他人钦佩、仰慕、尊重,终其一生,都会走得无怨无悔。

今天,人性意义扩大得让人难以想象,稍微一个有意义的作用,即会带有强烈的社会意义。在此,人性若不能稳固地保持生命本真,那社会中个人的发展将很难进行。而本能在人生发展中产生根本性与核心作用,才能展现一个人的精神面貌,才能形成健康的社会氛围。因此,人性是一种发展的必须,而人性的意义则是发展之后,形成科学认识,并渴望发展的利器。

结束语
本能　人类最伟大的发现

时间漫长而慵懒，它像一条静静的长河，平静地向着大海的方向奔流。这条长河，即一部历史。当人类存在于自然环境中时，发现与顺从是一种生存，改变与进步是一种叛逆。而在本能对生活产生深刻影响，并不停地推动人类发展时，人们不停地斗争，不停地与现实妥协，最后挑战现实，推动社会发展。

　　在此，人们发现更多的外界事物，并欣喜若狂，但对本能的认识，始终无法确定。今天，人们认识"本能"，即一种自然环境中人的行为支配核心；即一种社会环境中实现人生意义与价值的支点。本能，当人们发现时，才真正认识到，生命如果强大，人生如此美好。自然环境中的本能是一种带有强烈自发性，甚至血腥的暴力。因此，人们发现本能之后，一切都在有序地发展，甚至让人产生战胜一切的冲动，进而丰富自身，形成一股强大而有意识的行为。

　　发现本能，人们对强大的宣誓，人们对自然世界的改造与社会发展的动力。本能在自然条件的作用下，发挥夺目的光辉；在社会环境的作用下，发挥进步与推动发展的力量。人们只有将本能充分发挥，才能赢得社会尊重，才能实现事业与成功。本能让人们征服一个又一个奇迹。本能之下的智慧，是人们存在的必然，是社会长期发展与进步的直接动力。当人们发现本能时，人的意义即在扩大，人性的一面即发出光辉，人性之上的美是一种让社会保持本真的最佳表现。

　　本能，发现与创造、进步与超越、自由与成功的直接促进者。本能存在于人生中，人们是自然存在，独立、思考、自由，进而形成社会价值。

　　本能，人类永不衰败的话题，人类真正的天才的存在条件，普通人维系生命与社会的武器。